스마트카 Smart Car
소프트웨어 엔지니어링

자동차 임베디드 소프트웨어 개발 프로세스와 기술 입문

스마트카 Smart Car
소프트웨어 엔지니어링

지동차 임베디드 소프트웨어 개발 프로세스와 기술 입문

신승환 · 정민우 · 조선영 · 김연호 지음

에이콘

에이콘출판의 기틀을 마련하신 故 정완재 선생님 (1935-2004)

│ 지은이 소개 │

신승환 basic.auto.sw@gmail.com

다양한 분야의 소프트웨어를 개발·관리·컨설팅했다. 『확률적 프로그래밍 기초 원리』(에이콘, 2015)를 포함한 다수의 IT 서적을 집필했다.

정민우 minujeong@gmail.com

여러 제어기 임베디드 소프트웨어를 개발했다. 현재는 엔지니어링 서비스 회사에서 차량용 제어기 소프트웨어 개발 엔지니어로, A-SPICE/CMMI 및 사이버 보안 등 개발 프로세스 컨설턴트/심사원으로 활동하고 있다.

조선영 loonasy73@gmail.com

현재 현대케피코 기술연구소 상무로 재직 중이다. 전기차 및 파워트레인 제어를 위한 차량용 제어기 개발을 담당하고 있으며 PC, 웹, 엔터프라이즈 애플리케이션 등 다양한 경험을 갖고 있다. 현재 전기차 등 미래 자동차를 위한 소프트웨어 개발을 리딩하고 있으며, 소프트웨어 기반 자동차 SDV[Software Defined Vehicle] 완성을 위해 노력하고 있다.

김연호 virtual_reality@hanmail.net

비주얼 컴퓨팅, 웹, B2B 솔루션, 국방 무기체계 등 다양한 SW 개발 경험을 갖고 있다. ISO 26262, 소프트웨어 아키텍처 및 모델 기반 시스템 엔지니어링 분야에 관심이 많으며, 설계 · 개발 · 프로세스가 잘 조화된 차량용 소프트웨어 엔지니어가 되기 위해 노력하고 있다.

국제 가전 전시회^{CES}는 얼마 전까지만 하더라도 가전제품 업체들의 각축장이
었다. 하지만 2013년 미국 CES부터 전시회의 주인공이 바뀌었다. 바야흐로
스마트카가 새 주인공으로 떠올랐다. 영화 「백투더퓨처」의 주인공처럼 타임
머신을 타고 과거에서 미래로 온 사람이 본다면 상당히 충격적인 이야기일 수
있다. 국제 가전 전시회의 주인공이 스마트카라니? 하지만 스마트폰을 필두로
한 IT 혁명을 경험한 우리에게 다음번 IT 혁명은 자동차에서 일어나리라는 예
측이 억측만은 아니다.

스마트카 혁명을 이끌어 가는 원동력은 다양하지만, 그중에서 가장 핵심적인
것은 '소프트웨어'다. 확실히 스마트카 열풍이 불면서 과거보다 소프트웨어
관점에서 자동차에 접근하기가 쉬워졌다. 아울러 소프트웨어 개발자의 관점
에서 본다면, 스마트카에 탑재되는 소프트웨어도 일반적인 소프트웨어와 그
다지 차이가 없는 듯하다. 하지만 스마트카용 소프트웨어는 일반적인 가전제
품과 달리 자동차에 딥재된다는 측면에서 진입 장벽이 높다.

자동차 사고가 발생하면 많은 인명 피해를 일으킬 수 있다. 따라서 안전에 매
우 민감하다. 아울러 수만 개의 부품을 제어하기 위해 많은 제어기가 자동차
에 탑재됨에 따라 부품과 제어기 간의 유기적인 결합이 매우 중요해졌다. 자
동차는 가전제품과 달리 세품 개발 기간이 길 뿐만 아니라, 출고에서 폐차할
때까지 짧게는 10년에서 길게는 20년이 넘게 걸린다. 따라서 고장, 수리, 폐기
등의 문제도 여러 측면에서 고려해야 한다. 말하자면 스마트카의 등장으로 자

동차 분야에서 소프트웨어의 중요성이 커졌지만, 소프트웨어가 자동차에 탑재돼 올바르게 작동하게 하기 위해서 자동차 분야의 특수성을 고려해야 한다는 사실은 변하지 않았다.

일반적으로 혁신은 아웃사이드-인[Outside-in] 방식이나 인사이드-아웃[Inside-out] 방식으로 일어난다. 아웃사이드-인은 다른 도메인이나 분야에서 사용하는 방법이나 적용되는 아이디어를 가져와 자신의 분야에 적용해 혁신하는 것이다. 이와 달리 인사이드-아웃은 내부 분야의 방법과 아이디어를 사용해 외부의 분야나 도메인으로 확산하는 것이다. 스마트카의 혁신에서, 일반 IT 기업이 IT를 자동차에 적용하려는 건 바로 아웃사이드-인 방식이고, 반대로 자동차 분야에서 자동차 기술을 IT와 접목해서 스마트카를 만들려는 건 인사이드-아웃 방식이다.

이 책의 저자들은 차량용 소프트웨어를 개발하기 전에, 이미 오랜 기간 다른 도메인의 소프트웨어를 개발했다. 소프트웨어 분야에서 오랫동안 경력을 쌓았음에도, 차량용 소프트웨어 분야에 적응하는 데 짧지 않은 시간이 필요했다. 이것은 앞서 설명한 차량용 소프트웨어의 특수성을 이해하는 시간이었다.

이 책의 목적은, 이런 저자들의 경험을 토대로 아웃사이드-인 방식으로 자신의 기술을 자동차 분야에 적용하려는 기업, 단체, 혹은 개인이 알아야 하는 차량용 소프트웨어 개발에 필요한 기초적인 엔지니어링 지식을 전달하기 위함이다. 이 목적을 달성하기 위해, 이 책은 개발 프로세스, 방법론, 차량용 소프트웨어에 특화한 소프트웨어 특징, 차량용 네트워크의 지식을 담고 있다.

이 책에서 차량용 소프트웨어에 대해 많은 것을 다루지만, 현업에서 소프트웨어를 개발하려면 다양한 경험과 지식이 필요하다. 이런 경험을 쌓고 지식을 습득하는 것은, 이 책의 내용을 바탕으로 독자 스스로 채워 나가는 몫으로 남겨 두겠다. 아무쪼록 이 책이 더 빠르고 더 편리하며 더 우수한 차량용 소프트웨어 개발에 이바지하길 바란다. OSEK OS 원고를 검토해 준 안희중 선임께 감사의 말씀을 전한다.

2013년 저자 일동

| 목차 |

6장   AUTOSAR   177

10장   FlexRay   315

11장   CCP   337

12장   KWP2000   **365**

소프트웨어를 개발한다는 측면에서 일반적인 소프트웨어나 차량용 소프트웨어는 별반 다르지 않다. 하지만 많은 인원이 참여하고 오랜 기간이 소요되는 개발 프로세스가 적용된다는 점, 사고 발생 시 인명 피해와 직결된다는 점, 다양한 공급자들이 제공하는 제어기들을 통합해서 개발한다는 측면에서 일반적인 소프트웨어와 차량용 소프트웨어의 차이는 명확해진다. 따라서 품질이 우수한 차량용 소프트웨어를 개발하기 위해서는 뛰어난 소프트웨어 개발 역량과 더불어 개발 프로세스, 소프트웨어의 안전을 확보하는 방법, 차량용 소프트웨어의 특징과 개발 방법, 차량용 네트워크에 대한 지식이 필요하다. 따라서 이 책은 차량용 소프트웨어 엔지니어링의 기초라고 할 수 있는 배경 지식을 전달하도록 구성됐다.

이 책의 구성

1장, 자동차와 임베디드 소프트웨어: 차량용 임베디드 소프트웨어가 등장한 배경을 중심으로 차량용 소프트웨어가 자동차에서 어떤 역할을 하는지 알아본다. 아울러 제어기 간의 통신이 필요한 이유를 살펴봄으로써 차량용 네트워크의 등장배경을 알아본다. 시스템 엔지니어링을 사용해 자동차 개발에서 발생하는 복잡성을 관리하는 것도 살펴본다.

2장, 자동차 개발 프로세스: 기획단계부터 양산단계까지의 일련의 프로세스를 살펴봄으로써 자동차 개발 프로세스에 대해 알아본다. 단계마다 개발되는 시험 자동차의 종류와 특징을 살펴보고, 각 시험 자동차에 어떤 종류의 소프트웨어 샘플이 탑재되는지도 살펴본다.

3장, 제어 개발 프로세스: 자동차 개발에 사용되는 시스템 엔지니어링의 특징을 알아본다. 시스템 엔지니어링 기법을 사용해 시스템 개발 프로세스와 소프트웨어 개발 프로세스가 어떻게 통합되는지도 살펴본다. 시스템 개발 프로세스와 소프트웨어 개발 프로세스의 단계마다 어떤 활동이 이뤄지고, 각 단계에서 사용하는 개발방법과 산출물도 알아본다.

4장, 기능안전: 자동차에 탑재하는 전자 부품이 늘어나면서 전자 부품에서 발생하는 안전문제가 매우 중요해졌다. 자동차 업계는 이런 문제를 해결하기 위해서 ISO26262라는 기능안전 표준을 제정해 사용하려고 한다. ISO26262는 광범위한 영역을 다루는 표준이기 때문에, ISO26262의 모든 것을 소개할 수 없다. 차량용 소프트웨어에서 기능안전의 개념을 어떻게 도입하는지를 파악하는 단서 확보 차원에서, ISO26262의 파트 6에 해당하는 소프트웨어의 표준을 살펴본다.

5장, EAST-ADL: 아키텍처 프레임워크의 개념에 대해 간략하게 살펴본다. 차량용 아키텍처 프레임워크의 하나인 EAST-ADL의 특징을 알아본다. EAST-ADL의 시스템 모델과 확장 모델의 세부 내용에 대해 살펴본다.

6장, AUTOSAR: 차량용 소프트웨어 표준인 AUTOSAR의 등장 배경을 알아본다. AUTOSAR의 아키텍저 구조인 ASW, RTE, 서비스 레이어 등에 대한 특성을 살펴본다. 마지막으로 AUTOSAR를 적용한다는 의미와 구현된 AUTOSAR를 사용해 차량용 소프트웨어를 개발하는 일련의 절차를 알아본다.

7장, OSEK-OS: OSEK 표준의 종류를 살펴본다. OIL 파일을 사용해 OSEK-OS를 설정하는 방법과 OSEK-OS의 구현 모드를 알아본다. 태스크의 기본 구조와 태스크 동작 방식을 살펴보고, ISR 설정 시 주의할 점도 알아본다. 또한

OSEK-OS에서 어떤 종류의 훅이 있는지 알아본다. 아울러 스케줄링, 알람, 이벤트, 자원, 메시지의 사용방법도 살펴본다.

8장, CAN: CAN은 차량용 네트워크로 가장 보편화된 프로토콜이다. CAN의 등장배경을 살펴보고 프로토콜 특징, 메시지 프레임 구조와 같은 CAN의 기초에 대해서 알아본다. 메시지를 어떻게 설계하는지를 통해 CAN을 사용한 통신 애플리케이션을 살펴본다. CAN 하드웨어의 간략한 내용과 CAN 구현을 위한 소프트웨어 구조, MCAL 개발 예제도 제시한다.

9장, LIN: LIN은 CAN보다 단순한 형태의 통신을 지원하기 위해 탄생한 프로토콜이다. LIN의 탄생 배경, 적용 분야, 통신 방식을 살펴본다. 아울러 메시지 구조를 알아보고, 간단한 예제를 사용해 LIN 메시지를 설계하는 방법을 제시한다. LIN의 하드웨어와 소프트웨어 구조를 살펴보고, LIN MCAL 설정 방법도 알아본다.

10장, FlexRay: FlexRay는 조향이나 제동과 같은 자동차의 안전과 직결되는 분야에서 사용하기 위해 탄생한 프로토콜이다. 이 장에서는 FlexRay가 안전을 보장하기 위해 어떻게 구현되고 있는지 살펴봄으로써 FlexRay 사용 시 필요한 기초 지식을 제공한다.

11장, CCP: 자동차 소프트웨어를 구현하는 것도 중요하지만, 구현한 소프트웨어를 차량에 탑재해 개발하는 과정에서 제어기의 성능을 알아봐야 한다. 이를 위해 제어 변수를 모니터링하고 측정해야 한다. 아울러 개발된 차량용 소프트웨어를 차량에 탑재해 목표한 성능을 끌어내기 위해, 성능 변수를 캘리브레이션해야 한다. 이때 대표적으로 사용되는 프로토콜이 CCP다. 이 장에서는 CCP의 특징과 통신방식, 구현방법에 대해 알아본다.

12장, KWP2000: 양산한 자동차는 폐기 처분할 때까지 짧게는 10년에서 20년이 넘는 기간이 걸린다. 따라서 여러 제조업체가 공급하는 차량에서 발생하는 고장을 정확하게 진단하기 위해서는 고장 진단 표준이 필요하다. 이런 요구를 수용해 고장진단 프로토콜인 KWP2000이 탄생했다. 이 장에서는 KWP2000의 특징과 통신 방식, 구현에 대해 살펴본다.

이 책의 대상 독자

이 책은 차량용 소프트웨어 이외의 분야에서 소프트웨어 개발 경험이 있는 개발자를 위해 작성됐다. 따라서 이 책에서는 임베디드 소프트웨어 개발에 관한 일반적인 내용을 다루지 않는다. 만약 임베디드 소프트웨어 개발 경험이 없는 개발자라면 임베디드 소프트웨어 개발에 관한 기초 서적을 참고하길 바란다. 아울러 기계, 전기, 전자, 전산 분야를 전공한 학생들이 자동차 분야의 소프트웨어 개발을 시작한다면, 이 책에서 차량용 소프트웨어 개발에 대한 기초 지식을 얻을 수 있다. 앞서 설명했듯이 이 책에서는 임베디드 소프트웨어에 대한 일반적인 내용을 다루지 않기 때문에, 해당 분야의 지식이 없는 독자라면 관련 서적을 참고하길 바란다.

이 책에서 다루지 않는 내용

이 책은 임베디드 소프트웨어 개발에 관한 일반적인 내용을 다루지 않는다. 아울러 소프트웨어 개발 프로세스에서 일반적으로 적용되고 있는 PMBOK, CMMI, Automotive-SPICE 등을 다루지 않는다. 기능안전이라는 한정된 지식은 다루지만 기능안전의 기초학문인 신뢰성공학에 대해서는 언급하지 않는다. 소프트웨어 아키텍처에 관한 일반적인 지식과 OS의 일반적인 지식 등은 다루지 않는다. 차량용 네트워크에 대한 기본지식은 소개하지만 정보통신 기초에 관한 내용은 다루지 않는다.

알고 있으면 좋은 내용

이 책에서는 차량용 소프트웨어를 다루기 때문에, 제어공학에 대한 기초 지식을 갖고 있으면 좋다. 아울러 자동차 개발 프로세스와 이와 관련된 소프트웨어 개발 프로세스를 다루기 때문에 프로젝트 관리 방법, 프로세스 분석 및 개선 방법을 알고 있다면, 이 책에서 다루는 프로세스에 대해 쉽게 이해할 수 있다. 소프트웨어 아키텍처를 포함한 아키텍처 기술 언어에 대한 개략적인 지식이 있다면, EAST-ADL의 특징을 쉽게 습득할 수 있다. 결함, 고장, 신뢰성, FMEA와 같은 지식을 알고 있다면, 기능안전 프로세스의 특징을 쉽게 파악할 수 있다. 정보통신의 기초 개념을 습득하고 있다면, 차량용 네트워크의 전반적인 특성을 이해하는 데 많은 도움이 된다.

1

자동차와 임베디드 소프트웨어

세계 최초의 자동차는 1769년에 니콜라 퀴노가 발명했다. 퀴노가 발명한 자동차는 석탄으로 물을 끓이면 발생하는 증기를 이용하는 증기자동차였기 때문에, 실용성이 많이 떨어졌다. 오늘날 가장 대중적인 차 가운데 하나인 휘발유 자동차는 1886년 독일의 칼 벤츠가 만들었다. 그림 1-1이 바로 벤츠가 만든 최초의 휘발유 자동차 '페이턴트 모터 카Patent Motor Car'다. 페이턴트 모터 카는 삼륜차였고, 시속 15킬로미터로 달릴 수 있었다.

그림 1-1 칼 벤츠가 만든 최초의 휘발유 자동차인 '페이턴트 모터카'

칼 벤츠가 만든 휘발유 자동차는 포드의 컨베이어 벨트 시스템으로 탄생한 T 모델 덕분에 전 세계 도로의 주인이 됐다. 그 이후 자동차 기술이 눈부시게 발전해, 현재는 무인 자율주행 자동차가 사람이 운전하지 않아도 스스로 목적지까지 운전할 수 있는 수준에 도달했다.[1] 자동차 기술에서 눈부신 발전이 있지만, 아직 도로 대부분을 차지하는 것은 그래도 사람이 운전하는 휘발유 자동차다.

이번 장에서는 자동차 시장에서 주류를 이루는 휘발유 자동차에 임베디드 소프트웨어가 도입된 배경을 알아봄으로써, 자동차 업계에서 임베디드 소프트

---

1 '무인 자동차'는 사람이 운전에 직접 개입하지만, '무인 자율주행 자동차'는 사람이 운전에 개입하지 않는다.

웨어의 역할, 작동 방식, 향후 전망을 살펴보겠다. 이번 장을 읽고 나면 자동차용 임베디드 소프트웨어에 대한 개략적인 지식을 얻을 수 있다.

 ## 자동차용 임베디드 시스템의 등장

1980년 초까지만 하더라도 휘발유 자동차는 현재 거의 자취를 감춘 카뷰레터carburetor(기화기)에 의해서 작동되었다. 기화기는 엔진에 연료를 공급해 주는 장치로서 기계적인 장치로만 구성됐다. 그림 1-2는 기화기의 원리를 보여준다.

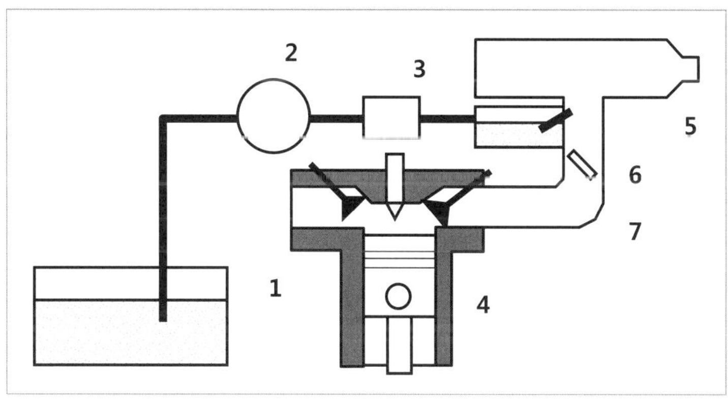

그림 1-2 기화기의 원리

연료 탱크(1)에 저장된 연료는 연료 펌프(2)에 의해서 연료 필터(3)를 통과한 후 기화기에 저장된다. 엔진 실린더(4)에 있는 피스톤이 아래로 내려가면 실린더에는 부압(대기압보다 낮은 압력)이 걸리고, 실린더 내 압력과 대기압과 차이에 의해 에어 클리너(5)를 통해 공기가 들어온다. 이렇게 들어온 공기는 벤투리관venture tube(6)을 통과하면서 기화기에 저장된 연료와 섞이는데, 공기와 연료가 혼합된 것을 혼합기mixture라고 부른다.

스로틀 밸브throttle valve(7)가 얼마만큼 열리느냐에 따라 엔진에 들어가는 혼합기의 양이 결정됐다. 스로틀 밸브는 와이어^{wire}로 가속 페달과 연결돼 있다. 따라서 운전자가 가속 페달을 세게 밟으면 스로틀 밸브가 더 많이 열리기 때문에 실린더에는 혼합기가 더 많이 들어가서 엔진 출력이 올라간다. 반대로 가속 페달을 약하게 밟으면 스로틀 밸브가 조금 열리기 때문에 혼합기가 적게 들어가서 엔진 출력이 내려간다.

미국 캘리포니아주는 자동차 매연 탓에 심각한 환경 문제에 직면했다. 휘발유 자동차에서 내뿜는 각종 환경오염 물질이 문제의 원인이었다. 휘발유 자동차에서 환경오염 물질이 많이 배출되는 이유는, 혼합기가 실린더 안에서 불완전 연소를 하기 때문이다.

이론적으로 휘발유가 완전히 연소를 하면 공해 물질이 발생하지 않는데, 이때 공기와 휘발유의 혼합비는 14.8:1이다. 즉 휘발유 1그램을 완전히 연소시키려면 공기 14.8그램이 필요하다. 그러나 실제 혼합비는 엔진의 온도, 엔진 회전수, 엔진에 걸리는 부하에 따라 다르다. 기계방식으로 작동하는 기화기를 사용해서는 혼합기를 완전 연소하게 하는 혼합비를 유지하기 어려웠다.

캘리포니아주에서는 자동차 매연에 의한 환경 문제를 해결하고자 CARB^{California Air Resources Board}라는 조직을 만들었다. CARB는 매연 배출 규제 법률을 정해서 자동차 제조사가 매연 배출 규제를 지키지 못할 때 자동차 판매를 하지 못하도록 했다. 이런 법규 때문에 자동차 제조사는 매연 배출량을 줄이려고 여러 가지 장치를 자동차에 도입했고, 그 가운데 하나가 전자식 연료 분사기^{Electronic Fuel Injection}다. 기화기를 사용했을 때 완전 연소를 할 수 있는 혼합비를 유지할 수 없기 때문이다.

그림 1-3은 전자식 연료분사 방식을 보여준다. 연료 탱크(1)에 저장된 연료는 연료 펌프(2)를 통과하면서 고압 상태가 된다. 고압의 연료는 연료 필터(3)를 통과해 불순물이 제거되고, 연료 분사기$^{\text{Fuel Injector}}$(4)를 통해 실린더에 분사된다. 기화기 방식에서 스로틀 밸브는 실린더에 들어가는 혼합기의 양을 조절해서 엔진의 출력을 제어했지만, 전자식 연료분사 방식에서 스로틀 밸브(5)는 실린더에 들어가는 공기의 양만을 조절한다.

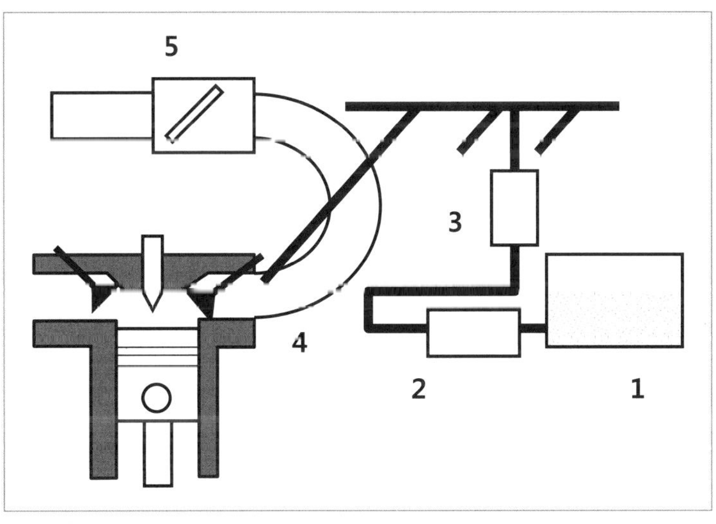

그림 1-3 전자식 연료분사 방식

전자식 연료분사 방식에서는 공기 유량 센서가 스로틀 밸브 앞쪽에 부착돼 스로틀 밸브를 통해 들어오는 공기량을 정확하게 측정한다. 이렇게 측정된 공기량을 사용해 연료가 완전 연소되도록 연료 분사기가 연료량을 조절해 분사한다. 이렇게 만들어진 혼합기가 완전 연소되는지 측정하기 위해 배기관 쪽에 완전 연소 여부를 측정할 수 있는 산소 센서가 부착돼 있다.

기화기 방식에서 엔진의 출력을 조절하는 원리는 매우 간단하다. 실린더에 들어가는 혼합기의 양을 조절하는 스로틀 밸브와 와이어로 연결된 가속 페달을 세게 밟거나 약하게 밟으면 된다. 하지만 전자식 연료분사 방식에서 스로틀 밸브는 단지 실린더에 들어가는 공기량을 조절하는 역할만을 한다. 따라서 완전 연소가 가능한 혼합비를 만들어 내려면 공기 유량 센서, 스로틀 밸브, 연료 펌프, 연료 분사기를 활용하거나 조작해야 한다. 바로 제어 시스템^{Control System}이 필요한 것이다.

제어 시스템은 시스템 응답이 사용자가 내린 명령에 근접하도록 시스템의 동작을 조절해 주는 장치다. 주위에서 흔히 볼 수 있는 제어 시스템으로서 보일러가 있다. 원하는 온도로 난방을 설정해 두면, 방 온도가 설정 온도보다 올라가면 보일러 가동을 중단하고 반대로 설정 온도 이하로 내려가는 경우 가동한다.

제어 시스템에 대해 간단하게 살펴보자. 보일러 제어기의 목표는 초기 상태에서 원하는 상태로 시스템을 바꿔주는 것이고, 더 나아가 원하는 상태를 유지하는 데 있다. 보일러의 예에서 초기 상태는 현재 방의 온도이고, 원하는 상태는 설정한 방의 온도인 셈이다. 두 온도 차이를 제어 시스템에서는 오차 신호^{error signal}라고 부른다.

제어 시스템은 크게 개회로 제어^{open-loop control}와 폐회로 제어^{closed-loop control}로 나뉜다. 개회로 제어에서는 제어를 수행한 후 오차 신호를 다음 제어에 반영하지 않기 때문에 정확성이 크게 떨어진다. 폐회로 제어는 제어를 수행한 후 제어 결과를 센서로 읽어와 오차 신호를 다음 제어에 반영하기 때문에 개회로보다 더 정확해진다.

현재 온도를 읽어오는 센서가 없는 보일러는 일종의 개회로 제어를 사용하는 것으로, 현재 온도가 사용자가 원하는 온도 이상으로 올라가도 보일러 가동을 중단하지 않을 것이다. 앞에서 설명한 현재 온도와 설정 온도를 비교해 보일러 가동이나 중단 여부를 결정하는 게 바로 폐회로 제어 방식이다.

개회로 제어나 폐회로 제어와 상관없이 제어 대상을 플랜트plant라고 한다. 보일러의 예에서는 방이 플랜트에 해당한다. 제어 시스템은 출력 신호를 읽어 들이는 센서(보일러의 온도 센서)와 시스템의 상태를 바꾸는 액추에이터actuator(보일러)로 구성된다. 이때 출력 신호를 지정하는 것을 설정기set point generator(보일러 온도조절 스위치)라고 한다. 입력 신호나 오차 신호를 사용해서 액추에이터를 제어하는 것을 제어기controller(보일러 온도 조절기)라고 한다.

제어 시스템의 개념을 적용해서 보일러를 그려보면 그림 1-4와 같다. 사용자가 보일러 온도조절 스위치에서 원하는 온도를 설정하면 제어기는 사용자 설정 온도와 센서에서 읽어 들인 현재 방의 온도를 비교해 액추에이터에 해당하는 보일러를 가동한다. 보일러를 가동한 후 센서는 다시 현재 온도를 읽어 들여서 제어기에 알려 준다.

환경environment은 여기서 외기에 해당하는데 기후에 따라서 방의 특성이 달라진다는 것을 알 수 있다. 즉 외기가 따뜻한 편이라면 사용자가 설정한 온도에 빨리 도달하고 보일러를 작동하는 시간이 줄어들겠지만, 외기가 차갑다면 사용자가 설정한 온도에 도달하려면 보일러를 오랫동안 가동해야 한다.

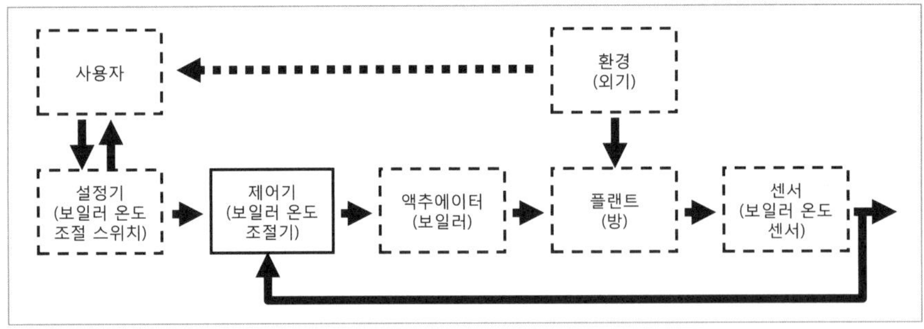

그림 1-4 보일러 제어 시스템의 예

다시 전자식 연료 분사기를 살펴보자. 완전 연소가 가능한 혼합비를 맞추려고, 전자식 연료 분사기도 폐회로 제어방식의 엔진 제어 시스템[EMS, Engine Management System]을 사용한다. 전자식 연료 분사기에서 가속 페달은 보일러의 설정기에 해당하고, 스로틀 밸브·연료 분사기·점화 플러그는 액추에이터, 엔진은 플랜트, 공기 유량 센서와 산소 센서는 센서, ECU[Electronic Control Unit]는 제어기에 해당한다.

보일러 온도 조절기가 온도 차이를 사용해서 보일러의 가동 유무를 결정한 것처럼, ECU는 사용자가 밟은 가속 페달 양과 다양한 센서에서 읽어 들인 측정값을 토대로 최적의 혼합 비율을 계산해 스로틀 밸브, 연료 분사기, 점화 플러그 등의 액추에이터를 통해 엔진을 동작시킨다. 전자식 연료 분사기는 다양한 부품으로 만들어진 제품이므로 각 부품이 완벽하게 작동해야 하지만, 최적의 혼합비를 계산하고 이렇게 계산된 혼합비로 엔진을 제어하기 위해서는 제어기인 ECU가 매우 중요한 역할을 한다.

전자식 연료 분사기를 정밀하게 제어하려면 다양한 입력을 바탕으로 신속히 출력을 계산하는 게 필요하다. 이런 빠른 수행시간과 정확도가 높은 계산을 하기 위해서 ECU는 임베디드 컴퓨팅[embedded computing] 기술을 활용하게 됐다. 즉 순수한 기계나 전자 장비만으로 복잡해지는 시스템을 제어하기가 어려워짐에 따라 자동차 업계에서는 다양한 분야의 ECU에 임베디드 소프트웨어를 탑재해 사용하고 있다.

간단하게 말하자면 ECU는 입력 신호를 받아들여 제어 알고리즘을 사용해 출력 신호를 생성한다(그림 1-5 참조). 즉 전자식 연료 분사기에서 공기 유량 센서와 산소 센서를 통해 읽어 들인 값이 ECU에 입력 신호로 들어간다. ECU에 탑재된 임베디드 소프트웨어는 입력 신호와 제어 알고리즘을 사용해 최적의 혼합기 비율을 유지하도록 스로틀 밸브, 연료 분사기, 점화 플러그 등의 액추에이터를 제어하는 출력 신호를 내보낸다.

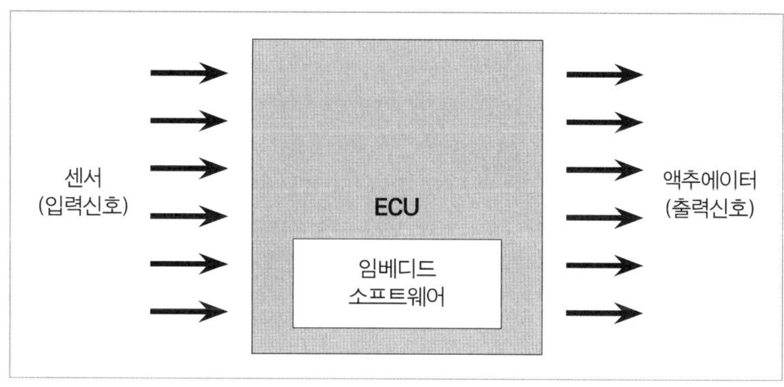

그림 1-5 전자식 연료 분사기에서 사용하는 ECU 개략도

01 2 자동차용 네트워크의 등장

자동차의 기능이 발전하면서 자동차에는 다양한 제어 시스템이 탑재되기 시작했다. 앞서 설명한 엔진을 제어하는 EMS[Engine Management System] 이외에도, 자동차가 원활한 주행을 하도록 자동변속기를 제어하는 TMS[Transmission Management System], 연비 향상을 위해서 기존 유압식 조향 장치를 전동식 조향 장치로 교체한 EPS[Electronic Power Streeing] 등 다양한 제어 시스템이 자동차에 장착되고 있다.

자동차를 개발할 때 소비자가 원하는 사양을 개발하는 걸 흔히 기능 개발이라고 한다. 과거에 이런 기능은 주로 엔진, 자동 변속기, 조향 장치와 같은 하나의 장치에 국한돼 개발됐다. 하지만 최근에 소비자들이 원하는 사양이나 전 세계적인 자동차 개발 경향 때문에 이런 사양 개발을 엔진, 자동변속기, 조향 장치처럼 하나의 장치에 한정해서 할 수 없게 됐다.

예를 들어 그림 1-6처럼 자동차 뒤에 후방 카메라를 부착해 카메라를 통해 입력받은 영상 정보를 기반으로 후방 주차를 자동으로 해주는 '자동 주차 시스템'을 개발한다고 해보자. 이런 '자동 주차 시스템'을 개발하려면, 엔진 · 변속기 · 조향 장치 · 카메라 · 사용자용 모니터들 사이에 긴밀한 협동 작업이 필요하다.

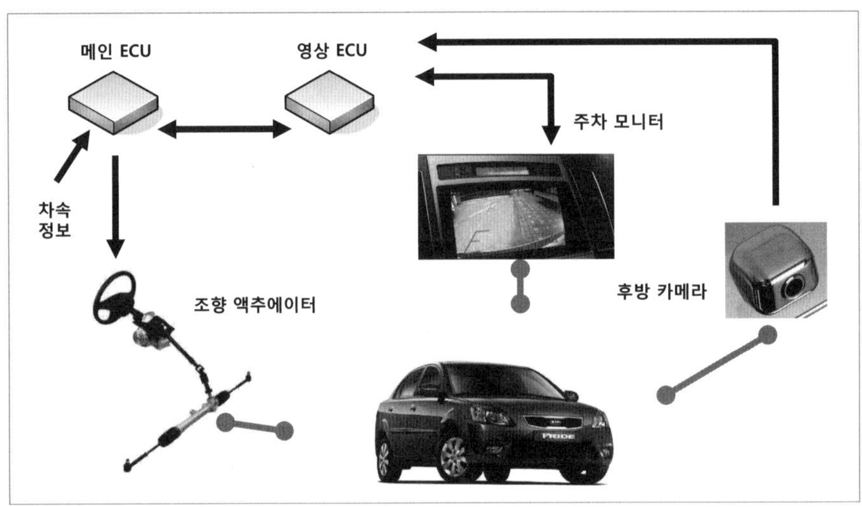

그림 1-6 영상정보를 기반으로 한 자동 주차 시스템

후방 카메라는 후진 시 뒤쪽의 영상을 주차 모니터에 출력하고, 운전자는 모니터 영상에서 주차 영역을 설정한다. 영상 ECU에서는 운전자가 설정한 목표 주차 위치를 계산하고 이것을 메인 ECU에 전달한다. 이때 영상 ECU는 주차 영상과 관련 메시지를 주차 모니터에 전달한다.

메인 ECU에서는 영상 ECU에서 받은 정보와 방향각 등의 정보를 바탕으로 주차 궤적을 산출하고, 이렇게 산출된 주차 궤적대로 자동차가 움직이도록 조향 액추에이터를 작동한다. 아울러 자동차가 적절한 속도로 후진하도록 속도 정보를 엔진 ECU에 보낸다. 엔진 ECU는 받은 정보를 토대로 엔진을 제어해 메인 ECU가 지정해준 속도로 자동차를 후진시킨다.

자동 주차 기능을 구현하려면, 앞서 살펴봤듯이 독립된 제어기들 사이에 다양한 정보를 실시간으로 주고받아야 한다. 즉 개별 ECU들을 연결해주는 자동차용 네트워크가 필요하다. 1990년에 접어들면서 자동차용 네트워크가 필요해지자, CAN^{Controller Area Network}[2]이 사실상 표준으로 자리 잡게 됐다.

자동차용 네트워크가 널리 채용되면서 고수준의 다양한 기능을 추가할 수 있게 됐다. 즉 앞차와의 간격을 인식해서 적절한 안전거리를 확보해 주는 ACC^{Adative Cruise Control}나, 자동차의 다양한 정보와 운전자의 운전 의두를 확인해 가장 안전한 주행 상태를 유지해주는 ESC^{Electronic Stability Control} 등도 다양한 센서기와 이들을 연결해 주는 자동차용 네트워크 덕분에 개발할 수 있었다.

자동차용 네트워크가 보편화하자 다양한 ECU가 하나의 센서에 접근하고 정보를 취득하는 게 어렵지 않게 됐다. 이전에는 센서와 ECU 사이를 직접 연결해야 했지만, 자동차용 네트워크 덕분에 센서에서 취득한 정보를 하나의 ECU에서 다른 ECU에 전달하는 게 가능해졌다. 즉 전체적으로 비용 절감에 자동차용 네트워크가 이바지하게 됐다.

일반인을 대상으로 한 소비재 가운데 가장 복잡한 상품이 자동차다. 흔히 자동차를 구성하는 부품의 개수는 2만 개에서 3만 개 정도 된다고 한다. 부품의

---

2 CAN에 대한 상세한 내용은 8장을 참조하자.

개수만큼 복잡한 자동차를 개발하는 건 엔지니어링 측면에서 큰 도전이다. 자동차 업계에서는 복잡한 개발 단계를 효율적으로 관리하고 시스템 엔지니어링[3]을 도입해서 활용하고 있다.

시스템이라는 용어는 사용하는 도메인에 따라서 그 정의가 달라진다. 이 책은 자동차를 다루고 있기 때문에 자동차를 시스템이라고 가정해 보자. 시스템을 개발할 때 '분할정복법Divide and Conquer'을 사용한다. 분할정복법은 복잡함을 다루는 방법으로서 다루기 쉬운 범위 안으로 문제를 나누고, 나눈 문제를 다시 하위 문제로 나누거나 해결책을 찾는 방법이다.

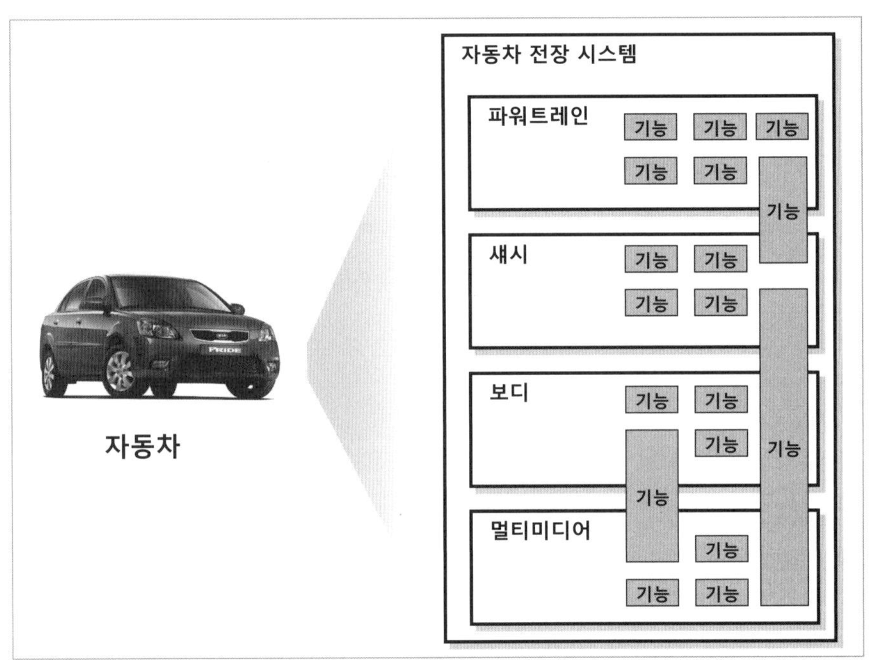

그림 1-7 자동차 시스템을 구성하는 서브시스템

자동차 개발에서도 분할정복법을 사용하는데, 특성이 같은 장치들을 하나의 서브시스템으로 묶어서 개발하는 방법을 사용한다. 이런 서브시스템은 크게

---

3 시스템을 다루는 시스템 공학은 2장을 참조하자.

파워트레인^{Powertrain}, 섀시^{Chassis}, 보디^{Body}, 멀티미디어로 나눌 수 있다. 그림 1-7 은 자동차 시스템을 구성하는 서브시스템의 구조다.

파워트레인은 자동차 구동과 관련된 서브시스템으로서 휘발유 자동차의 경우, 엔진이나 변속기가 여기에 속한다. 섀시는 조향과 관련된 것으로서 조향 장치와 브레이크가 여기에 속하고, 보디는 운전자와 승객의 편의를 위한 것으로서 시트, 에어컨, 미러가 여기에 포함된다. 마지막으로 멀티미디어는 말 그대로 내비게이터나 CD/DVD 플레이어처럼 멀티미디어와 관련된 장비들이 이에 속한다.

최신의 자동차에는 앞서 소개한 서브시스템을 구성하는 부품이나 모듈들을 제어하는 제어 시스템이 장착되는데, 이런 제어 시스템을 통제하는 임베디드 소프트웨어가 ECU에 탑재된다. 1.2 절에서 살펴봤듯이, 오늘날 자동차에 탑재되는 기능들은 ECU 단독으로 구현될 수 없고, 여러 ECU가 협력해 하나의 기능을 구성하게 된다. 이들 사이에 통신할 수 있도록 자동차용 네트워크(대표적인 예로서 CAN)가 등장하게 됐다.

[1.3.1] 파워트레인

파워트레인의 핵심 부품으로는 동력 기관에 해당하는 휘발유 엔진, 디젤 엔진, 모터, 연료전지가 있고, 동력 전달 장치에 해당하는 클러치, 수동 변속기, 자동 변속기가 있다. 이외에도 시동을 걸 때 사용하는 스타터^{starter}나 보조 배터리를 충전할 때 사용하는 발전기^{alternator}도 있다.

이러한 부품을 제어하는 ECU로는 엔진 ECU, 모터 ECU, 변속기 ECU 등이 있다. 파워트레인 부품을 제어하는 ECU에서 사용하는 설정기의 개수는 적다. 수동 변속기를 사용하는 경우 클러치의 접합 여부를 자동차에 알려주는 클러치 페달이 있지만, 자동 변속기는 클러치 페달이 없다. 운전자는 가속 페달을 통해 가속 의지를 자동차에 전달한다. 그리고 전진, 후진, 주차 여부를 자동차에 알려주는 변속 레버가 있다.

파워트레인에서는 운전자가 관여하는 설정기의 개수는 적지만, 상대적으로 사용하는 센서와 액추에이터의 개수가 많다. 휘발유 엔진의 경우 스로틀 밸브의 개도량을 측정하는 센서, 공기 유량 센서, 보조 배터리 전압 센서, 흡기 측 공기 온도 센서, 엔진 온도 센서, 노킹Knocking 감지 센서, 산소 센서 등이 있다. 아울러 휘발유 엔진에서 사용하는 액추에이터로는 점화 플러그, 연료 분사기, 산소 센서, 히터 등이 있다.

[1.3.2] 섀시

섀시는 자동차의 안전을 책임지는 부품들로 구성돼 있다. 예를 들자면 ABSAnti-braking System, 자동차의 자세를 제어해서 안전하게 운전하도록 도와주는 ESC나 EPS 등이 여기에 속한다. 섀시를 이루는 부품들에서 고장이 발생하면 운전자나 승객의 안전과 생명에 직접적인 영향을 미치게 된다. 예를 들어 고속 주행 중에 도로상에 장애물이 나타났을 때 브레이크가 작동하지 않거나 핸들을 조작했을 때 원하는 방향으로 자동차가 움직이지 않는다면, 대형사고가 발생할 것이다. 따라서 섀시 부품을 설계할 때 안전 요구사항Safety Requirement이 엄격하게 적용된다.

섀시도 파워트레인과 마찬가지로 운전자가 관여하는 설정기의 개수가 적다. 즉 핸들, 브레이크 페달, 주차 브레이크 정도다. 섀시도 설정기보다 많은 센서나 액추에이터를 사용하는데, 섀시에서 사용하는 센서로는 자동차 바퀴 속도 센서, 보조 배터리 전압 센서, 브레이크 센서 등이 있다.

[1.3.3] 보디

보디는 흔히 편의장치 그룹Convenience group과 수동 안전장치 그룹Passive safety group으로 나뉜다. 편의장치 그룹은 운전자나 승객이 운행 중에 자신의 편의를 위해 사용하는 장치로서, 파워 윈도 · 선루프 · 와이퍼나 비 감지 센서 · 미러 조절 장치 등이 여기에 속한다. 수동 안전장치 그룹은 사고가 났을 때 승객의 안전도를 높여주는 장치로서, 에어백 · 안전벨트 등이 여기에 속한다.

편의장치 그룹은 다양한 설정 기능을 제공해, 운전자나 승객이 편의장치 그룹이 제공하는 기능을 설정하게 한다. 예를 들어 에어컨이나 히터 가동 여부를 설정하거나 차량의 온도를 설정하는 스위치, 시트의 위치를 조절할 수 있는 스위치, 미러의 위치를 조절할 수 있는 스위치 등이 있다.

[1.3.4] 멀티미디어

멀티미디어(혹은 인포테인먼트)는 다른 서브시스템과 달리 최근에 많은 발전을 이뤘다. 아울러 멀티미디어의 특성상 대용량의 데이터를 다루기 때문에, 기존 CAN과 달리 대용량의 데이터를 처리할 수 있는 자동차용 네트워크가 필요하게 됐다. 멀티미디어를 구성하는 장치로는 튜너, 안테나, CD 체인저, 오디오 시스템, 비디오 시스템, 내비게이터 등이 있다.

01 4 데이터 캘리브레이션

제어기술의 도입으로 편리해진 부분이 하나 더 있다. 자동차의 용도에 따라 기대되는 기능이나 성능은 다양하다. 자동차의 기능적인 측면에서 사용자들이 바라는 것들은 주행, 제동, 후진, 변속 등과 같이 정형화할 수 있겠지만, 운전감, 제동감 등과 같이 감성적인 측면이나 연비, 가속 성능 등과 같은 성능적인 측면이 요구들은 정형화하기 어렵다. 자동차 업체들은 스포츠 모드, 경제 모드 등과 같은 운전 모드들을 정해 놓고 감성적인 측면이나 성능적인 측면을 정형화하고 있다.

가속할 때 얼마나 빨리 속도감이 붙게 되는지, 제동할 때 떨림은 없는지, 회전할 때 운전자의 노력이 얼마나 필요한지 등과 같이 감성이나 성능이라는 것들의 특징을 가만히 살펴보면, 모두 정형화한 기능을 이용할 때 사용자가 느끼는 것들이다. 같은 기능에 감성적인 목표치나 성능적인 목표치를 조절해 줘 운전자가 원하는 느낌을 찾아주는 것을 튜닝이라고 한다. 튜닝 기술은 다른 차종에 같은 기능을 적용할 때도 사용될 수 있는데, 튜닝을 가능하게 만들어 준 것도 제어기술이다. 소프트웨어의 파라미터 값을 바꿔 자동차의 성능 목표를 달성하게 하는 것이다. 이와 같은 기술을 데이터 캘리브레이션이라고 한다.

데이터 캘리브레이션은 자동차 성능 캘리브레이션 용도로만 사용되는 것은 아니다. 선행 개발 시, 제어 로직에 대한 수식을 완성하기 어려운 단계에서는 데이터 캘리브레이션을 수행해 입력 값들의 특성을 파악해 수식을 완성하는 작업을 수행한다. 또한 차종의 등급에 따라 적용돼야 할 모터 등급도 차별화해야 할 경우, 모터를 제어하는 기술은 같게 적용하면서 모터 특성은 데이터를 캘리브레이션해 차별화할 수 있다.

<h2>01 5   자동차용 임베디드 소프트웨어 전망</h2>

전장품(전기장치 부품)이 자동차에서 차지하는 비중이 높아지면서 전장품에 탑재되는 소프트웨어가 자동차 생산비용의 13퍼센트를 차지할 것이라는 견해도 있다. 그림 1-8에서 보듯이, 자동차에 탑재되는 ECU 개수가 해마다 늘고 있으며, 아울러 이런 ECU가 구현하고 있는 기능의 개수도 증가하고 있음을 알 수 있다. 독일 자동차협회의 2004년 보고서를 보면, 자동차의 고장원인 가운데 35.9퍼센트가 전장품에 있다고 한다.

자동차 분야에서 임베디드 소프트웨어(이하 차량용 소프트웨어)의 중요성은 날로 올라갈 것이다. 한편으로 이는 더욱 안전한 자동차를 만들기 위해서 차량용 소프트웨어의 품질에 대해서 많은 것을 고려하지 않으면 안 된다는 것을 뜻하기도 한다. 아울러 늘어나는 기능을 담아내려고 그 수에 비례해서 ECU가 늘어났으나 제조 단가의 상승이라는 제한조건 때문에, 현재 여러 대의 ECU에 탑재되는 기능들이 하나의 ECU로 통합·탑재될 것으로 예측할 수 있다(그림 1-8 참조).

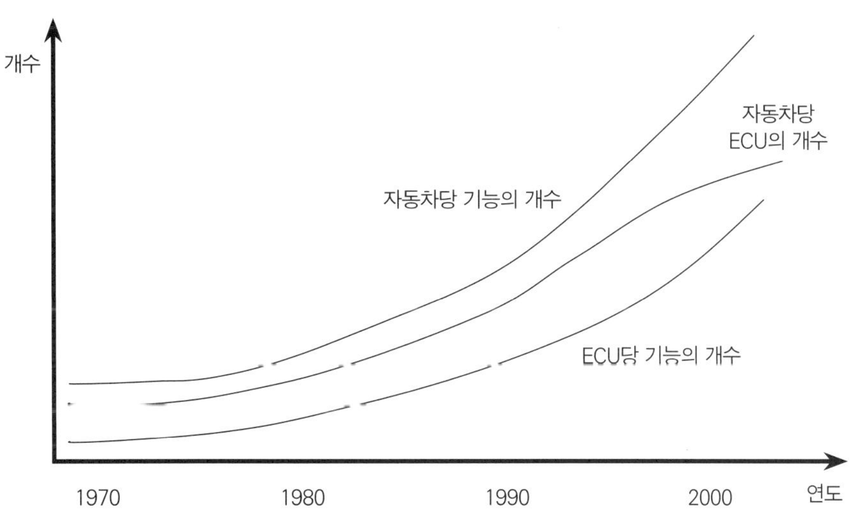

그림 1-8 자동차당 기능 개수와 ECU 개수 추이

참고도서와 문헌, 인터넷 자료

■ 참고도서

『임베디드 컨트롤 시스템』, Jim Ledin 지, 배의성 역, 에이콘, 2004년

Automotive Software Engineering, Jörg Schäuffele 외 1명, SAE International, 2005년

■ 참고문헌

〈영상기반 지능조향 주차지원 시스템〉, 이창재 외 3명, 한국지능치공학회 2006년도 춘계학술대회, 2006년

Automobiltechnologie 2010, Mercer Management Consulting and Hypo-vereinsbank, 2001

Goals and prospects of embedded electronic automotive systems, Joseph Beretta, PSA PEUGEOT CITROEN, 2003

The Need for System Engineering, An Automotive Project Perspective, Frschkorn 외 5명, Proceedings of the 2nd European System Engineering Conference(EuSEC), 2000

■ **인터넷 자료**

기화기 원리: http://goo.gl/GsqDl

자동차 고장원인: http://goo.gl/tFvad

페이턴트 모터카: http://goo.gl/XrVVx

CAN 역사: http://goo.gl/BvNGr

자동차 개발
프로세스

차량용 소프트웨어는 독립적으로 개발되지 않는다. 자동차라는 거대한 시스템의 한 부품으로서 차량용 소프트웨어가 개발된다. 따라서 차량용 소프트웨어 개발 과정을 쉽게 이해하기 위해 전체 자동차 개발 프로세스에 대해 알 필요가 있다. 따라서 이번 장과 다음 장에서는 자동차 개발 프로세스에 대한 간단한 설명과 엔진 제어기나 파워 스티어링과 같은 시스템의 개발 프로세스와 차량용 소프트웨어의 개발 과정을 함께 살펴봄으로써, 차량용 소프트웨어 개발 프로세스의 이해도를 높여보겠다.

02 1 자동차 개발 프로세스 개요

풀 모델 체인지^{Full Model Change} 신규 차종을 개발·양산해 시장에 출시하기 위해서는 일반적으로 수천억 원에 이르는 투자비와 3~4년 정도의 개발 기간이 필요하다. 자동차 업체들은 투자비와 개발 기간을 단축해 시장 점유율을 높이기 위해 개발 프로세스의 개선이나 개발 방법의 혁신, 신기술 도입 등의 많은 노력을 기울이고 있다. 일반적으로 자동차 업체들은 자체적으로 효율적인 개발 프로세스를 체계화해 준수하도록 규정하고 있다.

자동차 업체(OEM)들은 자사의 정책이나 비전, 기술적 한계 등을 반영해 자사만의 독특한 개발 프로세스에 따라 자동차를 개발하고 있다. 자동차 개발 프로세스를 이해하기 위해서는 자동차 산업의 특징과 자동차의 구조적 특징을 먼저 파악해야 한다.

자동차 업체마다 다소 차이는 있지만, 일반적으로 자동차는 그림 2-1과 같이 기획 단계, 선행 개발 단계, 디자인 단계, 설계 단계, 시험 단계, 생산 준비 단계, 양산 단계를 거쳐 시장에 출시된다. 신규 차종 개발을 위한 기획이 이뤄지면 신규 차종에 적용될 파워트레인, 차체 플랫폼, 보디, 섀시 등의 도메인별 선행 개발이 수행되고, 외관 디자인이 확정되기 전까지 도메인별 양산 사양 결정을 위한 업무를 진행한다. 자동차 개발 프로세스상에서 외관 디자인이 고정되기 전까지는 도메인별 개개의 설계 및 개발 작업이 수행되므로 도메인 상세 개발Domain Specific Development 단계로 표현할 수 있고, 외관 디자인과 설계 사양이 확정된 시작 단계부터는 양산 차 개발을 위한 도메인 교차 개발Cross Domain Development로 표현할 수 있다. 도메인 교차 개발을 수행할 때는 도메인 간의 상호작용이나 인터페이스를 고려한 검증이 수반돼야 한다.

수공업으로 개발되던 자동차가 대량 생산되면서 자동차 업체와 협력업체Supplier 간의 협업 관리가 중요한 이슈로 떠오르게 됐다. 자동차를 구성하는 대부분의 부품은 부품 협력업체가 주도해 개발하고, 자동차 업체는 어떤 자동차를 개발할 것인지 결정하고, 협력업체들이 개발한 부분들을 통합해 자동차를 조립하고 완성하는 역할을 담당한다. 자동차 업체와 협력업체가 협업을 진행하기 위해서는 자동차 개발 업무를 세분화하고, 세분한 업무별 개발 산출물이 정의되고, 이를 모니터링하고 통제하는 관리 기술이 요구될 수밖에 없다. 자동차 업체들은 개발 프로세스상에 주요 마일스톤을 정의해 개발에 참여하는 모든 인원이 반드시 마일스톤을 준수하도록 권고하고 있다.

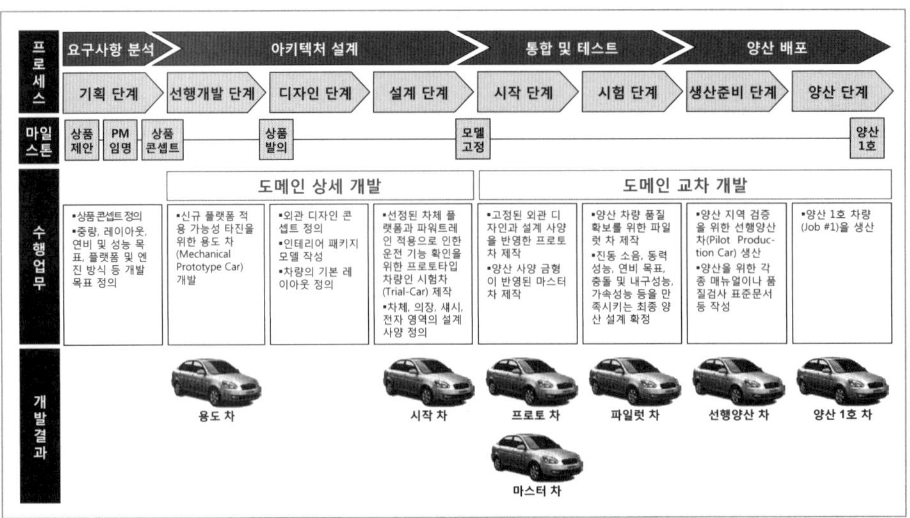

그림 2-1 자동차 개발 프로세스

자동차는 기계 기술과 전기·전자 기술, 소프트웨어 기술들의 조합으로 완성되는 복잡한 시스템이므로 이종 기술 간의 조화를 이루는 것이 중요하고 변경에 대한 파급효과도 클 수밖에 없다. 이를 극복하기 위해서 개발 초기에 프로토타입^{Prototype} 차 개발을 통해 기술적 가능성을 타진해 본 후, 양산 목표를 결정한다

자동차는 200년 이상의 기간 많은 과학자의 시행착오를 거쳐 기술적인 완성도를 이뤘고 대중적으로 발달한 제품이기 때문에 자동차의 기능들은 이미 상식으로 통용될 정도로 확정된 상태이며, 이 기능을 구현하는 자동차 구성 요소들도 재사용하기 편리하게 모듈화돼 관리되고 있다. 신규 차종을 개발할 경우, 새롭게 추가되는 기능이 무엇인지, 목표 동력 성능이나 연비는 무엇인지에 따라 재사용 가능한 구성요소들을 선별하는 작업이 먼저 수행돼야 한다. 이 작업을 통해 상품의 콘셉트가 정의된다.

자동차는 많은 부품으로 구성돼 있으나 주요 부분을 크게 나누면 그림 2-2와 같이 보디와 섀시로 구분할 수 있다. 보디는 차체라고도 하며 사람이나 화물을 싣는 부분이다. 그 모양은 승용차, 버스, 화물차 등 용도에 따라 다르며, 엔진룸Engine Room과 트렁크Trunk로 구성된다. 섀시는 주행을 위해 동력을 생성하고 전달하고 방향을 조절하기 위한 엔진, 동력전달 장치인 파워트레인, 조향 장치, 현가 장치, 주행 장치 등으로 구성된다.

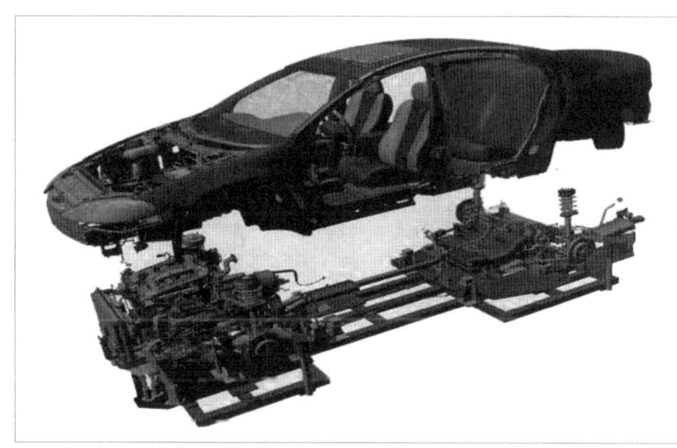

그림 2-2 자동차를 구성하는 차체와 섀시

자동차 개발 시 제일 먼저 고려해야 할 요소가 자동차의 뼈대를 이루는 차체와 섀시다. 자동차의 뼈대를 이루는 차체 플랫폼Platform을 선정하고, 요구하는 동력 성능Power Performance이나 연비를 확보하기 위해서는 동력을 제공하는 파워트레인의 선택이 중요하므로 차체 플랫폼과 파워트레인을 선정하는 작업을 기획 단계에서 수행한다. 차체 플랫폼과 파워트레인이 정의되면, 외관 디자인과 차량 구성요소들의 레이아웃을 디자인 단계에서 정의한다.

차체 플랫폼과 파워트레인, 레이아웃이 정의되면, 정의된 내용의 그룹이 실제로 주행할 수 있는지 확인하기 위해 프로토타입 차인 시험 차Trial Car 혹은 T-Car를 제작해 차량의 운전 기능을 확인한 후, 설계 사양을 확정한다. 설계 사양이 확정되면, 설계 사양을 반영한 프로토타입 차인 프로토 차를 제작해 설계 사양을 검토하고, 프로토 차를 통해 식별된 품질 문제를 개선해 양산 금형이 반영된 마스터 차^{Master-Car}를 제작한다. 시험단계에서 파일럿 차^{Pilot Car}를 제작해 진동 소음, 내구 성능, 연비, 동력 성능 등의 품질 목표를 만족하게 하는 최종 양산 설계 사양을 확정한다. 양산 품질까지 확보하면 선행 양산 차^{Pilot Production Car}를 제작해 실제로 양산하는 지역에서 차량의 기능이나 성능을 확인하고, 양산 1호 차^{Job#1-Car}를 제작해 배포한다. 양산 배포 이전에 차량의 극한 조건을 파악하고 내구 성능을 검증하기 위해 극서 지방이나 극한 지방에서 트립^{Trip}을 수행한다.

02 2 기획 단계

자동차 업체 입장에서는 신규 차종 개발을 위한 기획 단계가 가장 중요하다. 하나의 신차가 개발되기까지 3~4년 정도의 개발 기간이 필요하고, 양산 후 그 차종이 단종될 때까지 6~7년가량의 시간이 필요하다. 또한 자동차 업체들이 자동차 보증 수명을 10년 10만 마일로 정의하고 있지만, 그 차종이 폐차되기까지는 10~15년가량이 소요된다. 즉 하나의 신규 차량이 개발되고 폐기되기까지의 생명주기는 20년 가까이 되는 것이다. 이 기간 자동차에서 요구되는 서비스를 지속해서 제공하면서, 자동차 산업의 경쟁에서 낙오되지 않으려면 자동차 업체들은 신규 차종을 기획하는 단계를 소홀히 할 수 없다.

신규 차종의 성패 여부는 자사의 기술력이나 시장 점유율 등의 자기 진단과 시장 조사를 통한 기획에 달려있다. 기획 단계를 담당하는 기획 부서나 마케팅 부서는 세계 산업 동향이나 자동차 업계의 동향, 경쟁 업체들을 정확하게 파악하고, 자사의 현재 수준과 앞으로의 비전, 기술력 등을 냉정하게 판단해 중장기 상품 기획서를 작성하고, 구체적인 개발 목표를 설정해 제품 개발 계획을 수립해 최고 경영층의 승인을 받는다.

상품 기획에 대한 승인이 떨어지면, 시장조사, 중장기 상품기획, 제품개발 계획 수립, 총괄 PM 임명, 신차 개발 조직 구성, 부문별 PM 임명, 신차 상품 콘셉트 개발 등을 한다.

신차 상품 콘셉트가 확정되면, 수개월 동안의 세부적인 검토 과정을 거쳐 아래와 같은 상세 전략을 수립한다. 상세 전략 수립을 위해 경쟁업체를 벤치마킹하거나 경쟁 차를 분해^{Tear Down}해 구조나 재질, 중량, 하위 시스템들의 동작 메커니즘 등을 분석해 아래와 같은 신규 차량의 개발 목표를 정의한다.

- 신차 설계와 생산을 위한 기본 제원 검토
- 신차 플랫폼이나 엔진 방식 검토
- 실내 스페이스 레이아웃 정의
- 차량 중량 정의
- 연비, 성능, 내구 신뢰성 목표 정의
- 엔진 방식 정의
- 차량의 상태 및 모드에 따른 하위 시스템들의 동작 메커니즘 검토
- 구조, 재질, 무게 등의 설계 목표 정의

02 3 선행 개발 단계

자동차 업체들은 앞으로 10년 이상의 기술 동향을 예측해 기초 연구나 신기술 개발에 주력하는데, 이를 선행 개발이라고 한다. 선행 개발 단계에서는 차량의 연비를 개선하거나 성능을 극대화하고, 인간과 환경의 안전을 확보하고, 대체 연료를 개발하고, 편리함과 안락함을 극대화하기 위한 참신한 아이디어를 수립한다. 또 아이디어를 구현하기 위한 기초공학, 화학, 기계공학, 소프트웨어, 전사공학, 물리학, 인체공학 등의 기술력을 확보한다

자동차를 구성하는 각 도메인은 선행 개발기간 동안 기초 연구와 신기술 개발을 수행해 기술력을 확보해, 검증된 시스템들을 양산하고자 하는 신규 차종에

장착한다. 그러므로 회사에서 신규 차종 개발을 기획하기 이전부터 각 도메인은 앞으로 10년 이상의 미래를 예측해 신기술이 도입된 신개념의 시스템들을 연구하고 개발한다. 이처럼 하나의 차량이 완성하기 위해 차량을 구성하는 도메인은 '동시공학적 접근 방법'을 이용해 선행 개발을 수행한다.

차량의 주요 기능이나 성능은 파워트레인과 차체 플랫폼으로 결정되기 때문에, 선행 개발 단계는 차량의 동력 성능을 결정짓는 엔진을 주축으로 한 파워트레인 개발과 차체 플랫폼 개발을 중심으로 완성된다. 그림 2-3은 차종 개발 프로세스와 별도로 개발이 진행되는 플랫폼과 파워트레인 개발 프로세스다.

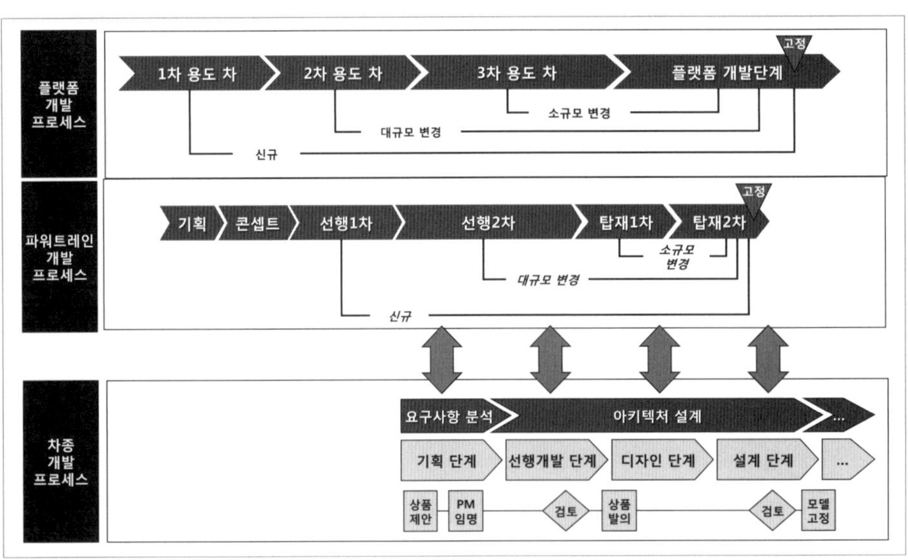

그림 2-3 플랫폼 및 파워트레인 개발 프로세스와 차종 개발 프로세스 관계

업체마다 조금씩 다르지만, 일반적으로 플랫폼의 경우엔 신규 차종의 모델이 고정되기 전 60여 개월 이전부터 신규 개발을 놓고 고민한다. 신규 플랫폼을 개발하거나 플랫폼이 변형되면 개발된 플랫폼이 차량에 장착돼 제 기능을 수행할 수 있는지 확인하기 위한 프로토타입 차를 제작하는데, 이를 용도 차Mechanical Prototype Car 또는 M/Proto Car라고 한다. 하이브리드 차량Hybrid-Vehicle이나 전기

자동차와 같이 플랫폼이 변경될 경우에는 용도 차를 제작해 완성된 기술력을 확보한다.

신규 플랫폼을 개발하느냐 변형 플랫폼을 개발하느냐에 따라 용도 차 제작을 몇 번 수행할지가 결정된다. 신규 플랫폼 개발 시엔 3차의 용도 차를 개발함으로써 플랫폼 검증을 거친 후에 양산 차량에 탑재하는 절차를 마친다. 변형 플랫폼은 변경 정도에 따라 2차나 1차의 용도 차를 통해 플랫폼을 검증한다. 용도 차를 통해 플랫폼의 기술 가능성이 검증되면 양산 대응용 플랫폼을 개발한다. 플랫폼 개발은 최종 설계 사양을 확정하는 단계에 적용될 수 있도록 개발돼야 한다.

파워트레인의 경우엔 신규 차종의 모델이 고정되기 전 30여 개월 이전부터 신규 개발을 놓고 고민한다. 신규 파워트레인은 기획 ❯ 콘셉트 ❯ 선행 1/2 차 ❯ 탑재 1/2 차 단계를 거쳐 완성되는데, 자동차에 탑재되는 모든 구성 요소들은 재사용의 대상이 되기 때문에 기존 대비 얼만큼 변경돼야 하는지, 재사용 가능한 항목은 어떤 것들이 있는지, 기술적으로 가능한지 등을 확인하기 위한 콘셉트 단계를 수행한다. 신규 파워트레인 개발 시에는 선행 1차 단계를 수행해 기술적 가능성을 타진하고, 신규 차종 상품 기획을 반영해 선행 2차 단계를 수행해 기술력을 확보한다. 신차 상품 콘셉트를 적용해 차량에 탑재하기 위한 탑재 1, 2차 단계를 수행하는데, 제어로직 변경 등의 소규모 변경[minor change]만 있을 때는 탑재 2차 단계만 수행한다.

자동차 개발 프로세스상의 선행 개발 단계에서는 별도로 개발되던 플랫폼과 파워트레인을 차량에 탑재해 신규 차종에 적용할 수 있는지에 대한 기술 가능성을 확인한다. 플랫폼과 파워트레인의 기술력과 완성도 평가가 완료돼야만 신규 차종의 상품 발의를 할 수 있다.

시장 동향이나 자사 기술력을 타진해 본 후 앞으로 자동차 산업의 미래를 이끌어갈 신규 차종을 기획했다면, 신규 차종의 개발 목표를 바탕으로 자동차 연구소가 그 역할을 맡는다. 자동차 연구소는 디자인과 설계를 통해 차량 개발을 수행한다. 차량의 연비나 동력 성능 못지않게 중요한 것이 차량의 외관 디자인이다. 신규 차량의 개발 목표가 정해지면, 차체 플랫폼에 적합한 외관 디자인 작업을 수행하게 된다.

디자인 단계의 시작은 가장 중요한 디자인 콘셉트 결정이다. 디자인 콘셉트를 결정하는 기간은 자동차 업체마다 다소 차이는 있지만, 보통 4~5개월 동안 수행된다. 경쟁 차량의 디자인 분석이나 스케치 과정을 거치면서 기본 제원의 디자인 골격이 완성된다.

디자인 콘셉트가 정의되면, 아이디어 전개를 통해 세부적인 부분까지 스케치를 완성해 스케일 모델을 만들고, 인테리어 패키지 모델도 만든다. 인테리어 패키지 모델이 만들어지면 차량의 기본 레이아웃이 정의된다. 차량의 기본 레이아웃이 정의되면 콘셉트 모델을 만들어서 차량의 전체적인 외형 디자인을 완성한다. 실물 크기의 완성된 상태를 표현하는 렌더링이나 테이프 드로잉, 스케일 모델, 클레이 모델 등을 만들어 전체적인 외형 디자인을 평가한다. 차량의 외형 디자인이 끝나면, 신규 차종 개발 목표와 디자인 콘셉트에 대한 품평을 수행한다. 디자인 콘셉트가 구현 가능한지를 확인하고 요구되는 기술과 조건들을 파악한다. 디자인 콘셉트에 대한 품평이 완료되면, 최고 경영층의 승인을 받아 디자인 규격을 확정한다.

제품 기획, 디자인 모델 고정, 목표 원가 및 목표 중량 달성, 목표 연비 및 성능 달성 등 차량 개발에서 가장 중요한 의사결정을 내리기 위해 기술 솔루션을 개발하는 등의 구체적인 활동이 설계 단계에서 진행된다. 설계 단계에서는 프로토타입 차량을 개발해 양산 차량 개발 가능성을 타진하고 기술력을 확보해 설계 사양을 확정하는 작업을 수행한다.

차체 플랫폼과 파워트레인, 레이아웃이 정의되면, 정의된 내용의 조합을 실제로 주행할 수 있는지 확인하기 위해 프로토타입 차인 시험 차를 제작해 차량의 운전 기능을 확인한다. 시험 차는 양산 차종의 설계 사양을 결정하는 데 중요한 역할을 한다.

설계 단계는 아래와 같이 3단계로 구분돼 진행된다.

- 기술 가능성을 타진하기 위한 시작 도면 설계 단계
- 양산 사양을 결정하기 위한 정식 도면 설계 단계
- 최종 양산 사양 확정을 위한 양산 도면 설계 단계

시작 도면 설계 단계에서는 선정된 차체 섀시 플랫폼에 파워트레인을 올려서 차량의 기본 기능인 구동 및 주행 등의 기능 동작 여부를 판단하기 위한 프로토타입 차량인 1차 시험 차$^{T1-Car}$를 제작한다.

1차 시험 차를 통해 차량 운전을 위한 기술력이 확보되고 차량의 운전 성능이 평가되면, 두 번째 단계인 정식 도면 설계 단계를 진행한다. 정식 도면 설계 단계에서는 확보된 기술력을 기반으로 1차 시험 차의 문제점을 개선해 2차 시험 차$^{T2-Car}$를 제작한다. 설계는 크게 차체 설계, 의장 설계, 섀시 설계, 전자 설계로 나뉜다. 이 단계에서 2차 시험 차를 통해 양산 내용을 위한 차체, 의장, 섀시, 전자 영역의 세부 부품들의 설계 사양을 정의한다. 정식 도면 설계 단계에서 정의된 차체, 의장, 섀시, 전자 영역의 세부 부품들의 설계 사양을 반영해 양산 도면 설계를 수행해 양산을 위한 설계 사양을 확정 짓는다

02 6 시작 단계

디자인 모델이 고정되고 의장, 섀시, 전자 영역의 세부 부품들의 양산을 위한 설계 사양이 확정되면 본격적으로 차량 양산을 위한 시작 단계로 접어든다. 시작 단계에서는 고정된 디자인 모델에 설계 양산을 위해 최종 확정된 설계 사양을 반영해 설계 품질을 양산 전에 확인하기 위한 프로토 차를 제작한다. 시작 차는 양산 차의 원형原型으로서, 차량 및 부품의 문제점을 개선하고 설계 사양의 품질을 평가해 제품의 생산성, 상품성, 정비성 등을 검토하기 위해 제작된다.

프로토 차를 통해 파악한 품질 문제를 개선하기 위한 설계 변경이 이뤄진다. 이 변경된 설계를 반영한 마스터 차가 제작되는데, 이 차에는 양산을 위해 금형으로 제작된 각 부품이 탑재된다.

02 7 시험 단계

시작 단계에서 마스터 차가 제작 완료되면 시험 단계로 이어진다. 시험 단계에서는 양산 차량의 품질 확보를 위해 파일럿 차가 제작되고, 연비 목표, 성능 목표, 중량 및 원가 목표, 신뢰성 목표 달성을 위한 시험 및 설계 변경이 수행된다. 시험 단계에서 진동 소음, 동력 성능, 연비 목표, 충돌, 내구 성능, 가속 성능 등을 만족하게 하는 최종 양산 설계를 확정한다.

02 8 생산 준비 단계

시험 단계를 거쳐 최종 양산 설계가 확정돼 양산 도면이 배포되면, 생산 설비와 장비의 세부 사양을 결정하고 양산을 위한 준비 작업이 이뤄진다. 이 과정이 바로 생산 준비 단계다.

생산 준비 단계는 양산 지역에서 수행되며, 양산에 필요한 공정 정비가 완료되면, 양산 차량 상태에 따르는 선행 양산 차를 생산한다. 선행 양산 차는 여러 차례에 걸쳐 수백 대가 생산된다. 양산을 위한 종합 품질을 확인하고 양산 설비와 차량 부품의 미흡한 점을 보완해 양산 품질을 확보한다. 생산 준비 단계에서는 양산을 위한 각종 매뉴얼이나 품질 검사 표준문서 등이 작성된다.

02 9 양산 단계

생산 준비 단계에서 선행 양산에서 발생한 문제점을 분석하고 해결한다. 아울러 양산 시점[SOP, Start of Production]을 정의하고 양산 1호 차를 생산하면, 차량 개발 단계가 끝난다.

02 10 차량 개발 프로세스 모니터링과 통제

자동차 업체들은 자동차 개발을 모니터링하고 통제하기 위해 그림 2-4와 같이 자동차 개발 프로세스상에 검토[Review], 품질 감사[Audit], 거동 평가[Assessment] 등과 같은 확인 측정[Confirmation Measures] 단계를 정의하고 수행하고 있다. 또한 FMEA[Failure Mode and Effect Analysis]나 초도품 검사[ISIR, Initial Sample Inspection Report] 등을 수행해 제품의 품질을 보장하게 한다.

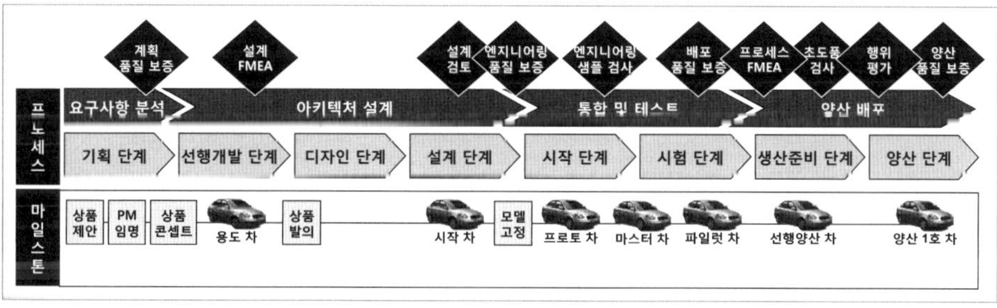

그림 2-4 자동차 개발 프로세스 모니터링과 통제

이어서 요구사항 분석과 상품 콘셉트 정의, 개발 계획이 수립되는 '요구사항 분석 단계'의 결과물에 대한 '계획 품질 보증Planning QA(Qaulity Assurance)'을 수행한다. 계속해서 차량의 레이아웃이 결정되고 세부 구성요소들의 설계 사양이 정의되는 '아키텍처 설계' 단계의 결과물에 대한 설계 사양 품질 보증을 위해 '엔지니어링 품질 보증Engineering QA'을 수행한다. 각각의 구성요소들을 통합하고 통합된 차량을 검증하는 '통합 및 테스트 단계'의 결과물에 대한 제품 품질 보증을 위해 '배포 품질 보증Release QA'을 수행한다. 이어서 양산 배포되는 차량의 품질 보증을 위해 '양산 배포 단계'에서 '양산 품질 보증Production QA'을 수행한다.

차량 예비 아키텍처가 수립되는 '선행 개발 단계'에서 '시스템 FMEA'를 수행해 수립된 아키텍처상에서 발견될 수 있는 위험 요소들을 식별하고, 이를 극복하는 방법을 정의한다. 또한 각각의 구성요소의 설계 사양이 정의되는 '설계 단계'에서는 '설계 FMEA'를 수행해 설계된 내용에 위험 요소들이 존재할 경우, 개선 방안을 도출한다. 생산 준비 단계에서는 '프로세스 FMEA'를 수행해 공정상 제품 또는 시스템의 품질에 치명적인 문제를 일으킬 수 있는 요소들을 식별해 개선 방안을 도출한다.

고장 모드와 영향 분석, FMEA

FMEA(Failure Mode & Effect Analysis)는 시스템의 기능이나 설계상에서 발생할 수 있는 고장 모드(Failure Modes)의 위험도를 평가하고, 원인(Causes)과 영향(Impact)을 분석해, 고장 모드의 발생 가능성을 낮추거나 회피하는 방안을 정의하기 위해 사용되는 경험에 의한 확률적 분석 방법이다. 고장 모드의 중요성에 따라 정성적 또는 정량적 분석이 가능하다. FMEA는 단일 고장에 대한 영향이나 원인을 파악할 수 있으나 여러 고장 때문에 복합적인 영향을 고려하기는 어렵다. 또한 고장 원인을 제어하거나 줄이기 위한 해결책을 제시하기에는 적합하지만, 예측되지 않은 고장 모드를 판별하기는 어렵고, 모든 고장이 사고로 이어질 가능성은 낮기 때문에 과도한 분석 작업일 수도 있으므로 반드시 필요한 경우에만 수행한다. FMEA의 개념은 그림 A와 같이 설명할 수 있다.

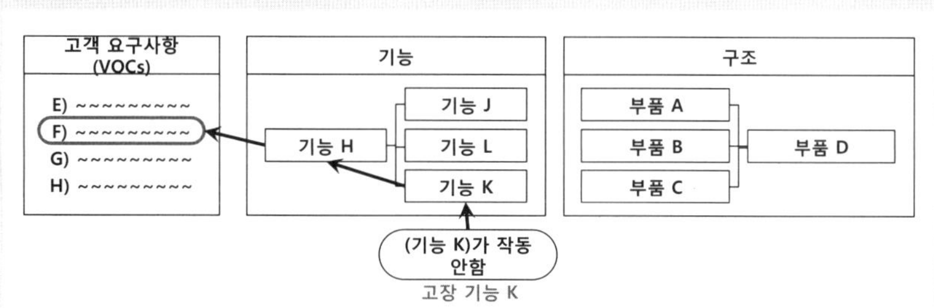

그림 A FMEA 개념

최상위 레벨인 차량에서 요구하는 기능을 'H'라고 정의하고, H를 만족시키기 위해 요구되는 하위 시스템들의 기능을 J, L, K라고 하자. K 기능의 고장은 H라는 차량 레벨 기능에 영향을 줄 수 있으며, 궁극적으로는 고객의 요구인 VOCs(Voice Of Customers)를 만족하게 하지 못하게 된다. K 기능의 고장 원인은 물리적 구조인 B의 결함 때문에 발생한 것이다.

FMEA는 분석하려는 대상에 따라 그림 B와 같이 종류를 구분하고 있다.

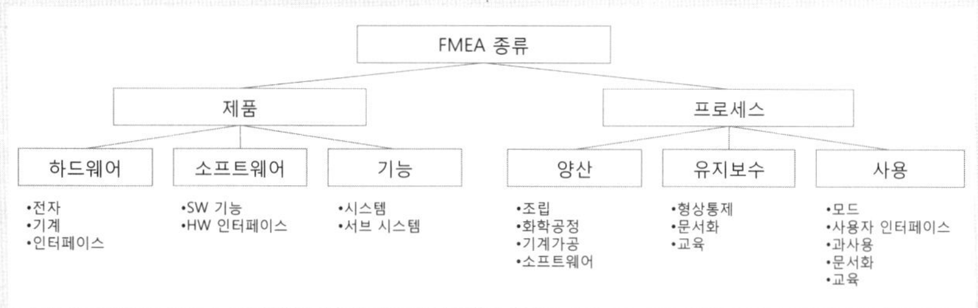

그림 B FMEA 종류

● **시스템 FMEA**: 시스템이 외부와 인터페이스되는 요소들과 상호작용 시 발생할 수 있는 잠재적 고장을 분석하는 방법으로, 차량 기능상의 고장 영향을 식별한다. 주로 신규 개발 시, 초기 단계(콘셉트 정의 단계)에서 시스템의 개발 개념을 수립할 때 잠재적인 위험을 식별하기 위해 수행한다.

● **설계 FEMA**: 시스템이나 하드웨어 설계(내부 구성요소들의 상호작용)상에서 발생할 수 있는 잠재적인 고장을 분석하는 방법으로, 시스템 기능상의 고장 영향을 식별한다

- **프로세스 FMEA**: 제품의 생산 및 보관, 운송 등과 관련된 공정상의 잠재적인 위험을 분석하는 방법으로, 생산된 제품의 고장 영향을 식별한다.
- **소프트웨어 FMEA**: 소프트웨어 설계(내부 구성요소들의 상호작용)상에서 발생할 수 있는 잠재적인 고장을 분석하는 방법이다. 전역 변수나 지역 변수, 캘리브레이션 매개변수, 알고리즘, 내외부 인터페이스 구조, 동적 메커니즘 등에 의해 발생할 수 있는 잠재적인 고장을 분석한다.

02 11 전자 기술을 반영한 차량 개발 프로세스

차량 개발 프로세스상에서 전자 기술이 반영돼야 하는 시점인 주요 마일스톤별로, 제어기별로 주요 샘플이 개발돼야 한다. 자동차 도메인에서는 주로 이와 같은 샘플들을 A, B, C, D로 정의하고 있다. 시험 차가 개발되는 시점에 개발되는 제어기 샘플을 A 샘플이라고 하며, A 샘플을 완성하기 위해 제어개발 프로세스가 몇 번의 사이클을 돌게 될 것인지는 일정이나 인원, 개발 범위 등에 따라 정의될 수 있다. 기능 안전을 보장하기 위해서는 최소 2번 이상의 제어개발 프로세스를 수행하는 것이 바람직하다. 그림 2-5는 A, B, C, D 샘플별

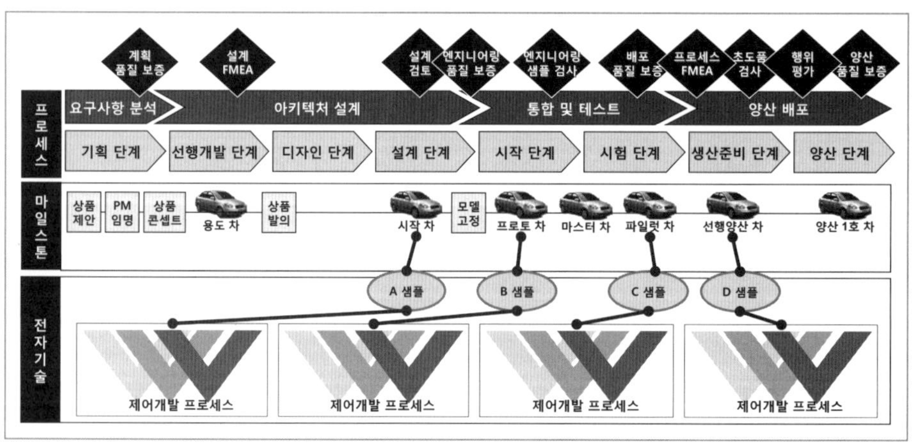

그림 2-5 차량 개발 주요 마일스톤별 제어개발 프로세스

로 제어개발 프로세스를 여러 차례 수행하는 개념을 보여준다. 제어개발 프로세스는 3장에서 자세하게 설명한다.

참고도서와 문헌, 인터넷 자료

■ 참고도서

Automotive Embedded System Handbook, Industrial Information Technology, Nicolas Navet, Francoise Simonot-Lion, CRS Press, 2008

■ 참고문헌

Challenges in the Modeling and Quantitative Analysis of Safety-Critical Automotive Systems, Florian Leitner-Fischer, University of Konstanz, 26. May 2011(florian.leitner@uni-Konstanz.de)

■ 인터넷 자료

자동차 개발 단계에 따른 제어개발 프로세스: Collaborative R&D for Automotive Innovation 2010-2011, EUCAR. http.//goo.gl/S6NeF

자동차 백과 · 개발 프로세스: http://goo.gl/29p9r

품질 관리: Fraunhofer-Quality Management(http://goo.gl/XJOkS)

3

제어 개발
프로세스

　　제어 개발 프로세스는 그림 3-1과 같이 엔지니어링 프로세스와 지원 및 관리 프로세스로 구분할 수 있다. 시스템 엔지니어링이나 소프트웨어 엔지니어링과 같이 시스템을 만들기 위한 해결책을 정의하는 업무와 이렇게 정의된 솔루션을 구현하는 업무들의 절차를 정의한 것을 엔지니어링 프로세스 혹은 코어 프로세스라고 한다. 아울러 엔지니어링 프로세스를 원활하게 수행할 수 있도록 관리해야 하는 영역과 지원이 필요한 영역에 관한 업무 절차를 표현한 것을 지원 및 관리 프로세스라고 한다.

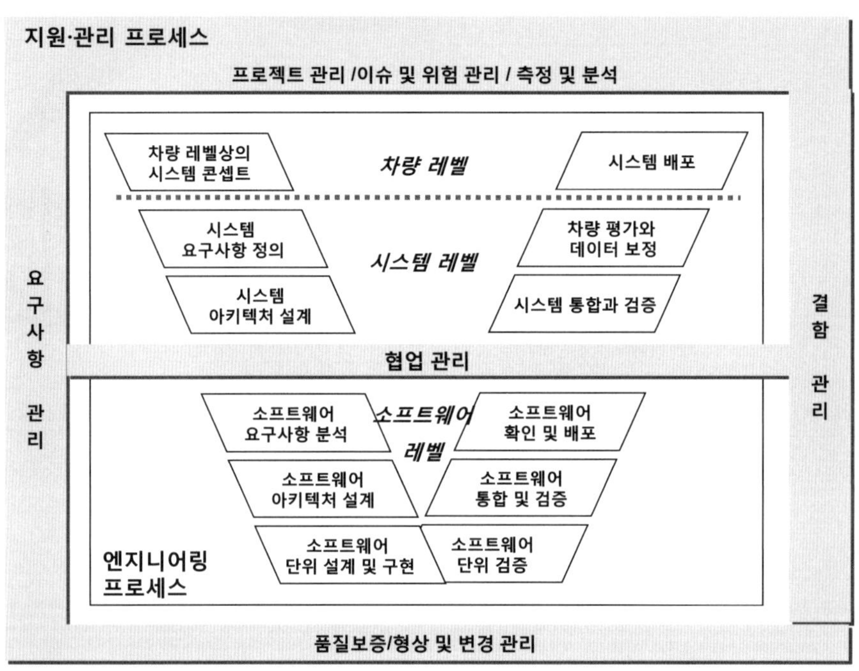

그림 3-1 제어 개발 프로세스

E/E^Electrical/Electronic 시스템 개발에 적용되는 엔지니어링 프로세스는 그림 3-2 와 같이 시스템 엔지니어링 프로세스와 소프트웨어 엔지니어링 프로세스, 하드웨어 엔지니어링^Hardware Engineering 프로세스 등으로 표현할 수 있다. 시스템은 기계, 화학, 전기 · 전자, 소프트웨어로 구성된 복합체이기 때문에 시스템을 구성하는 하위 요소들인 센서, 액추에이터, 하드웨어, 소프트웨어 등을 구현하는 방법이나 절차가 엔지니어링 프로세스에 포함된다.

ECU와 같은 임베디드 시스템을 개발하기 위한 프로세스는 '시스템 구현 단계'에서 하드웨어, 소프트웨어로 나뉘어 개발되고, 개발이 완료되면 통합되고 검증된다. 결함^faults이나 변경 요청에 의한 피드백을 통해 기능이 완성될 때까지 엔지니어링 프로세스를 반복한다. 첫 번째 프로토타입을 개발해 모든 기능

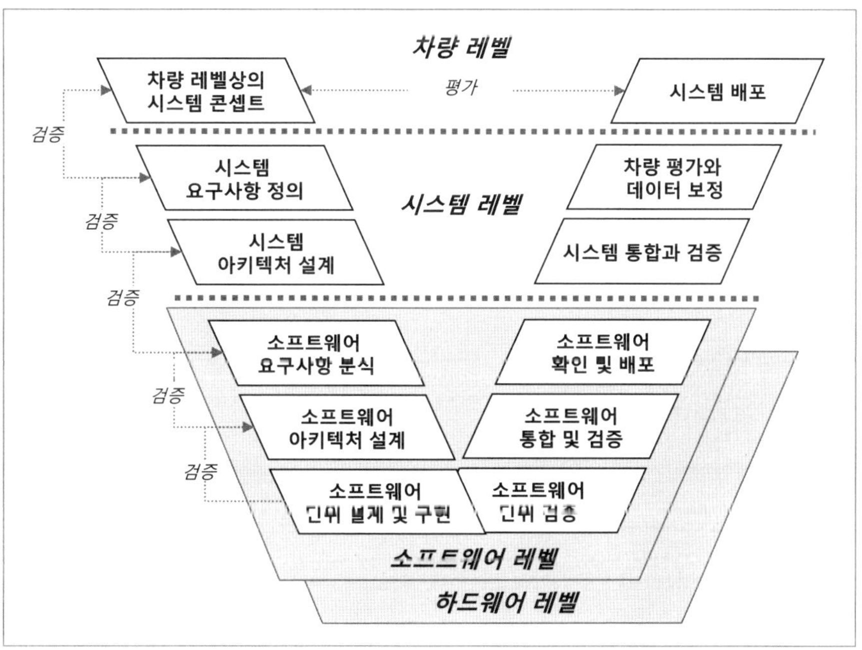

그림 3-2 엔지니어링 프로세스

이나 요구사항을 만족시킬 수 없다. 그러므로 제한된 프로토타입은 개선된 프로토타입을 개발하기 위해 사용되고, 모든 요구사항과 품질 목표를 만족할 때까지 이 과정을 반복한다. 하드웨어와 소프트웨어가 통합된 버전을 샘플이라고 하며, 차량 개발 프로젝트의 점진 상황에 따라 A, B, C샘플로 표현하며, 양산Series Production 버전을 D 샘플이라고 한다.

엔지니어링 프로세스는 아래와 같은 절차에 따라 수행된다.

시스템 엔지니어링 프로세스

    [1단계] 차량 레벨상의 시스템 콘셉트

    [2단계] 시스템 요구사항 정의

    [3단계] 시스템 아키텍처 설계

    [4단계] 시스템 구현

    [5단계] 시스템 통합과 검증

    [6단계] 차량 평가와 데이터 캘리브레이션

    [7단계] 시스템 배포

소프트웨어 엔지니어링 프로세스

    [1단계] 소프트웨어 요구사항 분석

    [2단계] 소프트웨어 아키텍처 설계

    [3단계] 소프트웨어 단위 설계와 구현

    [4단계] 소프트웨어 단위 검증

    [5단계] 소프트웨어 통합과 검증

    [6단계] 소프트웨어 확인과 배포

'차량 레벨상의 시스템 개발 콘셉트' 단계는 개발 대상의 임무가 명확하지 않은 신규 개발 시에 수행되는 업무다. 주로 자동차 업체들이 개발 대상을 정의할 때 수행되는 업무이며, 시스템의 주요 기능이 확정된 프로토 차 이후에는 이 단계를 수행하지 않는다. 이 단계에서 수행돼야 할 주요 업무는 차량 레벨에서 시스템이 어떤 기능을 수행해야 하고, 어떤 콘셉트로 개발돼야 하는지 정의하는 것이다. 시스템 콘셉트에는 개발 대상 시스템의 주요 기능이 정의돼야 한다. 이 단계가 완료되면, 시스템을 개발하기 위한 완성차 업체, 시스템 업체, 부품 업체의 협업 구조를 정의할 수 있다.

시스템 요구사항System Requirements은 시스템의 확인Validation 기준이 된다. 시스템의 확인 결과Validation Results는 빠진 시스템 요구사항에 반영해 시스템의 완성도를 높여준다. 시스템 요구사항을 기반으로 시스템이 수행해야 할 역할에 관한 기능들을 정의할 수 있으며, 기능들의 구조와 상호작용을 분석해 시스템의 논리적 아키텍처Logical Architecture를 설계할 수 있다.

시스템 요구사항은 시스템의 기능이나 성능을 평가하기 위한 기준이 되며, 요구사항으로부터 테스트 케이스를 도출해 시스템을 평가한다. 시스템 테스트 결과는 빠진 시스템 요구사항으로 반영해 시스템 요구사항의 완성도를 높일 수 있다. 시스템 평가는 기능 평가와 성능 평가로 구분할 수 있는데, 시스템의 성능 요구사항 만족을 위한 데이터 캘리브레이션을 시스템 성능 평가 단계에서 수행한다.

시스템 아키텍처는 구조적인 기능과 동적 기능 아키텍처를 설계하는 논리적 아키텍처와 기능 아키텍처상의 각 기능을 담당할 물리적인 구성요소가 포함된 기술적 아키텍처Technical Architecture로 구분하여 설계한다. 시스템 하위 구성요소들의 역할과 목표 성능, 물리적 · 전기적 특성을 분석하여 각각의 구성요소별 엔지니어링 표준 규격Engineering Standard Specification을 정의한다. 구성요소 간의 상호작용을 분석하여 기술적 시스템 아키텍처를 설계할 수 있다.

시스템의 기술적 아키텍처는 시스템 통합의 기준으로서, 시스템 통합 시 기능과 성능에 부적합 사항은 없는지 테스트하기 위한 기준이 된다. 기술적 아키텍처로부터 테스트 케이스를 도출해 시스템 통합 테스트를 수행한다. 시스템 통합 테스트 결과Integration Test Results는 미완성되거나 잘못 완성된 시스템 구성요

소를 다시 구현하기 위한 누락되거나 보완된 엔지니어링 표준 규격으로 정의
돼 시스템 기술적 아키텍처의 완성도를 높인다. 설계된 기술적 아키텍처가 논
리적 아키텍처를 만족하는지 검증^{Verification}하는 과정을 수행한다.

시스템의 구성요소별 엔지니어링 표준 규격은 하드웨어나 소프트웨어 컴포
넌트 등과 같은 하위 구성요소의 요구사항으로 전달된다. 소프트웨어 개발을
위해서, 시스템 개발 프로세스상에서 시스템 엔지니어는 시스템이나 액추에
이터를 제어하기 위한 알고리즘인 기능제어 로직을 소프트웨어의 요구사항
^{Software Requirements}으로 전달한다. 소프트웨어 엔지니어들은 소프트웨어 요구사
항으로 전달된 기능제어 로직을 분석하는 과정을 수행한다.

소프트웨어 요구사항은 소프트웨어를 시스템의 하드웨어에 올려 제 기능을
수행하는지를 평가하기 위한 기준이 되며, 소프트웨어 요구사항에서 테스트
케이스를 도출해 소프트웨어를 확인^{Software Validation}하게 된다. 소프트웨어 확인
결과^{Validation Results}는 오류가 있거나 논리적으로 정합성이 맞지 않는 기능제어
로직에 반영돼 기능제어 로직의 완성도를 높인다. 분석된 소프트웨어 요구사
항이 기능제어 로직을 만족하는지 검증 하는 과정을 수행한다.

소프트웨어 요구사항을 기반으로 소프트웨어 모듈을 정의할 수 있으며, 소프
트웨어 모듈 구조와 상호작용을 분석해 소프트웨어 아키텍처를 설계할 수 있
다. 소프트웨어 아키텍처는 소프트웨어 통합의 기준으로서, 소프트웨어의 기
능 및 성능을 테스트하기 위한 기준이 된다. 소프트웨어 아키텍처로부터 테스
트 시나리오나 테스트 케이스를 도출해 소프트웨어를 통합 테스트한다. 소프
트웨어 통합 테스트 결과^{Integration Test Results}는 누락되거나 잘못 구현된 소프트웨
어 기능 및 성능에 반영해 소프트웨어 아키텍처의 완성도를 높일 수 있다. 소
프트웨어 아키텍처가 소프트웨어 요구사항을 만족하는지 검증하는 과정을 수
행한다.

소프트웨어 아키텍처를 기반으로 소프트웨어 모듈별 상세 설계를 수행하고, 모듈을 소프트웨어 코드로 구현한다. 소프트웨어 단위 모듈 설계는 소프트웨어 단위 모듈을 테스트하기 위한 기준이 된다. 소프트웨어 단위 모듈 설계로부터 단위 모듈별 테스트 케이스를 도출해 소프트웨어 단위 테스트Software Unit Test를 수행한다. 소프트웨어 단위 테스트 결과는 미완성되거나 잘못 설계된 소프트웨어 모듈의 단위 설계 완성도를 높여준다. 설계된 단위 모듈이 소프트웨어 아키텍처를 만족하는지 검증하는 과정을 수행한다.

자동차에서 시스템이란?

시스템은 무엇일까? 시스템의 어원은 조직화한 통일체(an organized whole)라는 의미의 그리스어 'Systema'에서 비롯됐다. 시스템의 사전적 의미는 '필요한 기능 실현을 위해 관련 요소들을 어떤 법칙에 따라 조합한 집합체'다. 즉 하나 이상의 목적이 있으며, 목적 달성을 위해 정해진 기능이나 절차에 따라 동작하고, 계층구조(hierarchy)를 갖는 여러 요소가 유기적인 상호 관계를 통해 목적을 달성하는 것을 시스템이라 한다. 그러므로 시스템은 목적이나 기능에 따라 다른 모습으로 정의될 수 있다.

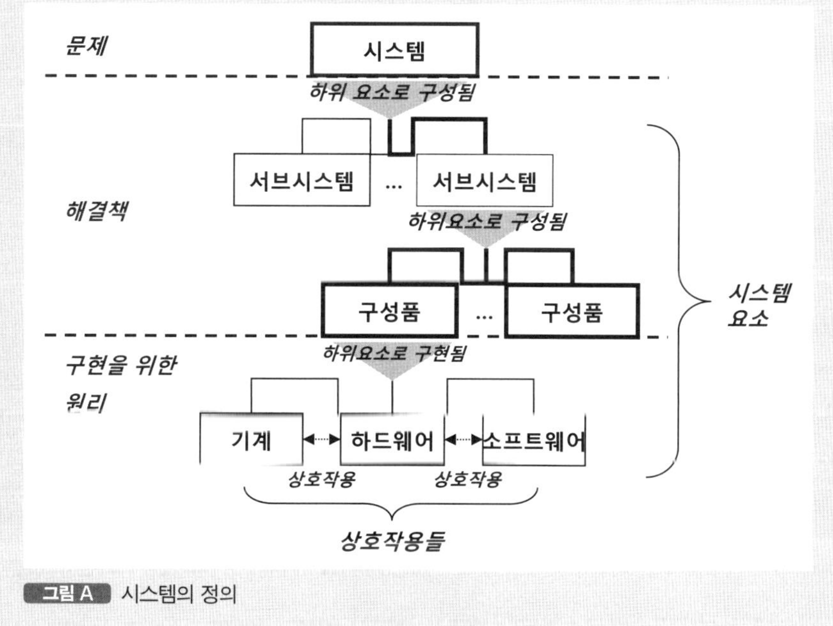

그림 A 시스템의 정의

그림 A는 시스템을 설명한다. 시스템은 목적이나 기능에 따라 다른 모습으로 정의되기 때문에 모두 같은 해결책을 가질 수 없다. 그러므로 시스템이라는 문제를 해결하기 위한 최적의 해결책을 찾는 것이 중요하며, 최적의 해결책으로 정의된 시스템 요소들의 조합(Integration)으로 시스템이 완성된다. 각각의 시스템 요소들은 전기, 전자, 기계, 화학 등의 다양한 기술적 원리에 의해 구현되고, 다양한 기술적 원리들은 서로 인터페이스를 통한 상호작용으로 시스템이 추구하는 목적을 달성한다.

연료를 태워서 구동력을 제공하는 파워트레인의 예를 들면 다음과 같다. 엔진을 시동하기 위해 스타터가 필요하고, 구동 모터의 전기적 힘 때문에 엔진이 아이들(Idle) RPM까지 회전한다. 그 후 엔진이 생성한 화학 에너지가 기어박스를 통해 기계적 에너지로 바뀌어 차량이 움직이게 된다. 즉 차량 구동을 위해 화학적 기술과 기계적 기술, 전기적 기술이 적용됐고 그 기술로 구현된 모터, 엔진, 기어박스의 조합으로 차량의 파워트레인이 목적을 달성하는 것이다.

시스템은 아래와 같은 요소들의 계층구조로 이뤄졌다.

- 시스템: 목적 달성을 위해 상호작용하는 구성요소들의 집합
- 서브시스템: 시스템의 주기능을 담당하는 하부 집합체
- 구성품: 기계, 전기, 전자, 소프트웨어 등 복합적 원리로 구현돼 기능을 담당하는 것
- 기계 부품
- 하드웨어
- 소프트웨어

그렇다면 자동차의 계층구조는 어떻게 정의될 수 있을까? 자동차의 계층구조는 그림 B와 같이 각각의 도메인을 주축으로 독립된 기능을 수행할 수 있는 서브시스템들로 나뉘고, 각각의 서브시스템은 하나의 기능을 수행하는 부품이나 구성품(하드웨어와 소프트웨어)으로 분해될 때까지 나뉜다. 또한 시스템이 어떤 환경하에서 동작하고 운영되며, 시스템이 제 기능을 완수하기 위해서는 보조적 시스템(enabling)이 요구되기도 한다.

자동차의 궁극적인 목적이 편리하고 안전한 이동수단이라고 한다면, 이동을 담당하는 '운행' 부분과 편리와 안전을 담당하는 '탑승' 부분으로 자동차의 계층구조를 나눌 수 있다. 이동을 담당하는 운행 부분은 추진력을 담당하는 파워트레인과 자동차의 구동을 담당하는 섀시 부분으로 나눌 수 있고, 편리와 안전을 담당하는 탑승 부분은 사용자를 지원해주는 역할을 담당하는 보디와 멀티미디어 등으로 나눌 수 있다.

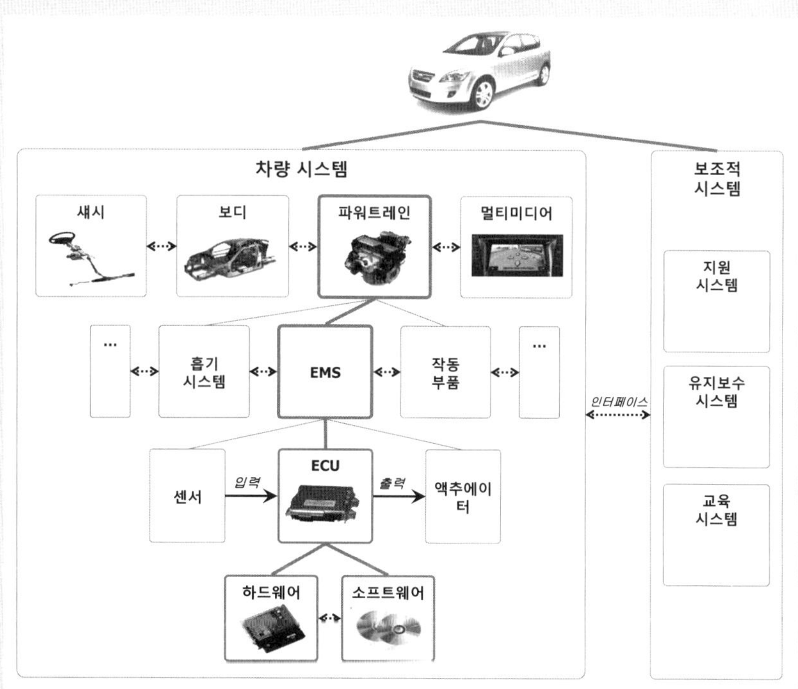

 자동차 계층구조

자동차에서는 이처럼 독립적으로 차량에 탑재돼 독립된 기능을 수행할 수 있는 하위 시스템을 도메인이라고 정의한다. 자동차 도메인은 아래와 같이 정의된다.

- 파워트레인: 자동차의 추진력을 담당하는 시스템

- 섀시: 바퀴 등 자동차 구동을 담당하는 시스템

- 보디: 자동차의 구동 부분을 제외한 능동/수동(Active/Passive) 안전이나 운전자나 승객과 같은 사용자의 지원 역할을 담당하는 시스템

- 멀티미디어: 자동차와 외부 환경(다른 차량, 인프라스트럭처)과의 상호작용에 관한 정보 제공 기능을 담당하는 내비게이션 등의 시스템

파워트레인 도메인은 기능에 따라 구동을 위한 추진력을 담당하는 엔진이나 추진력을 증폭시키거나 방향을 바꿔주는 역할을 담당하는 변속기, 추진력을 바퀴에 전달하는 기어 등의 서브시스템들로 나뉠 수 있다. 엔진은 공기를 받아들이는 흡기 시스템, 연

소프트웨어를 구현해 테스트하고 평가를 완료하면, 시스템에 통합하기 위해 배포한다. 배포된 소프트웨어는 하드웨어에 탑재돼 제어기 단품으로 완성되고, 제어기 단품과 센서, 액추에이터 등을 통합해 시스템의 기능 제어를 위한 제어 시스템이 완성된다. 확인 과정을 통해 완성된 제어 시스템이 요구사항을 모두 만족하는지 입증되면, 차량에 탑재되기 위해 배포된다.

차량은 안전에 심각하게 영향을 받는 제품이기 때문에 차량에 탑재되는 모든 시스템은 자체 기능 안전을 확보해야 한다. ISO 26262는 차량 E/E 시스템의 기능 안전Functional Safety 확보를 위해 기능 안전 프로세스와 ASILAutomotive Safety Integrity Level에 따른 방법들을 제시하는 표준이다. 엔지니어링 프로세스와 별도로 기능안전을 확보하기 위한 프로세스를 그림 3-3과 같이 더블 V 사이클로 표현할 수 있다.

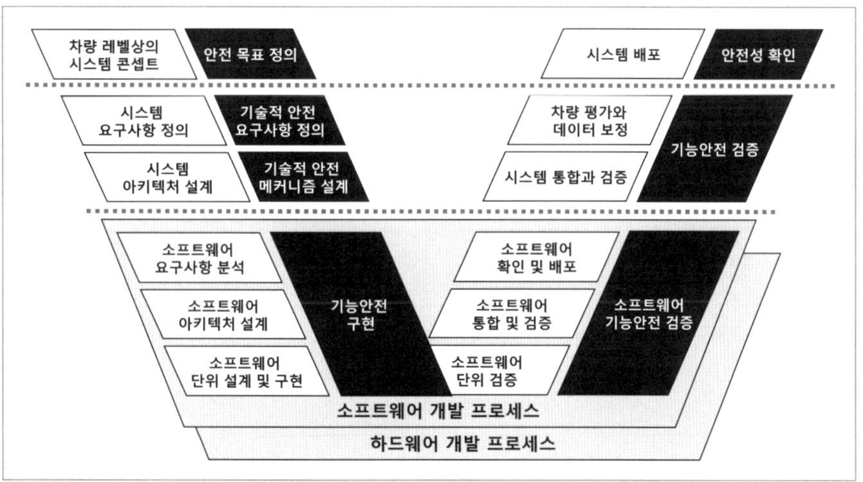

그림 3-3 기능 안전 확보를 위한 더블 V 사이클

제어 개발을 위한 엔지니어링 프로세스는 신규 시스템을 개발할 때와, 기존에 있는 시스템을 변경할 때가 서로 다를 것이다. 일반적으로 시스템 요구사항을 분석해 논리적 시스템 아키텍처를 설계하고 나면, 기존 시스템 변경을 통해 요구되는 기능을 완성할 것인지, 신규 시스템을 개발할 것인지 판단할 수 있다.

양산 차량 개발 시에는 양산 차량을 결정하기 위해 여러 번의 프로토타입을 거쳐 차량의 성능과 기능을 확보한다. 차량의 프로토타입에 따라 E/E 시스템 개발 프로세스에 다소 차이가 있다. 양산 차량에 탑재되기 위한 사양이 확정되기 전까지는 요구사항부터 설계 사양 등 모든 것이 불분명하므로 엔지니어링 프로세스 전 단계를 수행해야 한다. 하지만 제어해야 할 시스템이 확정되고 제어 로직이 확정되면 변경에 대처하기 위한 일부 단계만 수행한다. 그러므로 차량 개발 프로세스에 따라 제어 개발 엔지니어링 프로세스가 테일러링 돼야 한다.

[3.1.1] 차량 레벨상의 시스템 콘셉트

'차량 레벨상의 시스템 콘셉트' 단계는 차량 레벨의 기능을 완수하기 위해 시스템에서 필요한 기능을 분석해 시스템 범위를 명확히 하는 단계다. 즉 개발 대상의 임무가 명확하지 않은 신규 개발 시에 수행되는 업무로서, 주로 자동차 업체가 개발 대상 시스템을 정의할 때 수행한다. 이 단계에서는 시스템이 어떤 기능을 수행해야 하는지를 분석해 시스템에 주요 임무를 할당하는 작업을 수행한다. 이 단계에서는 시스템을 실제 차 레벨에서 평가하기 위한 기준들이 제시돼야 한다.

차량 상태, 운전 모드, 부가 기능, 연비 목표, 안전 목표, 가속 등의 성능이나 품질과 관련된 비기능에 따라 개발 대상 시스템이 담당해야 할 기능들을 식별한다. 연비를 개선하기 위해 엔진 제어기에는 엔진의 점화 시점을 제어하는 기능이 추가되는 것처럼, '연비 개선'과 같은 차량 레벨의 비기능 요구사항이 '점화시기 제어'라는 하위 시스템의 기능 요구사항으로 정의될 수 있다. 정의된 시스템의 주요 기능들을 이용해 시스템이 탑재되고 운영될 차량상의 예비 아키텍처가 설계되고, 개발 대상 시스템이 예비 아키텍처상의 어느 영역을 담당하는지 정의한다.

아우디^{Audi}, BMW, 벡터^{Vector} 등 유럽의 여러 자동차 업체들이 차량 E/E 시스템 개발을 위한 아키텍처에 관한 연구를 진행했고, 자동차만의 EAST-ADL이라는 아키텍처 디자인 언어^{Architecture Design Language}를 정의했다(EAST-ADL에 관한 상세한 내용은 EAST-ADL 장 참조). EAST-ADL에서는 차량이 제공하는 서비스(기능과 성능)들을 식별하고, 식별된 기능을 이용해 차량 레벨의 기능 계층^{Functional hierarchy}인 차량 뷰^{Vehicle View}를 정의한다. 차량 뷰는 그림 3-4와 같이 기술적 주요 기능 피처 모델^{Technical Feature Model}과 제품 피처 모델^{Product Feature Model}에 관한 기준을 제공하고 있디. 피처 모델에 따라 PL^{Product Line}을 정의할 수 있다. 차량 레벨상에서 분석되는 시스템 콘셉트는 차량 뷰에 정의된 피처 모델에서 선택된다.

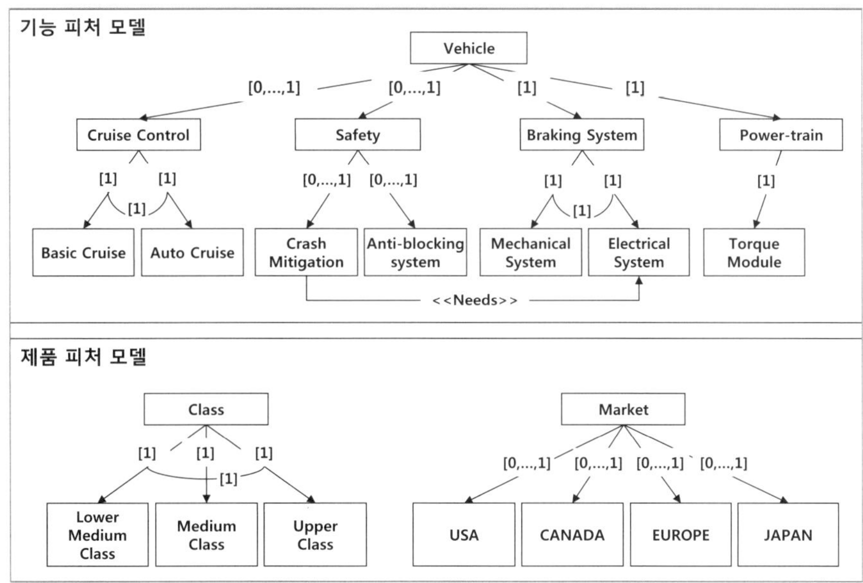

그림 3-4 차량 뷰(피처 모델)

시스템 범위가 명확해지면 차량 개발 프로세스상의 주요 마일스톤을 고려해 시스템 개발 계획을 수립한다. 차량 개발 프로세스상의 주요 마일스톤별로 최소 한 번 이상 시스템 개발 프로세스를 거쳐 개발된 시스템을 배포하는 계획이 수립돼야 한다.

그림 3-5는 차량 개발 프로세스상의 주요 마일스톤별로 시스템 개발 프로세스를 수행하는 내용이다. 시스템 개발 계획을 수립할 때, 최소 몇 번의 개발 사이클Development V-Cycle을 진행할 것인지, 어떤 종류의 시스템 샘플을 배포할 것인지에 관한 계획이 수립돼야 한다. 양산 개발을 목적으로 하면, 시작 차 단계에서는 A 샘플을 배포하고, 프로토 차 단계에서는 B 샘플, 파일럿 차 단계에서는 C 샘플, 양산 단계에서는 D 샘플을 배포하는 것이 일반적이다. 하이브리드 차량이나 전기 차량을 제어하는 시스템은 플랫폼을 변경하거나 파워트레인 구조를 변경하는 선행 개발을 수행한다. 선행 개발을 위한 용도 차용 샘플을 개발하기도 한다

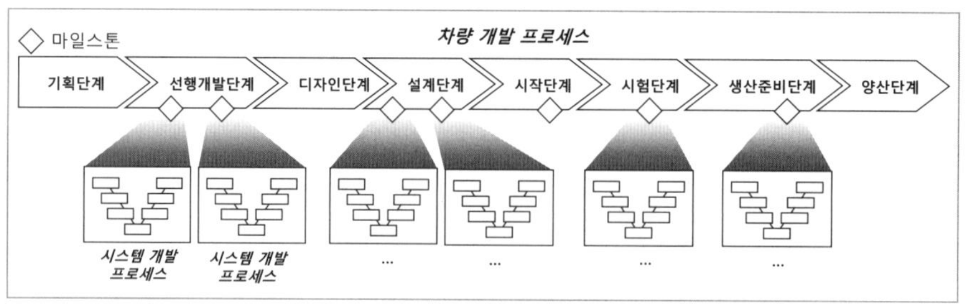

그림 3-5 차량 개발 프로세스상의 엔지니어링 프로세스

시스템 개발 계획에는 아래와 같은 시스템 개발 활동이 반드시 포함돼야 하며, 활동별 개발 산출물이 정의돼야 한다. 표준 개발 프로세스가 있으면 프로세스 테일러링을 수행한다. 엔지니어링 프로세스를 보조해 주는 데 필요한 활동인 개발 산출물들의 변경에 의한 형상을 관리하기 위한 계획이나 개발 활동 검토를 위한 계획, 문제점 추적을 위한 추적 관리 계획, 데이터 캘리브레이션 관리 계획, 양산 배포를 위한 계획 등도 함께 수립한다.

시스템 개발 계획상의 활동을 수행하기 위한 담당자를 선정할 때는 협업을 위한 계획도 수립해야 한다. 시스템 계층구조상의 하위 구성요소별로 구현 계획을 수립하고, 각각의 담당자를 선정한다. 그림 3-6은 시스템 구조에 따른 협업 관계를 설명한다. 시스템은 센서와 ECU 하드웨어, ECU 소프트웨어, 액추에이터라는 구성요소들로 이뤄졌고, 시스템을 개발하기 위한 프로젝트가 진행되고 있다. 각각의 구성요소별로 구현을 위한 서브 프로젝트가 진행되며, 서브 프로젝트를 수행할 개발팀이나 협력업체가 정의된다. 시스템 개발 프로젝트는 서브 프로젝트들에게 구현을 위한 엔지니어링 표준 규격이나 개발 지침 등을 전달하기 위한 계획을 수립하고, 서브 프로젝트의 구현 결과와 개발 산출물들을 공급받기 위한 계획을 수립한다.

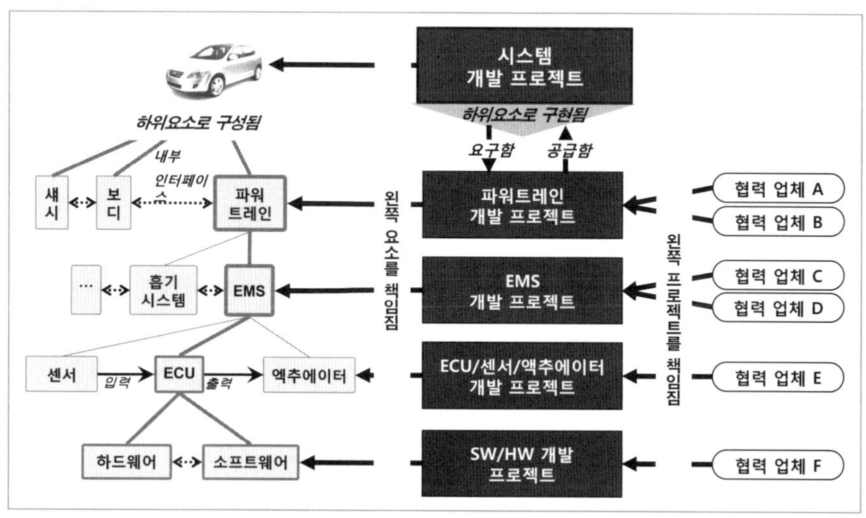

그림 3-6 시스템의 계층 구조와 협업 관계

시스템 개발을 위해 주요 활동과 개발 산출물, 개발 방법 및 도구, 협업관계 등의 계획이 수립되면 상세 비용 계획을 수립한다. 또한 계획된 내용에 따른 상세 WBS^{Work Breakdown Structure}를 정의하고, WBS에 정의된 단계와 단계별 산출물을 체계적으로 지원하고 관리하기 위한 지원 및 관리 계획을 수립한다. 지원 및 관리 계획에 대해서는 '지원 및 관리 프로세스'에서 설명하고 있다. 수립된 시스템 개발 계획과 WBS, 지원 및 관리 계획을 이해당사자들과 공유해 시스템 개발이 체계적으로 진행될 수 있도록 한다

시스템 개발 계획을 수립하는 과정에서 시스템을 배포하기 위한 배포 기준과 절차 등이 정의돼야 하며, 시스템 배포 전에 시스템을 평가하기 위한 계획도 함께 수립해야 한다. 또한 기능안전 확보를 위해 시스템 개발 프로세스 및 산출물을 심사하기 위한 계획도 함께 수립해야 한다. 여러 협업 관계를 통해 시스템을 개발할 때에는 시스템 통합을 위한 계획도 함께 수립해 협력 관계가 있는 모든 조직이나 담당자가 공유할 수 있도록 한다. 시스템 개발 계획은 시스템 개발 착수 시점에 수립하며, 시스템 개발이 진행되면서 변경 내용이 발

생하면, 상황에 따라 계획을 조정하고 공유하는 과정을 가진다.

[3.1.2] 시스템 요구사항 정의

시스템을 개발하기 위해서는 개발하려는 시스템이 언제, 무엇을 얼마큼 수행해야 하는지 알아야 한다. 시스템이 어떤 구실을 해야 하는지, 시스템에 요구되는 성능은 얼마큼인지 시스템의 기능과 성능에 관한 요구사항을 정의하는 과정을 시스템 요구사항 정의라고 한다. 시스템 요구사항은 시스템이 언제, 무엇을, 얼마큼 수행해야 할지, 시스템 관점에서 기술된다.

시스템은 차량 개발 프로세스상의 개발 단계에 따라 만족시켜야 하는 요구사항이 조금 차이가 있다. 선행 개발로 기술력을 확보하거나 검증하기 위한 목적이라면 시스템의 기능 요구사항을 주로 기술하며, 시스템을 양산 차량에 탑재할 목적이라면 선행 개발 요구사항을 포함한 사내 법규나 규제, 양산 지역의 법규나 국제적인 표준, 양산, 판매, 유지보수, 폐기와 관련된 요구사항이 정의돼야 한다.

양산 개발을 하려면 시작 차 단계의 A 샘플에 요구되는 시스템 요구사항과, 프로토 차 단계에서의 B 샘플에 요구되는 시스템 요구사항도 다소 차이가 있으며, 파일럿 차 단계에서는 C 샘플에 요구되는 사항에도 차이가 있다. 양산을 위한 최종 D 샘플은 A, B, C 샘플에서 확정된 사항들이 요구사항으로 정의된다. A 샘플에는 차량을 구동하고 운전하기 위한 차량 운전관련 요구사항에 따라 시스템이 개발돼야 하며, B 샘플은 차량이 요구하는 성능을 만족하도록 시스템이 개발돼야 한다. C 샘플은 기능안전을 확보하고 스스로 진단하고 복구할 수 있는 진단 기능이 포함된 시스템이 개발돼야 한다.

시스템 요구사항은 그림 3-7과 같이 3가지 관점에서 분석되고 정의된다. 첫 번째는 시스템이 사용되고 운용되는 관점에서 시스템의 역할과 책임을 분석하는 것으로, 차량의 상태와 동작 모드에 따라 시스템이 수행해야 할 역할과 기능을 분석해 시스템의 기능과 성능 요구사항으로 정의한다. 두 번째는 운용 관점의 기능과 성능 요구사항을 실현하기 위해 물리적인 한계를 반영한 시스템 관점에서 할 수 있는 일을 요구사항으로 정의한다. 마지막 세 번째는 시스템을 구현하기 위해 반드시 지키고 따라야 하는 기술 표준이나 법규, 공학적 원리 등의 관점에서 시스템이 해야 하는 것과 할 수 있는 한계를 요구사항으로 정의한다.

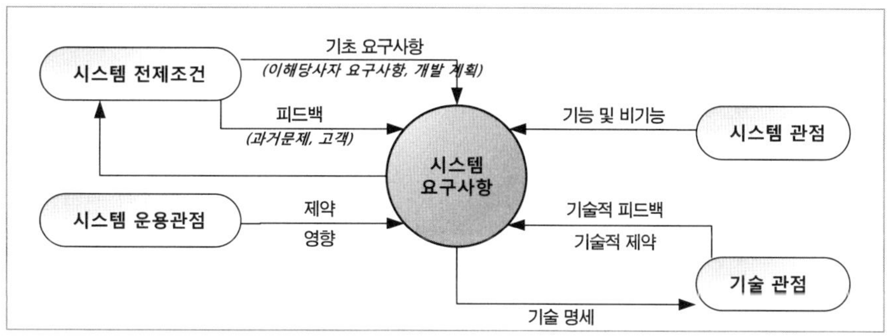

그림 3-7 시스템 요구사항 분석 관점

3가지 관점에서 분석된 시스템 요구사항을 정리해 보면 그림 3-8과 같이 9가지 종류로 정의할 수 있다. 시스템 요구사항대로 시스템이 개발되므로, 시스템 요구사항 정의를 통해 시스템을 정의할 수 있다.

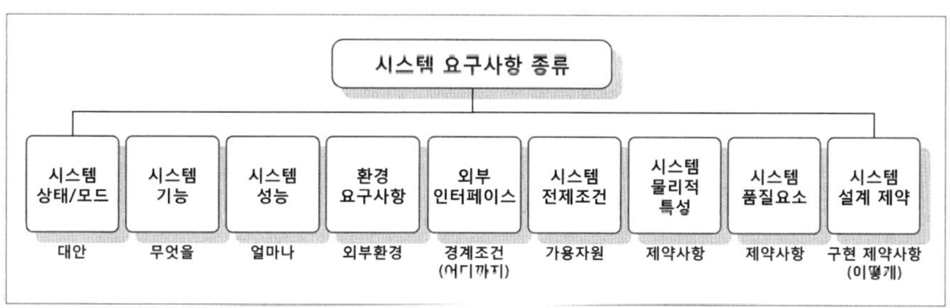

그림 3-8 시스템 요구사항 종류

시스템 요구사항을 정의하는 절차는 그림 3-9와 같이 표현할 수 있다. 이 단계에서 설명하는 요구사항 분석 절차에는 시스템 요구사항을 문서로 만들거나 검토하거나 변경하기 위한 절차는 포함되지 않으며, 내용^{Contents}과 관련된 절차만 기술됐다. 시스템 요구사항을 문서로 만들거나 기준선을 수립하거나 검토하는 단계는 조직의 특성이나 개발 일정, 인원 리소스 등의 프로젝트 상황에 따라 정의하는 것이 바람직하다. 일부 자동차 업체들은 시스템을 검토하고 품질을 확인하기 위한 표준 절차를 정의해 협력업체를 통제하기도 한다.

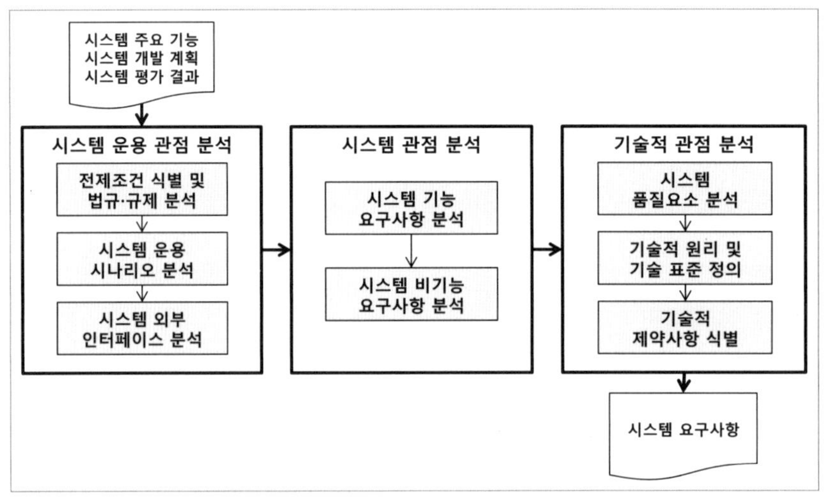

그림 3-9 시스템 요구사항 정의 프로세스

[3.1.3] 시스템 아키텍처 설계

시스템 요구사항 개발 단계를 통해 개발하고자 하는 시스템이 어떤 역할을 담당하고 무엇을 얼마큼 해야 하는지, 시스템의 경계조건이 무엇이고, 시스템의 기능이나 성능을 제약하는 것들은 무엇인지, 시스템을 설계하고 구현하기 위한 제약사항들은 어떤 것들이 있는지 등과 같이 전체적으로 만족시켜야 할 요구사항이 정의됐다면, 시스템 아키텍처 설계 단계에서는 시스템의 요구사항을 만족시키기 위해 어떻게 해야 할지를 고민하고, 최적의 해답을 찾아야 한다. 시스템 아키텍처가 있어야만 대체 기술들을 비교할 수 있으며, 이 단계를 반복해 시스템의 기술적 솔루션을 확정할 수 있다.

그림 3-10과 같이 차량에서 시스템에 요구하는 요구사항들을 분석해 시스템의 개발 콘셉트가 반영된 요구사항을 정의했다면, 시스템 요구사항을 만족시키기 위한 시스템의 기능들을 도출하고 기능 간의 관계를 정의하는 논리적 아키텍처^{Logical Architecture}(혹은 기능 아키텍처^{Functional Architecture}) 설계를 수행한다. 논리적 아키텍처 설계를 만족시키기 위한 최적의 해답을 찾아서 구현하기 위해 기술적 아키텍처^{Technical Architecture}(혹은 물리적 아키텍처^{physical Architecture})를 설계한다.

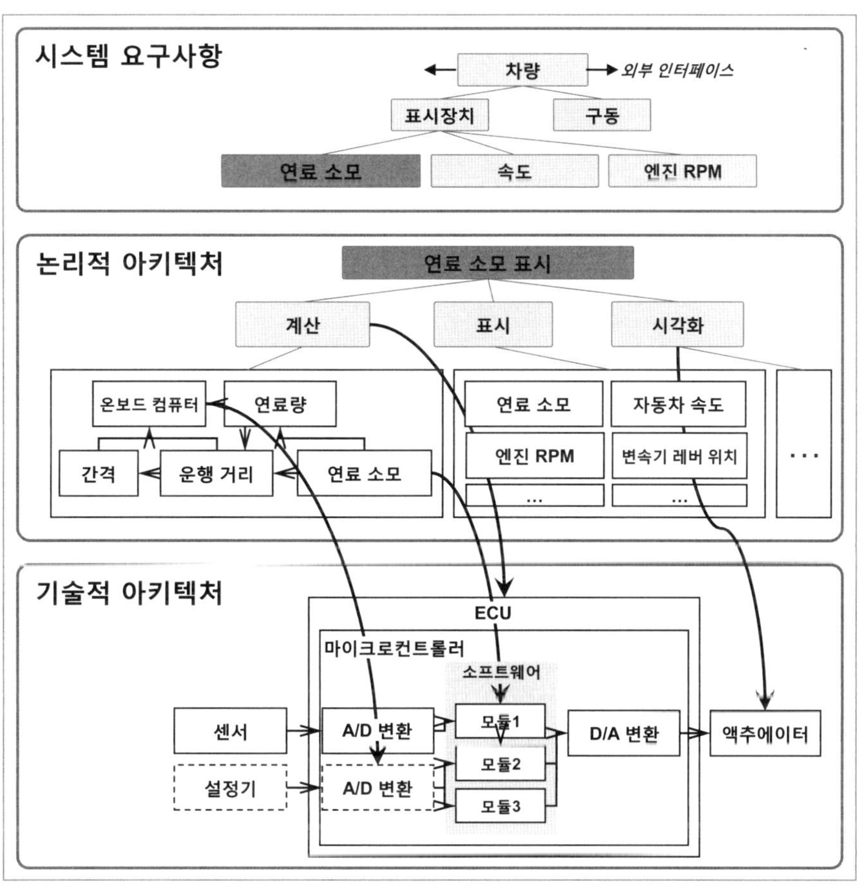

그림 3-10 논리적 아키텍처와 기술적 아키텍처 비교

시스템 요구사항과 논리적 아키텍처 설계, 기술적 아키텍처 설계는 한 단계가 완료돼야만 다음 단계를 진행되는 것이 아니라 시간에 따라 서로 정합성을 맞춰가면서 변경하고 개선하는 개념이다. 시스템 요구사항에 반영된 개발 콘셉트는 논리적 아키텍처 설계 과정중에서 만나게 되는 제약사항에 따라 변경될 수 있다. 논리적 아키텍처 설계 사항이 구현을 위한 상세한 기술적 아키텍처 설계와 만날 때 변경될 수 있기 때문이다.

시스템 요구사항과 논리적 아키텍처 설계, 물리적 아키텍처 설계 개념의 차이는 다음의 예로써 확인할 수 있다. '운전자가 차량의 연비를 확인할 수 있어야 한다'는 차량 레벨의 요구사항이 있다고 하자. 또한 '연비를 확인할 수 있는 디스플레이 기능을 제공한다'는 것이 시스템 요구사항으로 정의된다고 하자. 디스플레이 기능을 제공하기 위해 '연비 계산' 기능과 '디스플레이' 기능을 식별하고 기능 간 상호작용을 설계해 논리적 아키텍처를 설계한다. '연비 계산'은 제어기^{ECU}가 수행하고 '디스플레이'는 액추에이터로서 클러스터가 수행하도록 역할을 할당하고 두 물리적 컴포넌트 간의 전기적, 기계적 상호작용을 정의해 기술적 아키텍처를 설계한다. 이와 같은 시스템 아키텍처를 설계하기 위한 프로세스는 그림 3-11과 같다.

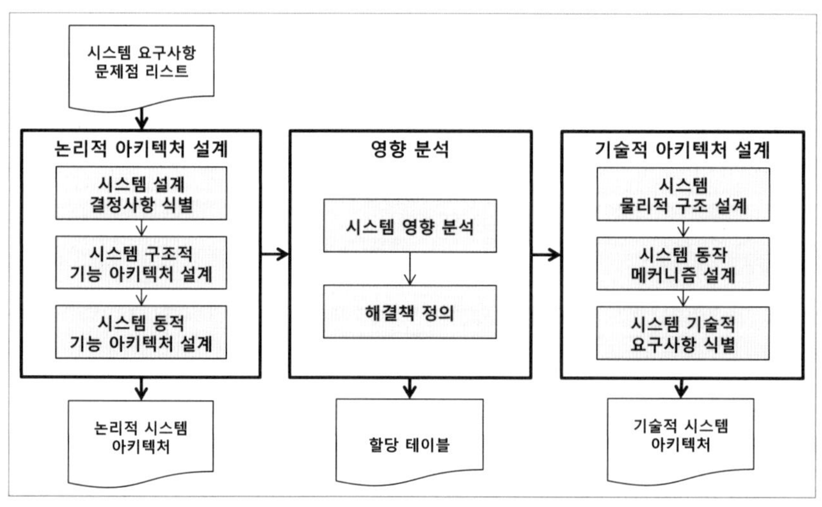

그림 3-11 시스템 아키텍처 설계 프로세스

우선 시스템 요구사항에서 정의된 설계 결정 사항들을 식별해 설계 결정사항이 반영된 구조적 기능 아키텍처와 동적 기능 아키텍처를 설계해 논리적인 아키텍처를 정의한다. 논리적인 아키텍처상의 기능이나 성능을 만족시킬 수 있는 해결책을 선정하기 위한 영향 분석Impact Analysis을 수행한 후에, 영향 분석으로 선정된 최상의 해결책을 사용해 물리적인 시스템 계층구조와 동작 개념을 설계해 기술적 아키텍처 설계 작업을 수행한다. 기술적 아키텍처 설계가 완성되면 확정된 시스템 엔지니어링 사양을 정의하고, 하위 구성요소들의 요구사항을 정의하는 작업을 수행한다.

3.1.3.1 논리적 아키텍처 설계

시스템의 논리적 아키텍처는 말 그대로 논리적인 틀을 의미한다. 즉 논리적으로 수행해야 하는 기능들과 기능들 간의 관계를 정의한 것을 말한다. 시스템의 요구사항을 통해 시스템의 기능 아키텍처를 설계하는 것은 복잡한 시스템을 어떻게 개발할 것인지에 관한 개념을 정의하고 프로젝트 개발 기간을 정산하는 데 도움을 준다. 시스템 사용 관점의 요구사항과 제약사항을 분석해 시스템이 수행해야 하는 기능들을 도출하고, 각각의 기능별 인터페이스를 정의한다. 시스템 기능 아키텍처는 요구사항을 모두 만족하고, 시스템을 배포하기 위한 시스템 평가에 긍정적인 결과가 나올 때까지 수행한다. 구조적 기능 아키텍처와 동적 기능 아키텍처를 시스템의 기능 아키텍처 또는 논리적 아키텍처리고 한다.

논리적 아키텍처는 시스템을 어떻게 개발해야겠다는 추상적인 해결책을 정의하는 것이지 구현에 관한 정확한 기술을 정의하는 것은 아니다. 이것은 요구사항과 기술적 아키텍처를 연결해 주는 매개체가 된다. 논리적 아키텍처 단계는 시스템의 계층구조PBS, Product Breakdown Structure를 정의하는 것이 아니라 기능과 인터페이스까지 정의하는 기능 네트워크function network를 설계하는 것이다.

이 단계의 산출물은 요구사항이 모두 반영된 모든 기능의 형식적인 아키텍처formal architecture 모델 구조다.

3.1.3.2 영향 분석

시스템의 논리적 아키텍처가 설계됐다면, 논리적으로 정의된 내용을 기술적으로 어떻게 구현해야 할지를 고민해야 한다. 기술적 가능성과 영향 분석을 통해 각각의 기능을 구현할 해결책을 정의한다. 제어 기술이 포함된 시스템은 일반적으로 아래의 메커니즘에 따라 해결책이 정의된다. 시스템의 비기능 요구사항과 식별된 설계 결정사항을 고려해 영향 분석을 수행해, 소프트웨어나 하드웨어 등 기술적으로 구현 가능한 최적의 솔루션을 정의한다. 영향 분석을 수행할 때는 비기능 요구사항이나 설계 결정사항의 우선순위에 따라 가중치에 따라 해결책을 선택할 수 있도록 한다. 과거 유사 시스템 개발 사례를 토대로 시스템이 신규 개발 대상인지, 유사 시스템을 이용해 변경할 수 있는 대상인지 판단하기 위한 영향 분석을 수행해, 시스템을 재사용할 수 있으면 재사용 대상 시스템을 선정한다. 시스템이 신규 개발 대상이라면, 신기술 적용 가능성이나 관련 기술들을 정의한다 영향 분석을 수행해 정의된 신규 기술이나 재사용 기술에 관한 제약사항들을 식별한다

3.1.3.3 기술적 아키텍처 설계

시스템 구성요소가 모두 정의됐다면, 구성요소 간의 상호작용을 포함한 기술적으로 구현해야 하는 해결책이 정의돼야 한다. 시스템의 기술적 해결책이 포함된 아키텍처를 기술적 아키텍처 혹은 물리적 아키텍처라고 하며, 시스템 구성요소들 간의 상호작용을 위한 내부 인터페이스의 구현 형태(예, 실시간 데이터 전송 등), 송신/수신될 데이터 특성, 통신방식, 프로토콜 특성, 물리적 특성 등의 시스템 구성을 설계하고, 시스템의 구성요소 간의 전기적 · 기계적 정보의 흐름을 정의하고, 동작 순서, 시간 조건 등의 동작 개념을 포함한다. 시스템의

기술적 아키텍처는 시스템의 계층 구조에 따라 점진적으로 정의돼야 한다. 예를 들면 시스템이 소프트웨어와 하드웨어로 해결책을 정의했다면, 소프트웨어를 어떻게 기술적으로 구현할 것인지에 관한 해답은 후에 결정해야 한다.

시스템의 아키텍처와 기술적 요구사항에서 발생될 수 있는 고장과 위험 요소들을 식별하고, 고장과 위험 요소들을 감지하거나 인식·통제할 수 있는 기술적 해결책을 정의하고, 기술적 구현 가능성^{Feasibility}을 검토한다. 시스템 구성요소별 엔지니어링 표준 규격을 정의하고, 제어 기술이 요구되는 내용에 대해 제어 알고리즘을 설계해 기술적 시스템 아키텍처를 완성한다

[3.1.4] 시스템 구현

시스템 아키텍처 설계가 완료되고 구성요소별 업무가 할당되면, 설계를 기반으로 시스템을 구현하는 업무를 수행한다. 시스템 구현은 설계된 내용을 기반으로 시스템의 기능을 구체화하는 과정으로서, 이 단계에서 통신 네트워크가 구현되고, 소프트웨어가 구현되고, 하드웨어·센서·액추에이터 등이 제작된다. 시스템 구현은 그림 3-12와 같은 프로세스에 따라 수행될 수 있다.

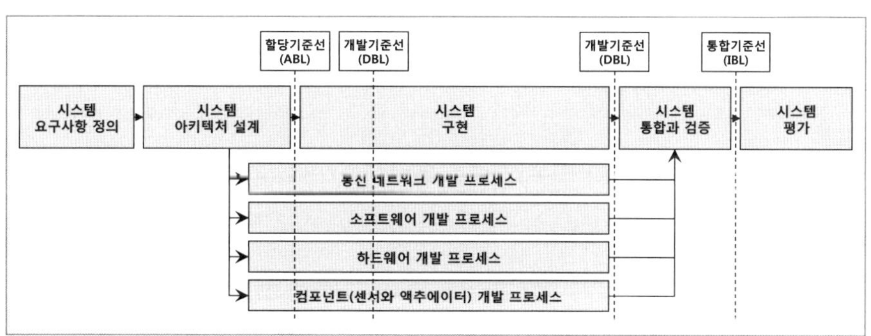

그림 3-12 시스템 구현 프로세스

시스템 아키텍처 설계에 따라 센서, 하드웨어, 소프트웨어, 액추에이터 등의 구성요소별 개발 담당자가 선정되고 협업 구조가 정의되면, 각각의 구성요소

들은 차체 개발 프로세스에 따라 구현과 제작에 들어간다. 시스템의 할당 기준선이 설정되기 전까지는 소프트웨어나 하드웨어, 컴포넌트 개발을 위한 요구사항을 분석하면서 시스템 아키텍처에 있는 부적합 사항 등을 수정하는 작업을 수행한다.

시스템 아키텍처 설계와 구성요소들의 구현 목표에 합의가 이뤄지면, 시스템의 기술적 아키텍처에 할당 기준선Allocation Baseline을 설정하고, 시스템 구현에 착수한다. 자동차 제조사는 시스템이 설계된 내용대로 구현되는지 모니터링하고 통제하고, 구현이나 제작 담당자들은 설계 의도대로 구현과 제작을 수행한다.

소프트웨어나 하드웨어, 센서, 액추에이터의 개발 콘셉트가 정의되고 설계가 완료되면 개발 기준선Development Baseline을 설정하고 구현과 제작에 착수하고, 구현과 제작이 완료되면 다시 개발 기준선을 설정하고 통합과 검증 작업을 수행한다. 각 기준선이 설정될 때마다 자동차 업체와 구현 및 제작 담당자들은 내용을 공유하고 검토하고 피드백하는 작업을 수행해 개발이 설계의도와 다른 방향으로 진행되지 않도록 한다.

[3.1.5] 소프트웨어 요구사항 분석

시스템의 기술적 아키텍처 설계 시 소프트웨어가 담당해야 할 역할이 정의됐다면, 소프트웨어를 개발하기 위해 소프트웨어가 만족시켜야 할 요구사항을 분석하는 작업을 수행해야 한다. 소프트웨어를 개발하기 위해서는 소프트웨어가 언제, 무엇을 얼마큼 수행해야 하는지 알아야 하며 이 과정을 소프트웨어 요구사항 분석 과정이라 한다.

소프트웨어 요구사항은 3가지 관점에서 분석할 수 있다. 첫 번째는 소프트웨어가 운용되는 관점에서 외부 요소들과 인터페이스되는 부분을 분석하는 것이고, 두 번째는 소프트웨어가 담당해야 할 기능과 비기능, 소프트웨어의 상태와 모드, 고장을 진단하고 방지하기 위한 소프트웨어 자신의 관점^{Software View}에서 분석하는 것이다. 세 번째는 기술적인 관점에서 제약사항이나 표준, 규제 등을 반영하는 것이다.

그림 3-13은 소프트웨어 요구사항을 분석하기 위한 프로세스를 설명한다. 소프트웨어와 상호작용하는 외부 인터페이스를 분석해 소프트웨어 경계를 정의하고, 소프트웨어가 제어해야 할 시스템의 상태와 모드를 기반으로 소프트웨어의 상태와 모드를 개정한다. 소프트웨어의 동작 모드에 따라 소프트웨어가 담당해야 할 기능 요구사항을 분석한다. 분석된 기능 요구사항별 성능 목표를 할당해 시스템이 소프트웨어에 요구하는 성능 요구사항을 만족시킨다.

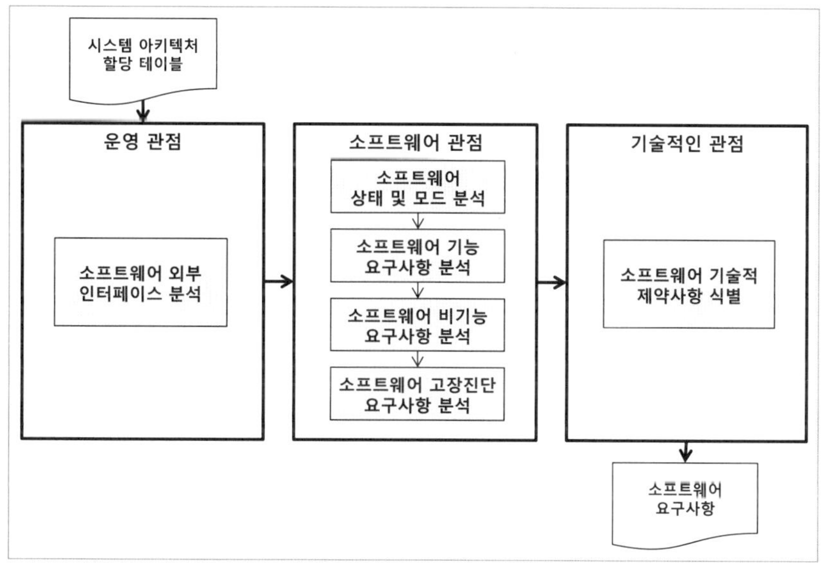

그림 3-13 소프트웨어 요구사항 분석 프로세스

소프트웨어의 역할에 관한 분석이 모두 완료되면 소프트웨어가 갖추어야 하는 비기능적인 요구사항을 분석한다. 소프트웨어의 품질 요구사항을 정의하고, 소프트웨어 구현 시 반드시 따라야 하는 제약사항을 식별한다. 소프트웨

어를 개발할 인원에 관한 교육 훈련이나 가용한 리소스 등에 관한 요구사항들을 분석하면 소프트웨어 개발 시 만족시켜야 하는 모든 요구사항이 분석된다. 소프트웨어 분석 프로세스를 기반으로 소프트웨어 요구사항의 종류를 정의해보면 그림 3-14와 같이 8가지로 구분할 수 있다.

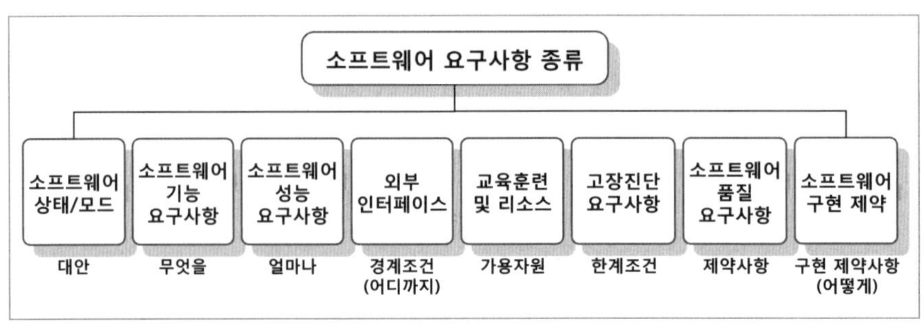

그림 3-14 소프트웨어 요구사항 종류

[3.1.6] 소프트웨어 아키텍처 설계

소프트웨어 요구사항이 분석됐다면 이제 소프트웨어를 어떻게 코드로 구현해야 할 것인가를 고민해야 한다. 구현된 소프트웨어의 성능은 소프트웨어를 어떻게 논리적으로 잘 설계했는지가 중요하며, 가시적으로 확인할 수 없는 논리적 기능들에 관한 아키텍처 설계 작업을 선행해 소프트웨어의 품질을 먼저 확보한다. 임베디드 시스템과 같이 리소스의 제한이 있으면 소프트웨어 아키텍처 설계가 굉장히 중요한 역할을 한다. 설계된 소프트웨어 아키텍처를 통해 소프트웨어가 어떤 구조로 어떻게 동작할 것인지를 예측할 수 있으며, 변경에 유연하게 대처할 수 있다. 또한 차량에 탑재되는 임베디드 시스템은 파생되는 베리언트 생성에 의한 재사용을 고려해야 하므로 소프트웨어 개발 시 아키텍처를 어떻게 수행하느냐에 따라 개발 효율에 큰 효과를 볼 수 있다.

그림 3-15는 아키텍처 설계를 하지 않은 소프트웨어와 아키텍처가 설계된 소프트웨어의 차이를 보여주는데, 아키텍처가 정의된 소프트웨어에서는 전체적

인 구조를 파악하고, 실행을 예측할 수 있다. 소프트웨어 아키텍처는 소프트웨어의 전체적인 구조를 추상화해서 표현하는 것이다. 아키텍처는 소프트웨어 컴포넌트들 간의 관계를 정의하는 것으로 전체적인 구조를 표현하는데, 컴포넌트들 간의 상호작용을 아키텍처를 통해 확인할 수 있다.

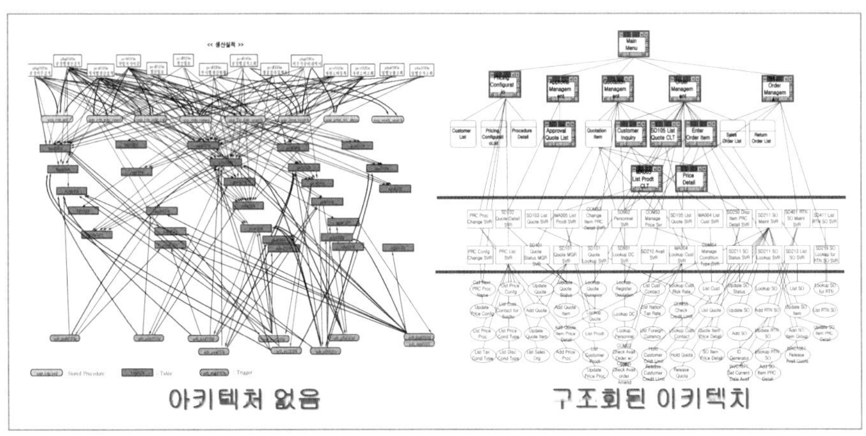

그림 3-15 소프트웨어 아키텍처 설계 필요성

이처럼 소프트웨어 아키텍처는 소프트웨어가 어떤 기능을 담당할 것인가에 따른 구조적 아키텍처와 소프트웨어가 그 기능을 완성하기 위해 어떻게 동작하느냐를 정의한 동적 아키텍처로 구분할 수 있으며, 소프트웨어가 그 기능을 얼마나 빨리 수행해야 할 것인지와 관련된 실행시간 구조 설계로 구분된다. 소프트웨어 아키텍처를 설계하고자 한다면, 소프트웨어 아키텍처를 표현하는 다양한 뷰에 관한 설명이 먼저 필요할 것이다. 모든 이해당사자는 모두 다른 관점에서 소프트웨어를 바라볼 것이고, 한가지 뷰로 소프트웨어를 모두 표현할 수 없으니, 다양한 소프트웨어 엔지니어들이 그림 3-16과 같이 소프트웨어 아키텍처 뷰를 정의하고 있다.

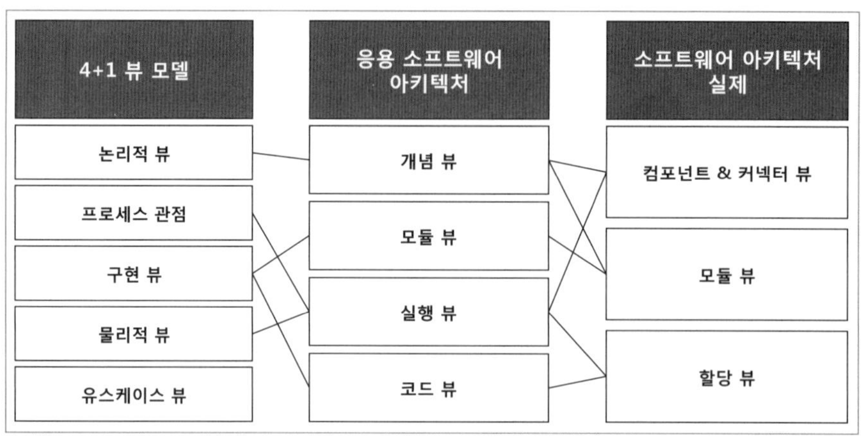

그림 3-16 소프트웨어 아키텍처 뷰 간 매핑

'4+1 뷰 모델'은 크루첸[Kruchten]이 고안했다. 이 모델은 소프트웨어를 물리적[Physical] 뷰, 구현[Implementation] 뷰, 프로세스[Process] 뷰, 논리적[Logical] 뷰로 구분하고, 유스케이스[Usecase] 뷰에서 검증하는 방법을 제시하고 있다. 소니, 노드, 호프마이스터[Soni, Nord, Hofmeister]의 '응용 소프트웨어 아키텍처[Applied Software Architecture]'에서는 소프트웨어 아키텍처를 개념[Conceptual] 뷰, 모듈[Module] 뷰, 실행[Execution] 뷰, 코드[Code] 뷰로 구분하고 있다. 마지막으로 렌 바스, 폴 클레멘트, 릭 카즈만[Len Bass, Paul Clements, Rick Kazman]의 '소프트웨어 아키텍처 실제[Software Architecture in Practice]'에서는 소프트웨어 아키텍처를 모듈[Module] 뷰, 컴포넌트와 커넥터[Component & Connector] 뷰, 할당[Allocation] 뷰로 구분하고 있다. 모듈 뷰는 소프트웨어를 분해[Decomposition]하고 구조화하는 개념을 정의하고, 컴포넌트와 커넥터 뷰는 데이터를 할당하고, 동시 실행되는 개념이 정의되고, 할당 뷰에 구현과 배포 등의 개념을 정의한다.

그림 3-17은 소프트웨어 아키텍처 설계 프로세스다. 소프트웨어 아키텍처의 정적 특성을 반영하는 설계를 수행하고, 소프트웨어 계층 구조, 소프트웨어 컴포넌트 상세 내용, 소프트웨어 배포 구조를 작성한다. 또한 소프트웨어 아키텍처의 동적 특성을 반영하는 설계를 수행한다. 소프트웨어 아키텍처는 구조적 관점이나 동적 관점에 따라 다양한 뷰로 설명할 수 있는데, 모든 뷰는 동

일한 시스템을 묘사하기 때문에 뷰들 사이에는 공통점이 많다.

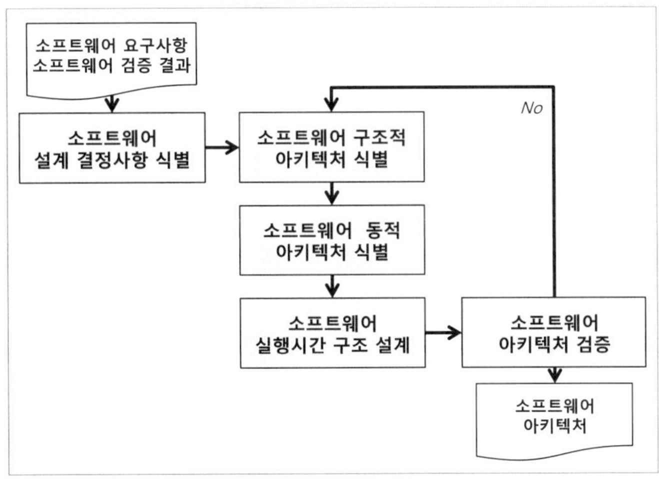

그림 3-17 소프트웨어 아키텍처 설계 프로세스

아키텍처는 여러 이해당사자 간의 견해를 모으고, 소프트웨어의 중요한 특성들에 대해 합의하기 위한 유용한 의사 소통 도구로 사용된다는 점에서 중요하다. 소프트웨어를 개발할 때, 이해당사자마다 관점에 따라 중요하게 생각하는 특성들이 다르다. 예를 들면, 자동차 업체는 현재 개발하는 소프트웨어가 적은 비용으로 제시간에 개발돼 사용할 수 있기를 바랄 것이고, 최종 사용자인 운전자는 무엇보다 이 소프트웨어의 가용성과 사용 편의성에 관심을 둘 것이다. 이런 여러 가지 관점의 다양한 요구를 모두 만족할 수 있는 소프트웨어를 만드는 것이 최종 목표지만, 각각의 요구 사항은 서로 상충하는 부분이 있다. 이 상충되는 사실을 이해하는 것이 중요한데, 아키텍처를 통해 이해당사자들은 서로의 요구 사항들이 어떻게 상충하고 있는지 이해하게 된다.

아키텍처는 디자인 초기에 이뤄지는 디자인 결정사항을 나타낸다. 이 디자인 결정 사항은 우선 품질 요구 사항과 연관성이 깊다. 어떤 품질 요구 사항을 만족해야 하느냐에 따라서 아키텍처 모델을 작성할 때 관심의 대상이 달라진다.

성능에 관심이 둔다면, 아키텍처 모델 간 데이터의 이동에 중점을 두고 아키텍처를 평가할 것이다. 유지보수성이 중요한 시스템이면 시스템의 특성을 얼마나 컴포넌트 내부에 캡슐화^{encaptulation}했는지에 관심이 있을 것이다.

[3.1.7] 소프트웨어 단위 설계와 구현

소프트웨어 아키텍처 설계상에는 모든 소프트웨어 단위 컴포넌트의 요구사항과 인터페이스가 정의돼야 하며, 이 내용을 기반으로 소프트웨어 아키텍처상에서 설계된 단위 기능별 상세 설계를 수행하고, 설계 내용에 따라 소프트웨어를 구현하는 작업을 수행한다.

ECU와 상호작용하는 기계적, 전기적, 유압식 컴포넌트들은 아날로그 신호를 발생하기 때문에 ECU가 이를 인식하고 처리할 수 있도록 디지털 신호로 인식해주는 이산화^{Discrete} 작업이 필요하다. 컴포넌트들은 지속해서 아날로그 신호를 발생하기 때문에 아래 그림 3-18의 (A)와 같이 특정 시간 구간 상태를 $X_{(t)}$로 정의해 아날로그 신호를 표현할 수 있다. 특정 시간과 특정 상태 구간을 더 세분화해 신호를 샘플링하면, 그림 3-18의 (B)와 같이 시간과 값에 의해 이산화된 샘플 데이터를 얻을 수 있다.

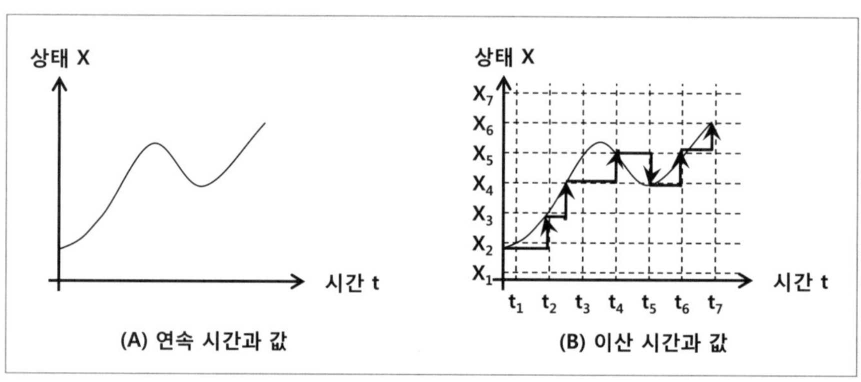

그림 3-18 아날로그 신호의 샘플링 모드

소프트웨어 정적 아키텍처^{Software Static Architecture}상에서 하드웨어와 상호작용하고, 사용되는 운영체제에 따라 영향을 받는 BSW 영역^{Basic Software Layer}은 주로 매뉴얼 코딩을 통해 소프트웨어 엔지니어가 직접 코드를 작성한다. 제어 로직^{Control Logic}과 밀접한 관계가 있는 ASW 영역^{Application Software Layer}은 모델을 통해 자동으로 소프트웨어 소스 코드를 생성해 주는 모델 기반 자동 코드 생성^{Model Based Auto code generation}이 점점 늘어나는 추세다.

그림 3-19는 소프트웨어 단위 설계와 구현 프로세스를 보여준다. 소프트웨어 단위 컴포넌트 별로 데이터 모델^{Data Model}, 거동 모델^{Behavior Model}, 실시간 모델^{Real-time Model}을 이용해 상세 알고리즘을 설계하고 검증해 무결성이 입증된 단위 설계 내용을 기반으로 소프트웨어 단위 기능을 소스 코드로 구현하고 검증한다.

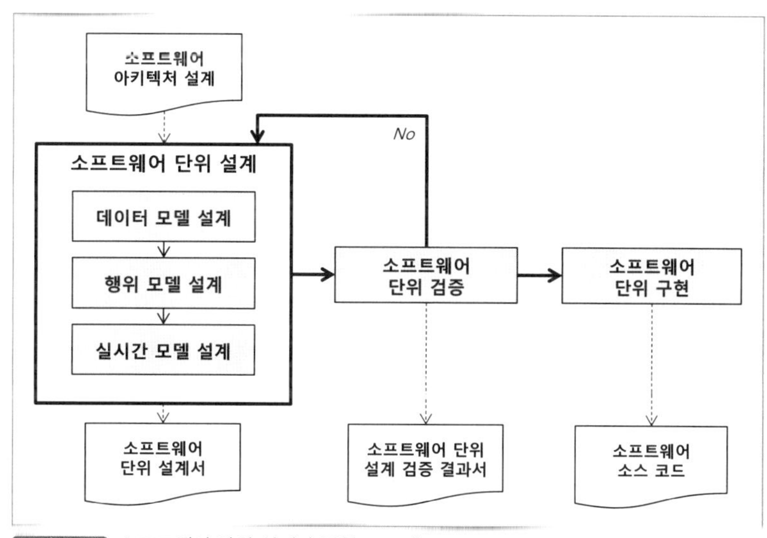

그림 3-19 소프트웨어 단위 설계와 구현 프로세스

3.1.7.1 데이터 모델 설계

소프트웨어 아키텍처상에 정의된 단위 기능 모듈별로 단위 설계를 수행한다. 소프트웨어 단위 설계는 '소프트웨어 아키텍처 설계의 구현 뷰'를 기반으로 식별된 구현 파일(.h 파일, .c 파일)에 관한 단위 설계를 수행한다. 소프트웨어 아키텍처 설계의 구현 뷰를 토대로 단위 설계 대상의 구현 파일과, 이 파일이 참조하는 다른 파일의 관계를 정의한다.

소프트웨어 컴포넌트에 사용될 데이터 구조가 스칼라^{Scalar}인지, 일차원 배열$^{One\ dimension\ array}$인지, 이차원 배열$^{Two\ dimension\ array}$인지, 매트릭스^{Matrics}인지 데이터 모델을 설계하고, 데이터 구조$^{Data\ Structure}$의 조합을 통해 특성 곡선^{Curve}이나 특성 맵^{Map} 형태로 입력과 출력을 설계한다.

그림 3-20은 데이터 구조를 통해 정의된 데이터의 특성 곡선이나 맵의 예를 보여준다. 여러 차종의 베리언트에 대응하기 위해 적용되는 기술인 데이터 캘리브레이션은 데이터 구조를 정형화한 상태에서 특성 곡선이나 맵의 수치만을 변경해 주는 방법이다.

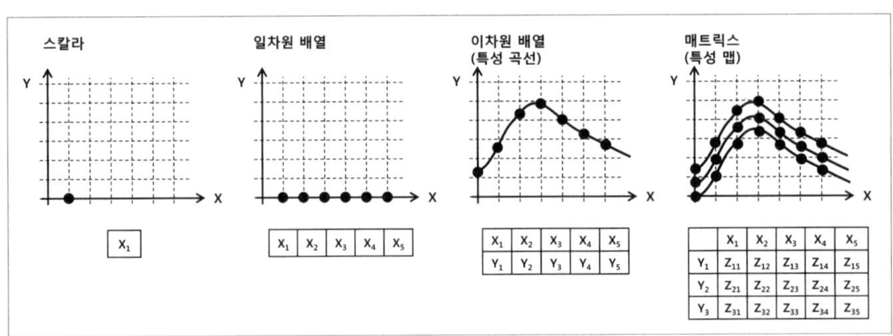

그림 3-20 특성이 반영된 데이터 구조

예를 들면, 6단 자동 변속기의 변속 맵에 관한 데이터 구조를 정형화해 입력받는 소프트웨어 모듈이 있으면, 운전 모드에 따라 소프트웨어 모듈을 변경해 주는 것이 아니라 캘리브레이션된 변속 맵의 특성 데이터가 변경되는 것이다.

3.1.7.2 거동 모델 설계

소프트웨어 단위 기능 모듈별로 데이터 모델이 설계되면, 그 데이터가 어떤 흐름을 가지고 어떤 방식으로 동작할 것인지, 데이터 흐름[Data Flow]과 제어 흐름[Control Flow]을 설계한다. 데이터 흐름은 소프트웨어 기능이나 모듈 간에 주고받는 정보와 소프트웨어 기능 모듈 내에서 데이터를 처리하는 방식을 정의하는 것으로서, 그림 3-21과 같이 데이터 플로우 다이어그램[DFD, Data Flow Diagram]을 이용해 설계하기도 하고, 매트랩/시뮬링크[MATLAB/Simulink]나 ASCET 등과 같은 연속 모델링[Continuous Modeling] 도구를 이용해 설계하기도 한다.

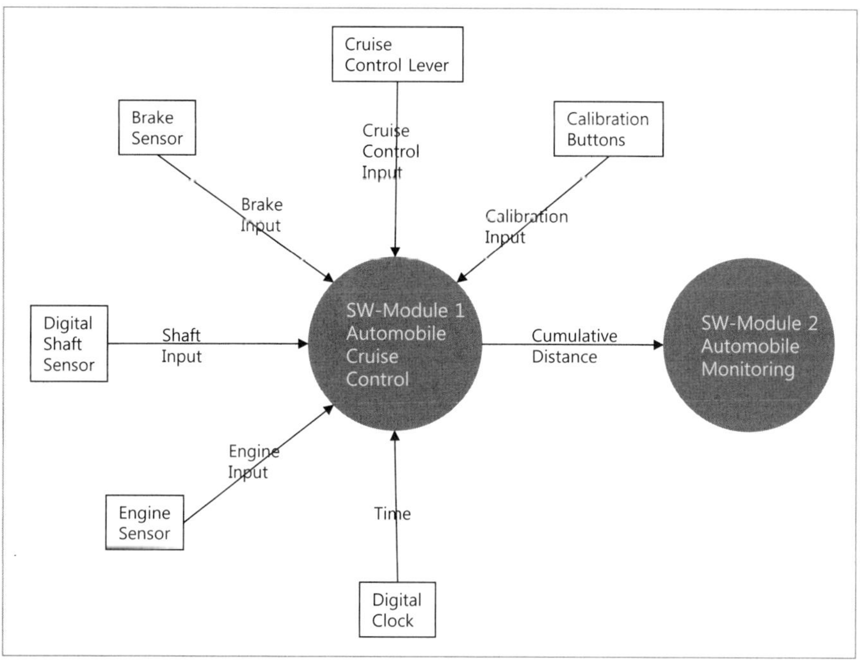

그림 3-21 데이터 플로우 다이어그램(DFD)

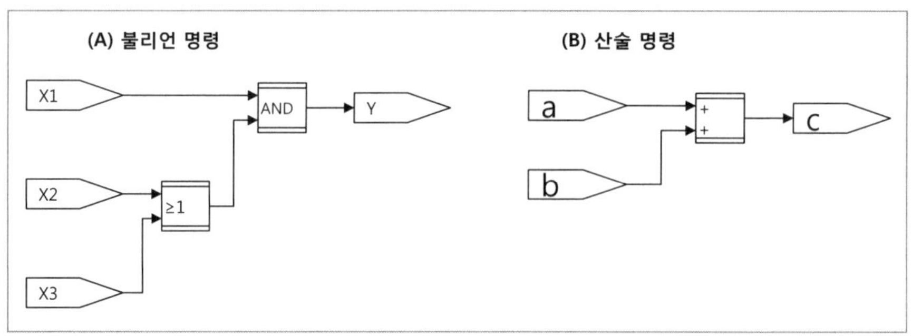

그림 3-22 시뮬링크를 이용한 연속 데이터 흐름

데이터 흐름에는 실행 순서와 같은 제어 흐름이 포함돼 있지 않기 때문에 그림 3-23과 같이 나시-슈나이더 다이어그램Nassi-Shneiderman Diagram 등을 이용해 명령이나 실행 순서, 분기, 반복 등을 결정하는 제어 흐름을 설계한다.

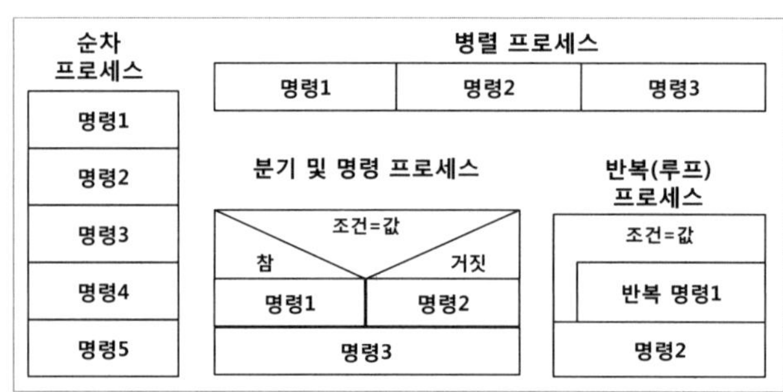

그림 3-23 나시 슈나이더 다이어그램을 이용한 제어 흐름 설계

3.1.7.3 실시간 모델 설계

데이터 모델과 동적 모델이 설계됐다면, 데이터 모델과 동적 모델 프로세스들이 실시간 어떻게 동작해야 하는지 그림 3-24과 같이 소프트웨어 컴포넌트의 실시간 조건이 반영된 실시간 모델을 설계한다.

그림 3-24 멀티프로세싱이 반영된 실시간 모델

소프트웨어 아키텍처 설계에 정의된 모듈별로 모듈 명, 프로토타입, 입력변수 목록, 개요, 호출을 위한 선행조건, 재진입[Reentrancy] 가능 여부 등의 단위 설계를 수행하고, 적절한 설계원칙을 적용해 단순함, 강건성, 테스트 가능성 등의 특성을 확보하면서 전역변수, 리턴 값, 지역변수, 데이터 캘리브레이션 변수 등의 모듈별 데이터 구조를 상세화한다. 또한 모듈별 세부 알고리즘을 설계한다. '소프트웨어 아키텍처 설계의 구현 뷰'에 정의된 모든 모듈이 빠지지 않게 단위 설계를 수행한다.

소프트웨어 단위 컴포넌트 설계 시에는 기능 요구사항을 위한 프로그램 버전과 성능과 품질 목표, 하드웨어 리소스의 한계 등의 비기능 요구사항을 반영하기 위한 데이터 버전을 고려해야 한다. 예를 들면 전기 자동차는 모터 구동력으로 차가 움직인다. 전기 자동차에 사용되는 모터의 특성에 따라 차가 낼 수 있는 동력의 제약이 있을 것이다. 모터를 이용해 차가 구동되는 기능 요구사항을 구현한 것이 프로그램이라면, 모터의 특성 데이터를 반영시키는 것을 데이터라고 할 수 있다. 차량에 적용되는 소프트웨어는 차종별 베리언트[variant]를 고려해 프로그램 버전과 데이터 버전을 설계 단계부터 고려해야 한다.

3.1.7.4 소프트웨어 단위 설계 검증

설계된 소프트웨어 단위 기능 모듈이 소프트웨어 아키텍처나 요구사항에 들어맞는지 타당성을 검증해 문제가 없으면 소프트웨어 소스 코드를 구현한다.

소프트웨어 단위 설계를 검증할 때 사용할 수 있는 기법으로는 제어 흐름 테스트Control Flow Testing, 조건 분기 커버리지Condition Decision/Branch Coverage 테스트, 동등 분할과 경곗값 테스트 등이 있다. 단위 검증에 대해서는 '3.1.8. 소프트웨어 단위 검증'에서 자세하게 설명한다.

3.1.7.5 소프트웨어 단위 구현

단위 설계 내용을 기반으로 소프트웨어 코드를 구현한다. 모델 기반으로 소프트웨어를 개발할 때는 코드를 자동으로 생성한다. 그림 3-25는 매트랩/시뮬링크 모델을 '리얼 타임 워크숍Real Time workshop'이라는 도구를 통해 소프트웨어 소스 코드로 자동 생성되는 과정을 보여준다.

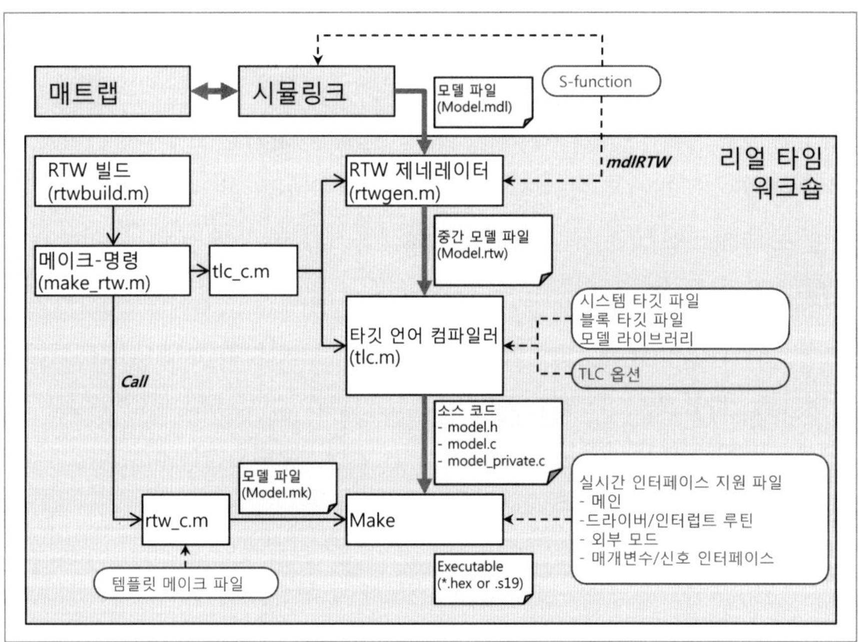

그림 3-25 매스웍스의 매트랩을 사용한 자동코드 생성

모델을 통해 코드를 자동으로 생성하면 검증된 모델로 코드를 생성했기 때문에 소프트웨어의 신뢰도가 높아질 수 있다. 사람에 의한 오류를 줄일 수 있을 뿐 아니라 매뉴얼로 코드를 생성하는 시간을 줄일 수 있다. 또한 모델을 통해 개발자들 간의 의사소통의 갭을 줄일 수도 있기 때문에 자동차 전장 분야에서 모델 기반의 자동 코드 생성이 점점 확산되는 추세다.

각각의 소프트웨어 컴포넌트는 설계된 내용에 따라 프로세서상에 데이터를 올려야 하므로 마이크로 컨트롤러 메모리 세그먼트 내에 데이터 저장소를 고려해야 한다. 또한 소프트웨어가 동작하는 프로세싱 순서상에 입력 값 오류나 라운딩 오류 발생으로 영향을 받을 수 있으므로 오류를 줄이기 위한 구현을 포함한다. 하드웨어에 민감한 실시간 동작 개념을 완성하기 위해 태스크 스케줄링이 가능한 OSEK와 같은 운영체제를 적용해 소프트웨어를 완성한다.

차량에 적용되는 소프트웨어는 MISRA Motor Industry Software Reliability Association에서 제정한 C 언어 코딩 가이드라인을 준수하도록 하고 있다. MISRA에서 가이드하는 전체 코딩 룰을 모두 적용하면 개발 자유도가 제한돼 효율적이지 않기 때문에 개발하고자 하는 임베디드 시스템의 특징이나 조직 특성을 고려해 개발 현황에 적합한 룰을 선정하고 조직 표준 룰을 포함해서 소프트웨어를 구현하

자동차 분야의 안전한 임베디드 시스템을 위한 협력단체 MISRA

MISRA(The Motor Industry Software Reliability Association)는 안전에 민감한(Safety Critical) 자동차 분야의 임베디드 시스템 개발 시, 신뢰성 있고 안전한 소프트웨어의 완성을 위해 자동차 업체들과 협력업체들, 엔지니어링 컨설팅 업체 간에 형성된 협력 단체다. 자동차에 탑재되는 안전하고 신뢰성 있는 소프트웨어를 개발하기 위한 가이드라인을 제공하고 시스템이나 소프트웨어 실제 경계에 관한 정밀한 내용을 제공하지 않으며, 소프트웨어 신뢰성에 따라 시스템에 영향을 받는 부분의 소프트웨어 엔지니어링 분야를 주로 다루고 있다. 또한 소프트웨어 개발에 영향을 받아 발생되는 시스템 이슈를 해결하는 방법에 관한 가이드라인도 제공한다.

도록 하는 것이 바람직하다. 표준화된 코딩 룰을 준수해 코드의 가독성을 높이고 유지보수와 레거시 코드 재사용 효율을 향상할 수 있다.

[3.1.8] 소프트웨어 단위 검증

소프트웨어의 단위 함수들이 요구사항에 맞게 설계되고 구현됐는지 개발자가 단위 테스트를 수행한다. 소프트웨어 단위 테스트는 소프트웨어를 구성하는 개개의 소프트웨어 컴포넌트(또는 단위 함수)가 정상적으로 기능을 수행하는지, 결함을 내포하고 있는지 등을 확인하는 과정이다. 소프트웨어 단위 테스트 활동은 구현 단계에서 소프트웨어의 무결성을 확인해 결함을 조기에 발견해 소프트웨어의 신뢰성을 확보하기 위한 목적으로 수행된다.

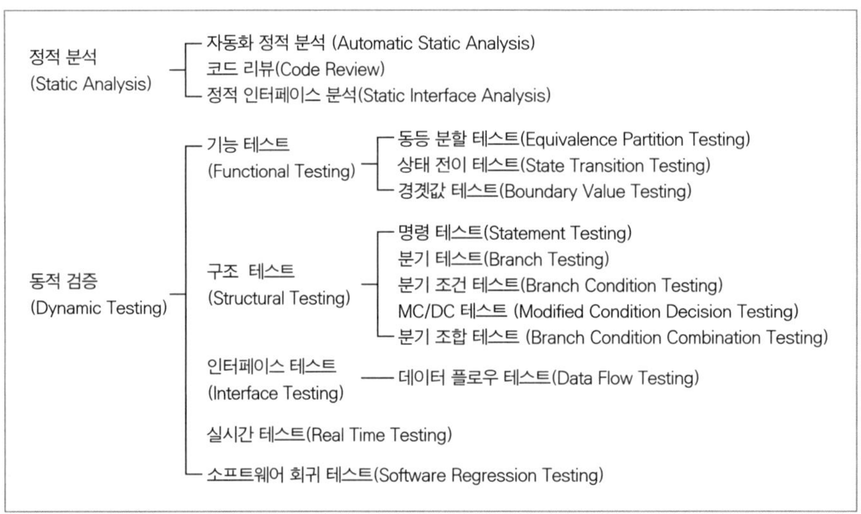

그림 3-26 소프트웨어 검증 기법 종류

소프트웨어 검증 기법의 종류는 그림 3-26과 같이 정적 분석Static Analysis과 동적 분석Dynamic Testing으로 구분할 수 있다. 소프트웨어 단위 테스트는 원시 코드를 시험 대상으로 하는 화이트 박스White box 테스트를 수행한다. 단위 테스트 완료 조건은 소프트웨어 통합이 가능하고 단위 모듈이 요구되는 기능을 완성했을 때다.

그림 3-27은 소프트웨어 단위 테스트 프로세스를 보여준다. 단위 테스트 대상이나 기법, 테스트 완료 기준, 일정 계획, 리소스 등의 테스트 전략을 수립하고 단위 함수별 테스트 케이스 작성과 테스트 환경을 구축한다. 소프트웨어 단위 기능이 요구되는 올바른 데이터 정보를 출력하는지를 테스트하고, 올바르게 동작하는지, 리얼타임 조건은 만족하는지 등의 동적 수행을 통해 구조적 결함을 발견한다.

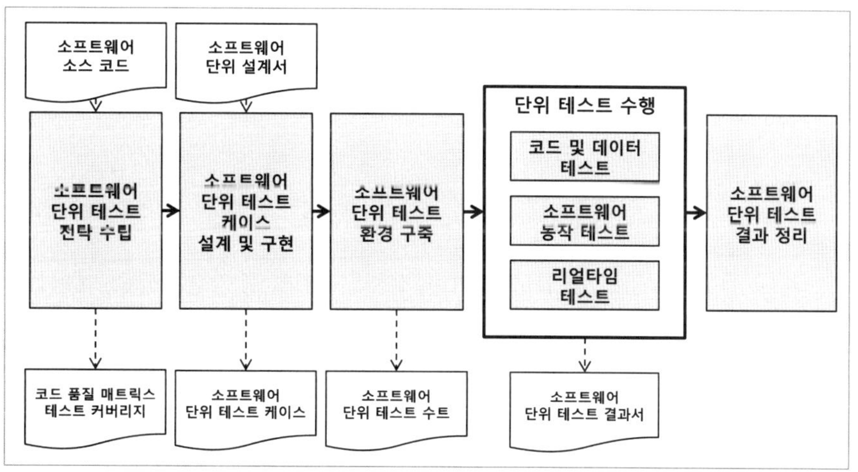

그림 3-27 소프트웨어 단위 테스트 프로세스

[3.1.9] 소프트웨어 통합과 검증

소프트웨어 단위 기능들이 모두 구현되면, 소프트웨어 모듈 간의 기능 의존성을 고려해 실행할 수 있도록 소프트웨어를 통합하고 테스트한다. 그림 3-28은 소프트웨어 통합 프로세스를 보여준다.

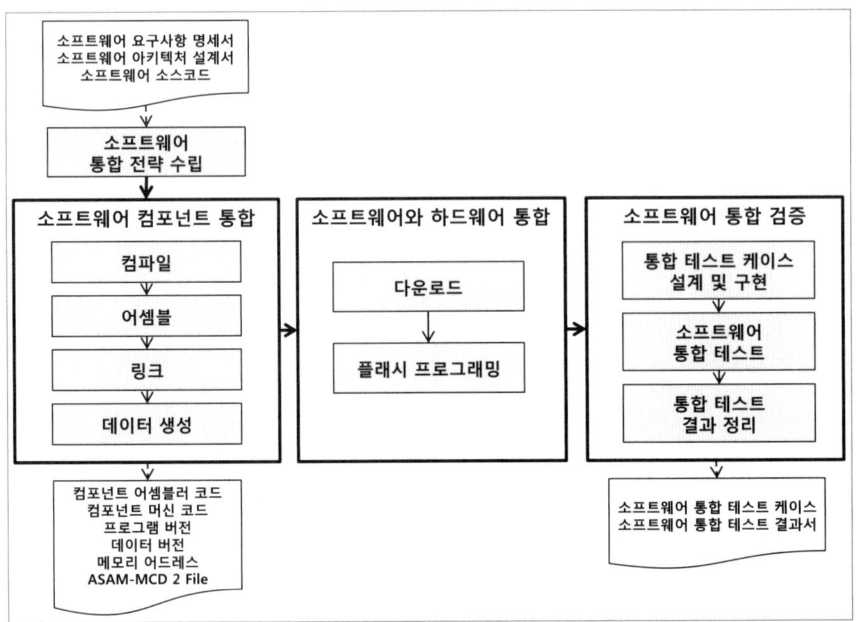

그림 3-28 소프트웨어 통합과 통합 테스트 프로세스

소프트웨어 컴포넌트들을 통합하기 위한 절차나 방법, 통합된 소프트웨어를 테스트하는 방법이나 환경 등의 전략을 수립하고, 구현이 완료된 소프트웨어 컴포넌트들의 최종 버전을 수집해 컴파일한다. 소프트웨어 컴포넌트들을 통합 Assemble하고, 메모리 어드레스를 매핑해 소프트웨어 통합을 완료한다. 일반적으로 위와 같은 일을 수행하는 컴파일러, 어셈블러, 링커는 컴파일 도구 세트에 포함돼 있다. 측정, 튜닝을 위한 데이터 캘리브레이션, 고장진단 등의 작업을 위해 ASAM 파일을 작성하면 소프트웨어 통합이 완료된다. 소프트웨어 통합 시, ECU의 모든 MCU를 위한 프로그램 버전과 데이터 버전이 생성되고 문서로 만들어져야 한다. 또한 양산 이후 운영이나 서비스에서 연결을 위한 오프-보드 인터페이스에 관한 방안에 관한 설명 파일이 제공돼야 한다. 측정이나 데이터 캘리브레이션 도구, 네트워크 개발을 위한 도구에 관한 설명 파일이 제공돼야 한다(데이터 캘리브레이션과 관련한 자세한 내용은 CCP장 참조).

[3.1.10] 소프트웨어 확인과 배포

소프트웨어의 통합이 완료되면, 소프트웨어를 배포하기 위해 소프트웨어가 ECU 하드웨어에서 제대로 동작하고 요구사항을 만족시키는지 확인하는 작업을 수행한다. 소프트웨어의 기능, 성능, 품질 등 요구사항을 모두 만족한다면 소프트웨어를 배포한다. 그림 3-29는 소프트웨어 확인과 배포 프로세스를 보여준다.

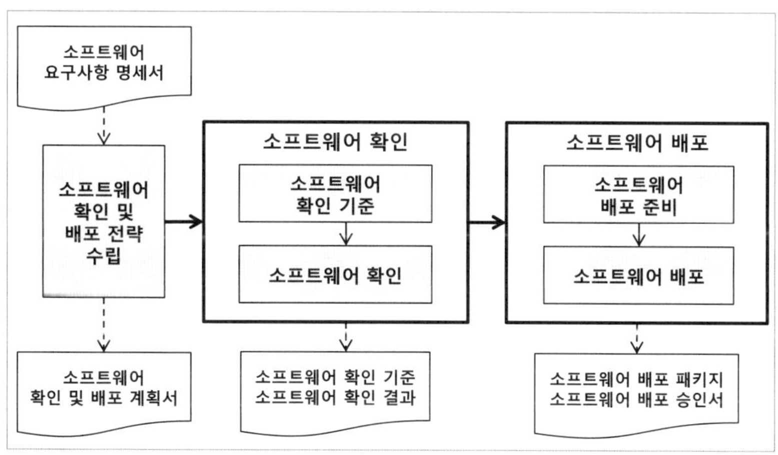

그림 3-29 소프트웨어 확인과 배포 프로세스

[3.1.11] 시스템 통합과 검증

기술적 시스템 아키텍처상의 구성요소들이 모두 구현돼 납품됐다면 구성요소들을 통합해 시스템을 완성한다. 자동차 업체의 승인을 받고 협력업체들은 각자 개발한 시스템들을 납품한다. 프로토타입 차는 한정적이므로 구현 가능성 테스트를 모든 통합 단계에서 거치기는 어렵다. 구현이 완료된 시스템 구성요소들을 획득하고 통합해, 시스템이 요구되는 기능이나 성능을 만족시키는지 통합 검증을 수행한다. 하위 구성요소 중 하나라도 늦게 개발될 때는 전체 개발에 영향을 주므로 일정을 지키는 것이 매우 중요하다.

시스템의 구성요소들이 서로 정보 교환을 하면서 개발되고 여러 가지 품질 보증에 승인을 받으면, 구성요소들은 의도했던 시스템으로 통합된다. 그리고 통합 테스트와 시스템 테스트, 인수 테스트를 수행한다. 이 단계는 시스템 아키텍처 설계에 정의된 차량에 탑재되는 모든 시스템 레벨에서 수행돼야 하며, 컴포넌트들이 통합돼 시스템으로 시스템들이 통합돼 차량이 완성될 때까지 수행한다.

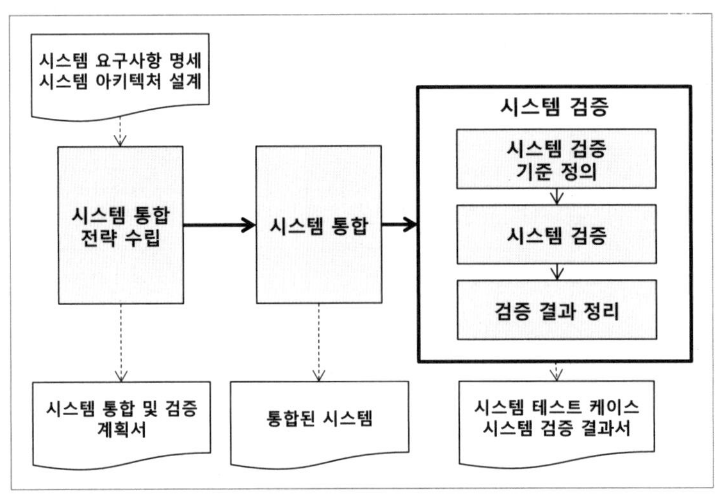

그림 3-30 시스템 통합과 테스트 프로세스

[3.1.12] 차량 평가와 데이터 캘리브레이션

개발된 시스템의 검증이 완료됐다면 시스템을 차량에 탑재해 차량의 기능을 평가해야 한다. 또한 데이터 캘리브레이션을 통해 성능 평가를 수행하고 데이터를 확정하는 작업을 수행한다.

그림 3-31은 차량 평가와 데이터 캘리브레이션 프로세스다. 챠량의 기능과 성능을 평가하기 위해 트립을 갈 것인지 현지 환경이나 평가 조건에 관한 전략을 수립하고, 전략에 따른 테스트 케이스나 시나리오를 확정하는 평가 기준

을 정의한다. 그리고 평가 계획에 따라 차량 평가를 수행하고, 데이터 캘리브
레이션을 통해 성능 목표를 튜닝하는 작업을 수행한다.

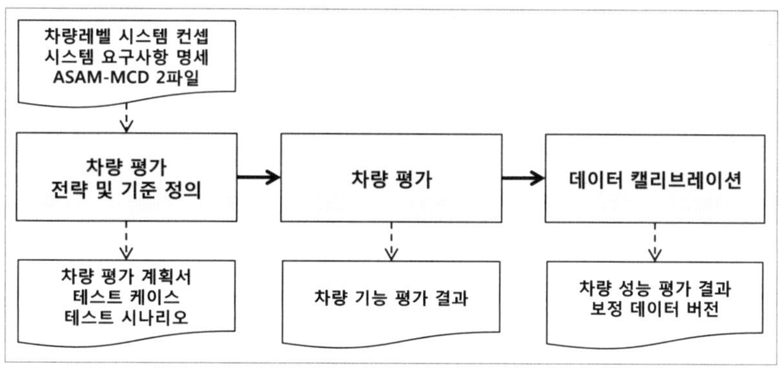

그림 3-31 차량 평가와 데이터 캘리브레이션 프로세스

[3.1.13] 시스템 배포

시스템 요구사항을 시스템이 만족하는지를 확인Validation하고 문제가 발생했을
때는 조치를 해 시스템 양산 배포를 위해 평가 결과에 합의한다. 승인을 얻으
면 시스템을 양산 차량에 탑재하기 위해 배포 업무를 거쳐야 한다.

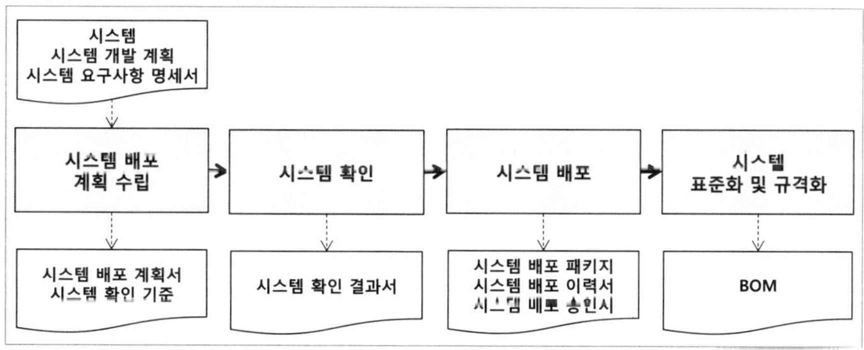

그림 3-32 시스템 배포 프로세스

엔지니어링 작업을 원활하게 수행하기 위해서는 관리 기술이 도입돼야 한다. 또한 제품의 품질과 신뢰를 보장하기 위해서는 엔지니어링 작업을 지원해주는 기술이 필요하다. 자동차와 같이 복잡한 기능이 있고 여러 가지 구성요소들로 조합된 제품일수록 관리와 지원 기술이 더 필요하다. 차량용 소프트웨어 기술에도 품질을 확보하고 비용이나 일정, 인력, 기술 등의 관리가 필요하므로 지원과 관리 기술이 적용된다. CMMI나 오토모티브Automotive SPICE 등과 같은 프로세스 성숙 모델에서도 지원 및 관리 영역의 성숙을 중요하게 다루고 있으며, 얼마큼 효율적으로 지원과 관리가 이뤄지느냐에 따라 비용 및 일정, 인원 등의 리소스를 절약할 수 있게 된다.

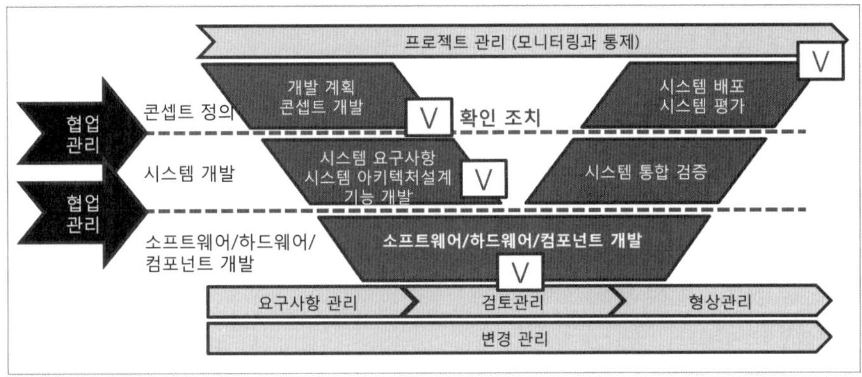

그림 3-33 지원 및 관리 프로세스

지원 및 관리 영역은 위의 그림 3-33과 같이 엔지니어링 프로세스를 관리하고 지원하는 영역으로 정의할 수 있다. 이번 장에서는 지원 및 관리 영역에 관한 프로세스에 대해 설명한다.

- 프로젝트 관리 (의사소통 관리, 진척 관리, 위험 및 이슈 관리 등)
- 요구사항 관리

- 형상 관리
- 변경 관리
- 품질 관리

[3.2.1] 프로젝트 관리 프로세스

PMBOK 가이드에서 프로젝트 관리는 프로젝트와 관련된 이해당사자들의 요구사항을 만족시키기 위해 보유한 지식, 기법, 도구 등을 적용해 관련 활동들을 관리하는 프로세스라고 정의하고 있다. 프로젝트 관리 프로세스의 기본 개념은 그림 3-34와 같이 초기화 · 계획 · 수행 · 통제 · 종료하는 것이다.

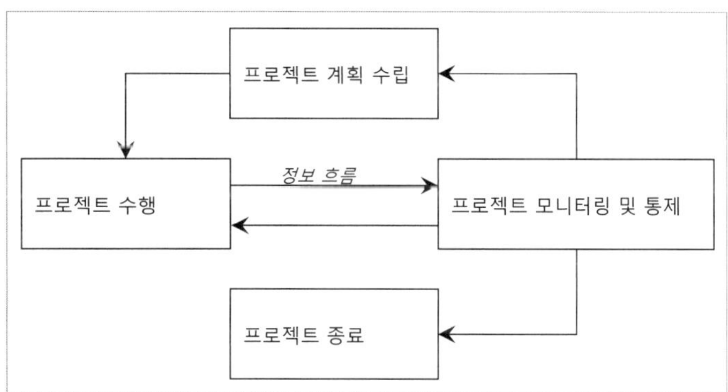

그림 3-34 프로젝트 관리 프로세스의 기본 개념

프로젝트 관리 대상은 표 3-1과 같이 범위, 시간, 원가, 품질, 인적자원, 의사소통, 위험 및 이슈, 조달, 통합 등 9가지로 구분할 수 있다. 프로젝트 관리 대상들을 프로젝트가 시작되고 종료되는 프로젝트 라이프사이클 동안에 관리하는 것을 프로젝트 관리라고 한다.

범위	– 범위 정의 및 계획 수립 – WBS(Work Breakdown Structure) 생성 – 범위 검증 및 통제
시간	– 활동 및 절차 정의 – 활동에 필요한 리소스 및 기간 산정 – 스케줄 정의 및 통제
원가	– 비용 예측 및 예산 산정 – 비용 통제
품질	– 품질 계획 – 품질 보증 – 품질 통제
인적자원	– 인적 자원 계획 – 프로젝트 팀 구성(개발, 관리, 획득 관련 팀) – 인적 자원 교육 훈련 및 관리 계획
의사소통	– 의사소통 계획 – 이해당사자 관리 – 정보 배포 – 성능 보고
위험 및 이슈	– 초기 위험 식별 및 위험 관리 계획 – 정량적/정성적 위험 분석 – 위험 모니터링 및 통제
조달	– 구입 및 획득 계획 수립 – 계약 계획 · 관리 · 종료
통합	– 프로젝트 관리 계획 – 프로젝트 모니터링 및 통제 – 프로젝트 종료

[3.2.2] 요구사항 관리 프로세스

요구공학에서는 요구사항을 어떻게 개발하고 관리할 것인지에 대해 정의하고 있다. 요구사항을 관리하는 것은 요구사항을 개발하는 것만큼 중요하다. 요구사항은 프로젝트 개발 및 관리 활동 전반에 영향을 주는 요소다. 프로젝트 관리 측면에서 살펴보면 요구사항을 기반으로 범위를 산정하고 협력업체 선정의 주요 요소가 되며, 요구사항의 변경으로 프로젝트에 위험이 발생할 수도 있고 일정이 지연될 수도 있다. 또한 요구사항의 증감에 따라 남은 일정과 투입 공수를 조정할 수 있으며, 품질을 점검하는 기준이 된다.

프로젝트에서 요구사항 관리는 중요하다. 불완전한 요구사항이 프로젝트에 끼치는 영향은 지대하다. 요구사항이 정확히 파악되지 않은 채 프로젝트가 진행되면 프로젝트 계획이 너무 작게 수립될 가능성이 높으며, 그 결과는 일정 지연이나 비용 초과로 말미암은 프로젝트 실패로 이어질 수 있다. 또한 불완전한 요구사항 탓에 부정확한 커뮤니케이션으로 이어져 서로 다른 목표를 공유하게 될 수도 있고, 문제점이 발생하면 원인 파악이 어려워진다. 더불어 불완전한 시스템이 개발되고, 검증 결과도 신뢰할 수 없게 된다. 시스템이 완성돼 갈수록 요구사항 변경 때문에 재작업 비용이 증가한다. 자동차는 기계, 전기, 전자, 화학 등 다양한 기술들의 조합으로 완성되는 시스템이고, 자동차의 지능화로 인해 복잡도가 증가하고 있다. 업무 세분화 및 분업화로 인해 협업 관계가 증가하고, 환경이나 안전에 관한 법규 및 규제가 강화돼 가고 있다. 신기술 개발 등과 더불어 적시성^{Time-to-market}이 강화되고 있기 때문에 요구사항의 관리가 더욱 중요하다.

그렇다면 요구사항은 어떤 특성이 있고, 어떻게 관리해야 할까? 요구사항은 시스템 개발 라이프사이클 동안 지속해서 진화하고 변경되는 특성이 있다. 그 이유는 개발이 진행됨에 따라 이해 관계자들의 지식과 정보가 진화되고, 의사 소통 오류가 줄어들기 때문이다. 또한 요구사항에는 명시적인 요구사항과 묵시적인 요구사항이 있다. 명시적 요구사항은 개발하려는 시스템에 신규로 적용되는 기능들로, 일반적으로 우리가 요구사항이라고 부르는 것들을 대부분 명시적 요구사항으로 볼 수 있다. 묵시적 요구사항은 시스템이 기존에 수행하고 있던 기능으로서, 묵시적 요구사항을 상식으로 취급해 요구사항으로 기술하지 않으면 이 부분에서 문제가 발생하는 상황을 종종 발견할 수 있다. 따라서 두 종류의 요구사항이 모두 기술되고 관리돼야 한다.

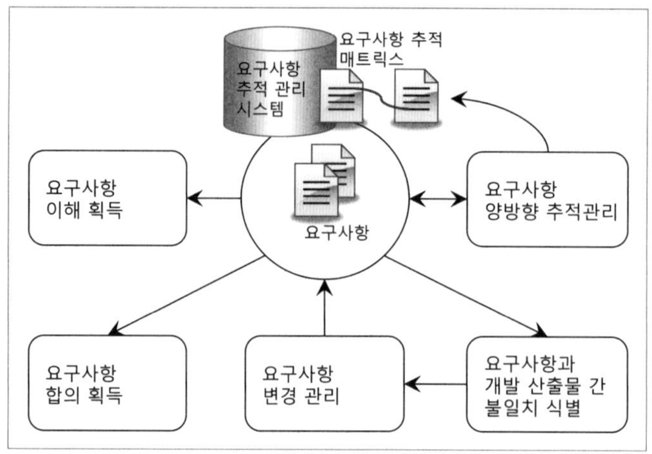

그림 3-35 요구사항 관리 개념

CMMI에서 요구사항 관리는 그림 3-35와 같이 정의하고 있다. 즉 요구사항 관리란, 정의된 요구사항에 대해 이해당사자들의 이해와 합의를 획득하고 요구사항의 변경을 관리하고, 변경에 관한 영향을 분석하고 방향을 제시해 주며, 개발 산출물과의 불일치를 식별하도록 추적을 관리하는 것을 의미한다.

[3.2.3] 형상 관리 프로세스

개발을 하면서 최신의 것이 아닌 과거 버전을 기준으로 작업한 경험이 있을 것이다. 또는 내가 개발했던 결과물을 분실하거나 과거 작업한 내용을 못 찾아 헤맨 일도 있었을 것이다. 동일한 기준으로 개발을 진행하고 개발 이력을 확보하기 위해서는 개발 산출물들의 형상^{Configuration}을 관리하는 것이 무엇보다 중요하다. 형상 관리는 시스템 개발 과정 및 유지보수 과정에서 변화돼 가는 시스템의 모습을 가시화해 질서 있게 통제함으로써, 변경 내용을 체계적이고 일관성 있게 시스템에 반영해 시스템의 품질을 보증하고 생상성을 향상시키는 것이다.

형상관리 활동은 식별된 형상 항목들의 기준선^{Baseline}을 수립하고, 변경을 추적 관리하며 기준선의 무결성을 수립하고 유지할 수 있도록 모니터링하고 통제하는 활동이다.

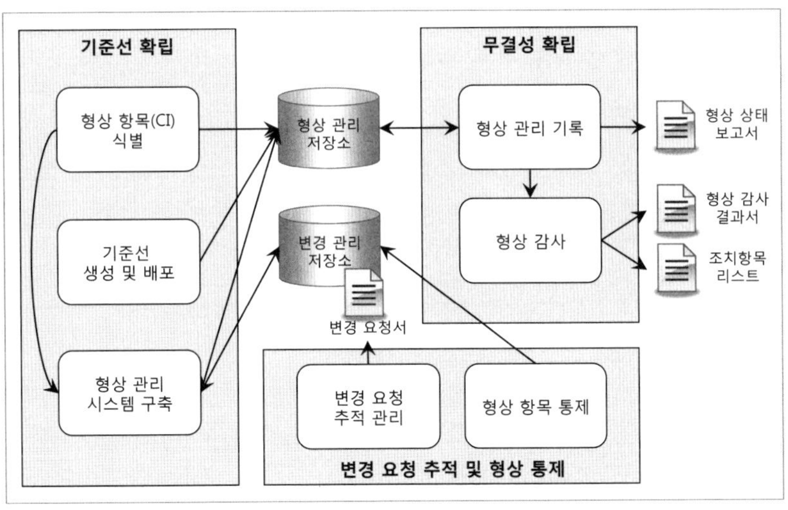

그림 3-36 형상관리 개념

CMMI에서 형상 관리는 그림 3-36과 같이 정의하고 있다. 형상 관리는 크게 3가지로 구분할 수 있는데, 형상 항목을 식별하고 형상관리 시스템을 확립하고 기준선을 긋고 배포하는 기준선 확립과 형상 변경요청을 추적하고 변경을 통제하는 것과 형상을 기록하고 감사해 무결성을 확보하는 것으로 구분한다. 형상 관리를 위해서는 변경되는 형상들의 이력을 기록하고 관리할 수 있는 형상 관리자와 형상 관리 시스템, 데이터베이스가 필요하다. 형상 상태를 감사하고 승인할 수 있는 형상통제위원회[CCB, Configuration Control Board]가 반드시 필요하다.

[3.2.4] 변경 관리 프로세스

엔지니어링 개발 산출물은 프로젝트의 라이프사이클 동안 꾸준히 변경된다. 요구사항이 변경될 수도 있고, 설계 사양이 변경될 수도 있고, 문제점으로 인해 변경될 수도 있다. 프로젝트 수행 중 변경이 관리되지 않으면, 발견된 문제점의 원인을 파악하기도 어렵고, 이해당사자들 간 의사소통에도 문제가 생길 수 있다.

변경 관리는 변경을 관리하고자 하는 대상에 따라 절차나 방법이 달라질 수 있다. 조직에 심각한 영향을 주는 변경은 최상위 관리자에게 보고되고, 변경 영향을 측정하고 방향을 결정해야 한다. 개발자 스스로 통제할 수 있는 변경도 있기 때문에 조직 차원에서 변경을 어떤 등급으로 어떻게 관리할 것인지 정책을 정하는 것이 중요하다. 일반적인 변경 관리 프로세스는 그림 3-37과 같다.

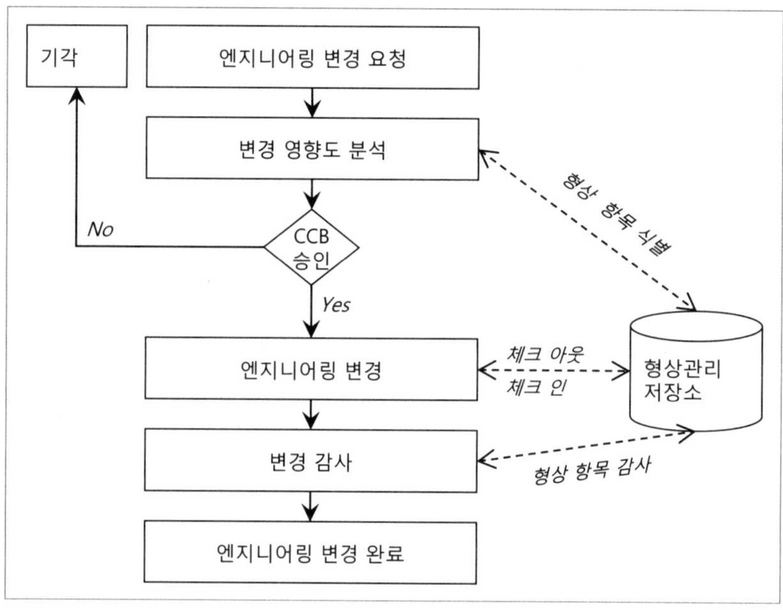

그림 3-37 변경관리 프로세스

요구사항의 변경이나 문제점에 의해 엔지니어링 변경 요청Engineering Change Request 이 발생하면, 형상관리 데이터베이스에 저장된 형상 항목들에 관한 변경 영향도를 분석하고 변경 여부 승인을 받는다. 형상 항목의 중요도에 따라 형상통제위원회의 승인이 필요할 수도 있다. 형상을 변경하라는 승인이 떨어지면 형상 항목에 관한 엔지니어링 변경^{Engineering Change} 작업을 한다. 변경이 완료되면 변경에 관한 감사^{Change Audit}를 받고 엔지니어링 변경을 완료^{Engineering Change Release}한다.

[3.2.5] 품질 관리 프로세스

덜 성숙한 조직은 품질보다는 개발 일정을 맞춰서 기능을 개발하는 것에만 급급할 것이다. 하지만 성숙한 조직일수록 품질에 관심이 높다. 현재 자동차 산업에서 품질은 필수요소가 되고 있다. 그래서 양산 시점에서 품질을 확보한다는 생각은 버리고 프로젝트 과정 전반에 걸쳐 품질을 어떻게 확보할 것인지 품질 관리 방안이 계획되고 이행돼야 한다.

품질 관리는 프로젝트 수행기간 동안 최소의 노력과 비용으로 요구된 품질 수준에 도달할 수 있도록 개발 산출물에 관한 품질을 통제하고 보증하는 활동을 의미한다. 즉 CMMI나 오토모티브 SPICE와 같은 성숙 모델을 도입해 개발 라이프사이클에 품질 보증 활동을 수행하는 방법과 ISO 9126이나 ISO 14598과 같이 개발된 최종 제품의 품질을 평가하는 방법이 있을 것이다. CMMI의 프로세스 및 제품 품질 보증^{PPQA}에서는 고객에게 제공되는 제품 및 서비스의 신뢰성을 향상 시키기 위해 독립적인 조직에서 시행되는 품질보증 계획 수립, 품질 점검, 품질 평가, 내부 품질 관리 등 프로젝트 품질보증 활동 전반에 관한 수행 방법 및 활동을 제공한다.

▌ 참고도서와 문헌, 인터넷 자료

■ 참고도서

『개발자도 알아야 할 소프트웨어 테스팅 실무 제3판』, 권원일 · 이현주 · 최승희 · 이승호 · 박은영 · 조현길, STEN(www.sten.or.kr)

■ 참고문헌

● 〈소프트웨어 아키텍처 설계 지침(SW Architecture Design Guideline): 실무적

으로 접근한 아키텍처 설계 수행 지침(Version 0.4)〉, NIPA, 2011년 03월

- 〈전자파장해(EMI/EMC) 표준화 및 연구동향(Current Status and Trend of Reasearch and Standardization on EMI/EMC)〉, 권종화 · 박현호 · 최형도 · 이형수, 전자통신동향분석 제16권 제3호 2001년 6월

- *A Formal Approach to Fault Tree Synthesis for the Analysis of Distributed Fault Tolerant Systems.* Mark McKelvin 외 4명, University of California, Berkeley. EMSOFT '05 Proceedings of the 5th ACM international conference on Embedded software. 2005Pages 237-246

- *Automotive Software Engineering Principles, Processes, Methods, and Tools.* Jorg Schauffele, Thomas Zurawka. SAE International, 2005

- *CMMI(Capability Maturity Model Integration) V2.0.* (http://www.sei.cmu.edu/cmmi/)

- *Engineering Safety Requirements, Safety Constraints, and Safety-Critical Requirements.* Donald Firesmith, Software Engineering Institute, U.S.A.Journal of Object Technology - JOT , vol. 3, no. 3, pp. 27-42, 2004

- *INCOSE Systems Engineering Handbook v3.2.2* (http://www.incose.org)

- *ISO/IEC 26702:2007 Systems engineering - Application and management of the systems engineering process* (ISO 국제표준: http://www.iso.org)

- *MISRA Guideline version1.1: Development Guidelines for vehicle based software*, November 1994.

- The motor industry software reliability association (http://www.misra.org.uk)

- *Requirements implementation in embedded software development*, Juho Jaalinoja, VTT Electronics. 2004

- SysML (System Modeling Language) V1.3 Specification. (http://www.omgsysml.org)

- *UML Profile for MARTE: Modeling and Analysis of Real-Time Embedded Systems: Version 1.0.* November 2009

- *What is SE?*(INCOSE Delaware Valley Chapter University of Pennsylvania, September 19, 2000), William D. Miller Communications & Information Systems Consultant Berkeley Heights, NJ 07922(wdmiller@home.net)

■ **인터넷 자료**

〈소프트웨어 아키텍처, Lecture 9〉, 최은만, 동국대학교(http://goo.gl/NeZal)

기능 안전

지금까지 소개한 것처럼 소프트웨어는 자동차에서 중요한 부분을 차지하고 있다. 앞으로 이런 중요성은 더욱 늘어날 것이다. 소프트웨어를 포함하는 전자장치의 증가는 기계장치만으로 이뤄진 과거의 자동차와는 달리, 전자장치의 신뢰성을 확보해야 한다는 새로운 과제를 풀어야 한다. 이런 신뢰성의 문제를 해결하기 위해서 다양한 기술이 개발되고 있다. 아울러 이런 기술을 자동차에 체계적으로 적용하려는 방법도 시도되고 있다. 이 장에서는 이런 방법 중에서 자동차 소프트웨어 업계에서 광범위하게 논의되고 있는 기능안전에 대해 살펴보겠다.

04 1 기능안전 개요

기능안전은 현재 ISO 표준으로 제정됐다. 기능안전이란 무엇일까? 아래 박스에서 보듯이 기능안전은 다양한 주제를 다루고 있는 표준이다. 따라서 기능안전을 이해하려면 상당 분량의 표준을 봐야 한다는 부담이 있다. 따라서 이 장에서는 기능안전의 개념을 잡고, 이렇게 형성된 개념을 바탕으로 차량용 소프트웨어를 개발할 때 기능안전을 어떻게 적용해야 하는지 지침을 주는 것을 목표로 설명하겠다. 따라서 이 장에서 소개하지 않는 기능안전에 대한 세부 내용은 ISO 표준을 참조하자.

> **기능안전(ISO 26262)**
>
> 기능안전은 IEC 61508 표준에서 파생한 것으로서 최대 중량을 3.5톤인 승용차에 적용는 표준이다. 기능안전은 전장품의 오작동으로 발생하는 위험을 다룬다. 그림 A는 기능안전의 구성을 보여준다. 기능안전은 총 10개의 파트로 구성됐으며, 이 중 9개 파트는 표준이고 나머지 1개 파트는 참고사항이다.
>
> **파트 1** 용어(Vocabulary): 표준에서 사용하는 용어를 정리한다.
>
> **파트 2** 기능안전 관리(Management of functional safety): 기능안전 수행 시 관련된 관리활동을 정의한다.

파트 3 콘셉트 단계(Concept phase): 아이템 정의, HARA(Hazard Analysis and Risk Assessment) 분석, ASIL (Automotive safety integrity level) 설정을 정의한다.

파트 4 시스템 수준의 개발(Product development:system level): 기능안전 요구사항을 시스템으로 설계하고 검증하는 것을 정의한다.

파트 5 하드웨어 수준의 개발(Product development:hardware level): 시스템에서 할당받은 하드웨어의 요구사항을 하드웨어로 개발하고 검증하는 것을 정의한다.

파트 6 소프트웨어 수준의 개발(Product development:software level): 시스템에서 할당받은 소프트웨어의 요구사항을 하드웨어로 개발하고 검증하는 것을 정의한다.

파트 7 생산과 운영(Production and operation): 생산과 운영에 대한 표준을 정의한다.

파트 8 지원 프로세스(Supporting process): 안전요구사항 관리, 형상변경 관리, 검증 관리, 지원도구의 자격 심사 등과 같은 지원 프로세스를 정의한다.

파트 9 ASIL 및 안전 관련 분석(ASIL-oriented and safety-oriented analysis): ASIL과 안전 분석을 하는 방법 등에 대해 정의한다.

파트 10 가이드라인(Guidelines on ISO 26262): ISO 26262 적용 시 참고할 가이드라인을 정의한다.

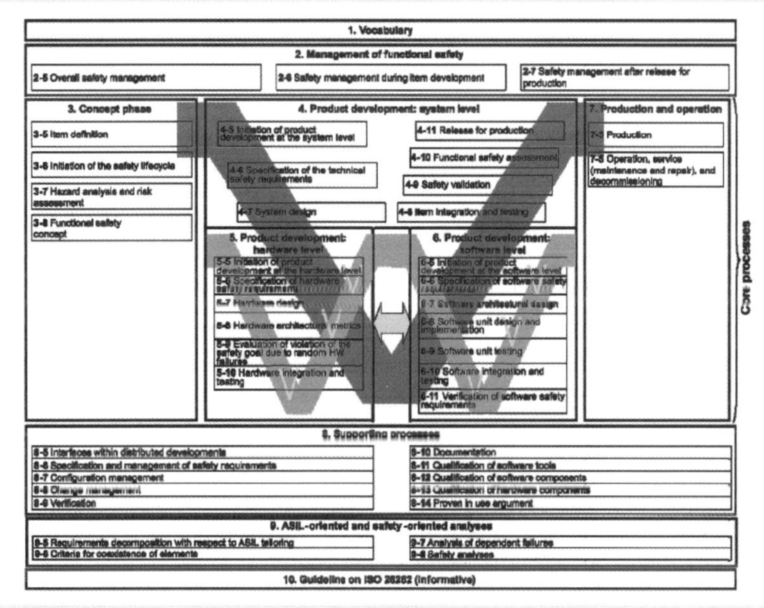

그림 A 기능안전 내 각 파트와 V 사이클과 관계

기능안전을 한 마디로 정의한다면 무엇일까? ISO262626의 용어정의에서는 기능안전을 다음과 같이 정의하고 있다.

> absence of unreasonable risk due to hazards caused by malfunctioning behavior of E/E systems

다소 과장된 표현일 수 있지만, 이 정의가 기능안전에 대한 모든 것을 설명한다고 해도 과언이 아니다. 이 정의를 풀어 쓰면 다음과 같다.

> 전기전자 시스템의 오작동(malfunctioning behavior)으로 발생하는 위험(hazard) 가운데 비합리적인 리스크(unreasonable risk)를 제거하는 것

이런 정의를 놓고 본다면, 기능안전은 프로젝트 관리에서 사용하는 위험 관리와 유사한 점이 많다. 기능안전의 설명을 조금 쉽게 하고자 프로젝트 관리에서 위험 관리에 대해 우선 살펴보자.

04 2 위험 관리 정의와 기능안전과 유사성

프로젝트 관리에서 위험 관리는 대개 다음 순서로 수행된다. 우선 프로젝트를 수행하면서 예견되는 위험목록을 작성한다. 예를 들어 개발자가 투입되지 않아서 프로젝트 일정이 지연될 수 있고, 고객이 요구사항을 명확하게 정의하지 않아서 프로젝트가 지연될 수도 있다. 또한 프로젝트에 필요한 장비나 소프트웨어 구매가 늦어서 일정이 늦어질 수 있다. 이렇게 위험목록을 작성한 다음에는 어떻게 해야 할까? 위험이란 아직 발생하지 않았지만, 발생했을 때 피해를 줄 수 있기 때문에 위험이 발생하지 않도록 대비하거나 위험이 발생했을 때 회피수단을 마련해야 한다.

이런 위험 대비에는 필연적으로 비용이 발생한다. 만약 프로젝트에서 100개의 위험이 식별됐다면 이 100개의 위험에 대해 모두 위험대책을 수립해야 할까? 물론 이런 위험에 대해 모두 대비하는 게 가장 이상적인 위험 관리일 수 있다.

하지만 프로젝트란 예산, 인력, 기간의 제한을 받는다. 즉 한정된 자원으로 관리해야 한다는 뜻이다. 한정된 자원으로 모든 위험에 대비하는 건 효과적이지 않다. 말하자면 식별된 위험에 대해 선택적으로 대응해야 한다. 위험 대비 비용을 생각해 본다면, 식별된 위험들이 모두 중요하지 않음을 알 수 있다.

말하자면 일어날 가능성이 높은 위험도 있고 가능성이 낮은 위험도 있다. 아울러 위험이 발생하기 전에 쉽게 파악할 수도 있는 것도 있고, 위험이 발생하기 직전에 파악할 수 있는 것도 있다. 마지막으로 위험이 발생한다고 하더라도 피해가 작은 것부터 위험이 발생했을 때 프로젝트가 파국으로 치닫는 것까지 다양하다.

말하자면 우리는 식별한 위험에 대해 발생확률, 감지 가능성, 영향도라는 세 개의 기준으로 평가해 위험우선순위를 평가할 수 있다. 각 항목에 대해 10점 처도로 평가를 한다면, 발생확률은 발생할 가능성이 극히 낮은 것에 대해서는 1점, 가능성이 가장 높은 것에는 10점을 준다. 감지가능성에도 쉽게 감지할 수 있는 것에는 1점, 감지할 가능성이 극히 낮은 것에는 10점을 주고, 발생했을 때 거의 영향을 미치지 않는 것에는 1점, 심각한 영향을 주는 것에는 10점을 줄 수 있다. 이렇게 구한 값을 각각 곱해서 우리는 다음과 같이 위험우선순위를 구할 수 있다.

위험우선순위 = 발생확률 × 감지가능성 × 영향도

표 4.1에서처럼 총 4개의 위험이 식별됐고 각 위험에 대해 위험우선순위를 산출했다. 4개의 위험에 대해 모두 위험대비를 하는 게 아니라, 위험 운선순위가 800점 이상일 때만 위험대비를 하기로 했다면, 1번과 3번 위험에 대해서만 위험대비, 즉 위험 관리활동을 하는 것이다.

표 4-1 식별된 위험목록과 평가

번호	위험	발생확률	감지 가능성	영향도	위험우선 순위	위험 관리 활동
1	개발자 투입이 지연돼 일정이 지연될 수 있다.	10	9	10	900	대상
2	서버가 입고되지 않아서 환경 설정이 지연될 수 있다.	5	5	5	125	비대상
3	고객이 요구사항을 명확하게 정의하지 않는다.	10	10	10	1000	대상
4	이해 당사자가 명확히 정의돼 있지 않아 시스템 범위가 불명확하다.	1	1	10	10	비대상

지금까지 프로젝트 관리에서 위험 관리에 대해 간단하게 설명했다. 어떤 측면에서 기능안전이 위험 관리와 유사할까? 기능안전이란 앞서 설명했듯이 전기전자 시스템의 오작동$^{malfunctioning\ behavior}$에 의해 발생하는 위험 가운데 비합리적인 리스크$^{unreasonable\ risk}$를 제거하는 것이다. 이 정의와 앞서 설명한 위험 관리와 비교해 알아보자. 프로젝트에서 발생 가능한 위험을 모두 식별하는 것이, '전기전자 시스템의 오작동 때문에 발생하는 위험'을 식별하는 것이다. 위험 목록 가운데 위험우선순위를 산출하고 특정 값을 넘는 위험을 식별하는 것이, '비합리적인 리스크를 선택하는 것'이다. 마지막으로 이렇게 식별된 위험에 대비하는 게, 바로 '비합리적인 리스크를 제거하는 일'이다.

04 3 HARA와 ASIL 설정

기능안전에서는 위험을 식별하고 평가하기 위해 HARA$^{Hazard\ Analysis\ and\ Risk\ Assessment}$를 사용한다. 우선 위험을 어떻게 식별하는지부터 살펴보자. 기능안전에서 위험은 전기전자 장치의 오작동으로만 발생하지 않는다. 운전자들의 쉽게 조향할 수 있도록 모터를 포함한 전자장치로 조향력을 보태주는 EPS가 있다. 자동차가 주행을 끝내고 주차를 완료한 시점에 이 EPS가 오작동했다고 해보자. 사고가 일어날까? EPS에는 문제가 있지만, 자동차가 이미 주차했기 때문에 사고가 발생하지 않을 것이다. 하지만 고속도로의 곡선 구간을 주행하고 있을 때 EPS에서 오작동이 발생한다면, 큰 사고가 발생할 것이다.

기능안전에서 위험을 식별하려면 반드시 자동차의 운행상황을 파악해야 한다. 말하자면 일반적인 위험 관리에서 위험의 발생확률을 구하듯이, 기능안전에서는 자동차의 운행상황을 고려한 노출도^{probability of exposure}를 계산한다. 이 노출도는 표 4.2처럼 거의 발생할 확률이 낮은 E0부터 확률이 가장 높은 E4로 구성된다.

일반적인 위험 관리에서 위험을 얼마나 쉽게 감지할 수 있느냐에 따라서 위험 우선순위가 달라졌듯이, 기능안전에서도 위험이 발생했을 때 위험상황을 운전자가 얼마나 제어할 수 있느냐에 따라서 위험 등급이 달라진다. 이것을 제어 가능성^{controllability}이라고 한다. 제어가능성은 표 4.3처럼 쉽게 제어할 수 있는 C0부터 거의 제어가 불가능한 C3까지로 나뉜다.

마지막으로 일반적인 위험 관리에서도 위험이 발생했을 때 위험에 따라서 파급력이 달라지는 것처럼, 기능안전에서도 위험이 발생했을 때 탑승자나 보행자가 어느 정도 상해를 입느냐에 따라서 위험의 경중이 달라진다. 이것을 심각도^{severity}라고 한다. 표 4.4처럼 심각도는 신체의 상해가 없는 S0부터 심각한 상해를 입히는 S3로 나뉜다.

표 4.2 노출도

분류	E0	E1	E2	E3	E4
설명	확률이 거의 없음	매우 낮음	낮음	중간	매우 높음

표 4.3 제어 가능성

분류	C0	C1	C2	C3
설명	쉽게 제어함	제어가 약간 필요	일반적으로 제어할 수 있음	제어가 불가능함

표 4.4 심각도

분류	S0	S1	S2	S3
설명	상해 없음	약간 상해를 입음	상해가 심각함 (생존 가능)	상해가 매우 심각함 (생존 확신 못함)

일반적인 위험 관리에서 발생확률, 감지가능성, 영향도를 곱해 위험우선순위를 산출했듯이, 기능안전에서도 노출도, 제어가능성, 심각도를 기반으로 ASIL을 평가한다. ASIL은 표 4.5처럼 노출도, 제어가능성, 심각도를 각 축으로 하는 테이블을 만들어 평가한다. 이렇게 위험을 식별하는 것을 위험 분석[Hazard Analysis], 식별된 위험을 평가하는 것을 리스크 평가[Risk Assessment]라고 한다. 두 활동을 합쳐 기능안전에서는 HARA라고 부른다.

HARA 분석이 끝난 후에는 어떻게 해야 할까? 아이템에 대한 ASIL 등급을 부여한다. 식별된 위험 가운데 최고 등급을 해당 아이템의 ASIL 등급으로 간주한다. 예를 들어, 식별된 위험이 100개 정도가 되고, C등급으로 분류된 위험이 2개, B등급으로 분류된 위험이 50개, A등급으로 분류된 위험이 48개라면, 이 시스템은 C등급으로 분류된다. 이 등급이 어떤 의미가 있는지 뒤에서 살펴보겠다.

표 4.5 ASIL 평가

		C1	C2	C3
S1	E1	QM	QM	QM
	E2	QM	QM	QM
	E3	QM	QM	A
	E4	QM	A	B
S2	E1	QM	QM	QM
	E2	QM	QM	A
	E3	QM	A	B
	E4	A	B	C
S3	E1	QM	QM	A
	E2	QM	A	B
	E3	A	B	C
	E4	B	C	D

HARA를 끝내고 ASIL 부여 작업까지 끝내고 나서 어떤 작업을 해야 할까? 일반적인 위험 관리에서 위험을 식별하고 위험을 평가한 뒤, 위험우선순위가 일정 값을 넘어가는 위험에 대해 위험 대책을 수립한다. 이것처럼 기능안전에서도 식별된 위험을 제거하는 활동을 펴야 한다. 이 활동은 식별된 위험을 제거할 수 있는 안전목표를 수립하는 데서 시작한다. 예를 들자면 EPS에 전원이 공급되지 않아서 조향이 되지 않은 결과, 사고가 발생한다고 해보자. 이 위험을 제거하기 위해서는 EPS에 전원이 공급되지 않아 EPS가 작동하지 않는 상황에서 운전자가 대처할 수 있도록, 전원이 공급되지 않더라도 EPS가 작동해야 한다는 목표를 수립한다. 이 목표를 달성하게 EPS를 개발하는 것도 한 가지 방법이다. 이런 목표를 기능안전에서는 안정 목표^{Safty Goal}라고 한다.

시스템에 따라서 안전 목표가 나수가 될 수도 있지만, 대개 위험 다수를 하나의 안전 목표가 대응할 수 있게 안전 목표를 수립한다. 이런 안전 목표는 요구사항으로 보자면 최상위 요구사항에 해당한다. 기능안전의 방법을 사용해 위험을 낮춘다는 것은, 안전목표라는 최상위 요구사항을 구현하는 일련의 엔지니어링 프로세스다. 즉 시스템 요구사항을 도출하고 시스템을 설계하며, 소프트웨어/하드웨어 수준으로 기능을 할당하고, 할당된 기능을 소프트웨어/하드웨어로 구현하고, 구현된 것을 검증하고 통합하고 검증하는 단계를 거쳐, 최종적으로 만들어진 시스템이 제일 처음에 설정한 안전 목표에 충실하게 구현됐는지 확인하는 절차를 수행하는 것이다.

위험 목표를 시스템으로 만들어내기 위해서 수행하는 절차가 HARA에서 두출된 ASIL 등급에 따라서 달라진다. 이것은 상당히 합리적인 접근방법인데, 위험 등급이 높은 시스템일수록 위험을 회피하기 위해 다양한 설계, 구현방법, 검증 작업이 필요하기 때문이다. 기능안전에서는 ASIL 등급에 따라 어떤 활동을 수행해야 하는지 정의해 두고 있다. 따라서 자신이 개발해야 하는 시스템이 어떤 등급에 있느냐에 따라서 수행할 활동이 달라진다.

안전목표에 ASIL이 부여되며, 이 안전 목표를 만족하는 안전 요구사항에도 안전목표와 같은 ASIL이 부여된다(뒤에서 다시 설명하겠지만 다른 방법을 사용하면 ASIL 등급이 달라질 수도 있다). 안전요구사항을 구현하는 시스템도 시스템 요구사항의 ASIL을 받고, 시스템을 구성하는 하드웨어와 소프트웨어도 ASIL을 부여받으면서, 최상위 안전목표에 할당된 ASIL이 시스템을 구성하는 최하위 요소에도 전파되며, 이렇게 할당받은 ASIL에 따라서 기능안전에서 요구하는 엔지니어링 활동을 수행하는 것이 기능안전의 전부라 할 수 있다.

이 책에서 기능안전에 대해 설명하는 것은, 기능안전에서 다루고 있는 전기전자 장치에서 소프트웨어가 차지하는 비중이 매우 높기 때문이다. 따라서 안전한 차량용 소프트웨어를 개발해야 한다면, 기능안전의 방법을 따르는 것도 괜찮은 시도다. 하지만 앞서 살펴봤듯이 기능안전은 소프트웨어 단독으로 적용할 수 없다. 차량용 소프트웨어의 특성상 반드시 전기전자 장치와 강력하게 결합해서 작동하기 때문이다. 시스템에서 하드웨어, 소프트웨어로 요구사항을 전파해서 개발하는 경우, 기능안전에 대응하는 소프트웨어를 개발하기 위해서는 반드시 시스템 수준에서의 HARA 분석을 한 다음에 개발해야 한다는 뜻이다.

기능안전 표준의 파트 10에서는 SEooC^{Safety Element out of Context}를 정의하고 있다. SEooC는 아이템을 개발할 때 미리 정의된 안전 요소는 별도로 개발할 수 있음을 정의한다. SEooC에 해당하는 대표적인 게 바로 AUTOSAR이다. AUTOSAR의 경우 기능안전을 고려해 정의됐기 때문에 아이템 정의 단계를 거치지 않더라도, AUTOSAR 표준을 따라 개발하는 BSW는 기능안전의 요건을 충족한다는 뜻이다. 이런 SEooC에 해당하지 않는 경우, 반드시 아이템 정의부터 시작하는 절차를 밟아서 개발해야 한다.

기능안전에 대한 전반적인 내용에 대해 설명하는 것은 이 책의 범위를 벗어나기 때문에 소프트웨어 이외의 상세한 내용은 기능안전 표준을 참조하기 바란다. 지금부터는 기능안전 기반의 소프트웨어를 개발할 때 어떤 점을 고려해야 하는지 살펴본다. 소프트웨어 측면에서 기능안전을 반영한다는 것은, 크게 보면 두 가지 측면으로 나눠 생각할 수 있다. 흔히 말하는 V사이클에서 왼편의 구현 영역과 오른편의 검증·확인 영역을 만족하는 것이다.

구현영역(V사이클에서 왼편)이라는 것은 상위 단계인 시스템 단계에서 도출되고 식별된 기능안전을 반영한 시스템 요구사항과 설계 중에서, 시스템 기능 할당 작업에서 소프트웨어로 할당된 소프트웨어 요구사항을 상세화하고, 이것을 기능안전 개념을 고려해서 소프트웨어 아키텍처와 단위 설계를 해서 구현하는 것이다. 검증영역이라는 것은 구현영역에서 노출된 설계대로 소프트웨어가 구현됐는지 검증하는 것이다. 이때 마구잡이로 검증하는 것이 아니라 기능안전에서 가이드하는 기준과 절차를 활용해 검증한다.

이 책의 프로세스 부분이나 AUTOSAR, EAST-ADL에서 설명한 절차나 방법론을 사용해 차량용 소프트웨어를 개발하고 있다면, 기능안전을 소프트웨어 개발에 적용하는 것은 큰 차이가 없을 것이다. 말하자면 여기에 기능안전의 개념 몇 가지만 추가하면 된다는 뜻이다. 따라서 기존 개발 방법과 차이 나는 부분에 대해 설명한다.

상위 수준에서 할당받은 요구사항을 소프트웨어 요구사항으로 상세화하기 위해 ASIL 분해^{ASIL Decomposition}라는 방법을 알아야 한다. 소프트웨어 요구사항을 상세화하면서 상위에서 받은 요구사항의 ASIL을 할당받는다. 말하자면 소프트웨어 요구사항이 있는데, 이 소프트웨어의 요구사항이 세분돼 두 가지 요구사항이 나온다고 해보자. 이때 상위 수준의 요구사항이 ASIL D였다면, 상세화된 요구사항의 ASIL D가 된다. ASIL이 높다는 것은 무슨 의미일까? 앞서 설명했듯이 위험회피 비용이 비싸다는 뜻이다. 말하자면 ASIL이 높을수록 위험회피를 위해 다양한 엔지니어링 활동을 해야 한다는 것이다. 설계도 더욱 안전한 설계를 택해야 하며, 설계대로 개발됐는지 더 자세히 검증해야 한다.

만약 ASIL D의 상위 요구사항에서 두 개의 요구사항이 파생됐고, 이 요구사항에서 다시 각각 두 개의 요구사항이 파생됐다면, 최종적으로 4개의 요구사항을 구현해야 한다. 상위 요구사항의 ASIL을 그대로 받는다면, 이 모든 요구사항을 ASIL D로 개발해야 한다. 물론 이렇게 개발할 수도 있지만, 앞서 설명했듯이 ASIL이 높을수록 구현하고 검증하는 데 큰 비용이 든다. 만약 요구사항을 상세화하는 과정에서 적절한 설계를 도입한다면 요구사항에 부여되는 ASIL을 낮출 수도 있다. 상위의 요구사항에서 하위 요구사항으로 상세화할 때 ASIL을 적절히 배분하는 것을 ASIL 분해라고 한다.

ASIL 분해는 일반적으로 다음과 같이 수행한다. ASIL D 요구사항의 경우, 아래의 목록을 참조하면 ASIL B의 요구사항과 ASIL B의 요구사항을 분해할 수 있다. 즉 상위 요구사항이 ASIL D였지만, 요구사항이 두 개로 상세화하면 ASIL B로 ASIL 등급이 떨어짐을 확인할 수 있다.

ASIL D 요구사항 → ASIL C(D) 요구사항 + ASIL A(D) 요구사항
ASIL D 요구사항 → ASIL B(D) 요구사항 + ASIL B(D) 요구사항
ASIL D 요구사항 → ASIL D(D) 요구사항 + QM(D) 요구사항
ASIL C 요구사항 → ASIL B(C) 요구사항 + ASIL A(C) 요구사항
ASIL C 요구사항 → ASIL C(C) 요구사항 + QM(C) 요구사항
ASIL B 요구사항 → ASIL A(B) 요구사항 + ASIL A(B) 요구사항
ASIL B 요구사항 → ASIL B(B) 요구사항 + QM(B) 요구사항
ASIL A 요구사항 → ASIL A 요구사항 + QM(A) 요구사항

다음 예제를 통해 ASIL 분해를 살펴보자. 그림 4.1은 입력 장치에서 사용자가 입력한 속도 정보를 받아서 그 값이 10 이하인 경우에만 액추에이터에 전원

을 공급해야 한다. 액추에이터는 마찬가지로 ECU에서 전원을 공급받을 때에
만 작동해야 한다. 이제 이 시스템은 안전하다고 할 수 있을까?

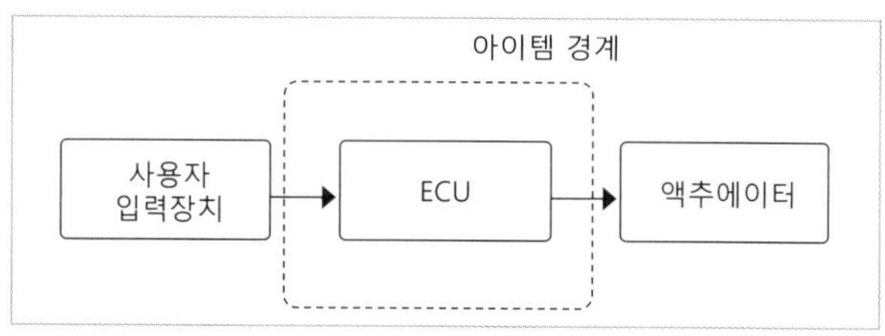

그림 4-1 사용자 입력에 따라 스위치가 조정되는 시스템

시스템이 안전한지를 살피려면 단일 고장 지점과 다 고장 지점을 알아야 한
다. 단일 고장 지점이란 결함이 한 군데에서 발생하면, 그 결함이 곧바로 시스
템의 고장으로 연결되는 것이다. 이에 반해 다 고장 지점이란 결함이 한 군데
에서 발생하면 시스템이 고장 나지 않고, 여러 군데에서 결함이 발생해야 고
장이 발생하는 경우를 말한다. 예제로 살펴본 시스템에서 사용자 입력장치에
서 고장이 생긴다면 어떨까? 어떤 이유로 사용자가 19를 입력했는데도 스위
치가 열리지 않았다고 해보자. 이 결함 때문에 이 시스템은 바로 고장을 일으
킨다. 즉 11 이상인데도 스위치가 닫혀있기 때문에 액추에이터가 작동할 수
있고, 이 때문에 고장이 발생해 사고가 일어날 수 있다. 바로 이 시스템에는
단일 고장 지점이 있다. 그렇다면 이 시스템을 지금보다 더 안전하게 만들려
면 어떻게 해야 할까?

단일 고장지점을 다 고장지점으로 변경하면 된다. 그림 4.2처럼 안전 스위치
하나를 더 달면 된다. 이 안전 스위치는 10 이하일 때만 닫힌다. 따라서 이 시
스템이 고장 나기 위해서는 기존의 사용자 입력 장치에 결함이 발생하고, 새
롭게 추가한 스위치에도 결함이 발생해야 한다. 두 가지 결함이 동시에 발생
해야 이 시스템이 고장 나기 때문에 다 고장 지점으로 시스템이 변경된 셈이
다. 최초의 시스템의 요구사항을 살펴보자.

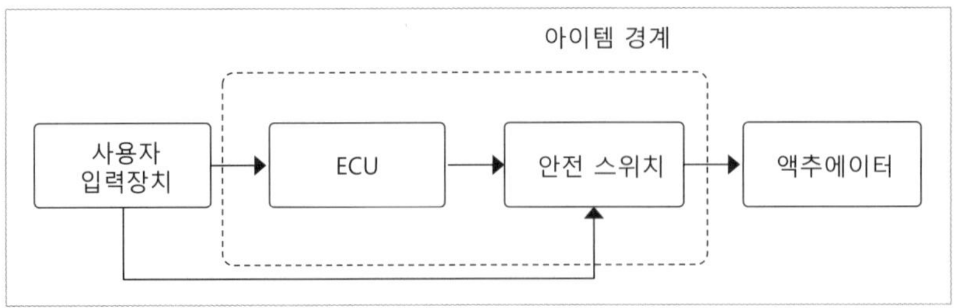

그림 4-2 안전 스위치를 추가한 시스템

- 요구사항 A1: 사용자 입력 장치는 ECU에 정확한 입력 정보를 전달해야 한다.: ASIL C
- 요구사항 A2: 사용자 입력이 10 이하일 때만 액추에이터 ECU에 전원을 공급해야 한다.: ASIL C
- 요구사항 A3: 액추에이터는 액추에이터 ECU에서 전원을 공급받을 때만 작동해야 한다.: ASIL C

3개의 요구사항이 있었고 각 요구사항에는 ASIL C가 할당된 셈이다. 안전 스위치를 다는 경우, 시스템의 요구사항은 바뀌게 된다. 여기서는 다음과 같이 요구사항이 바뀌었다고 해보자.

- 요구사항 B1: 사용자 입력 장치는 ECU에 정확한 입력 정보를 전달해야 한다. → ASIL C
- 요구사항 B2: 사용자 입력이 10 이하일 때만 액추에이터 ECU에 전원을 공급해야 한다. → ASIL A
- 요구사항 B3: 사용자 입력 장치는 안전 스위치에 정확한 속도로 정보를 전달해야 한다. → ASIL C
- 요구사항 B4: 사용자 입력이 11 이상일 때는 안전 스위치는 반드시 열려 있어야 한다. → ASIL B
- 요구사항 B5: 액추에이터는 액추에이터 ECU에서 전원을 공급받을 때만 작

동해야 한다. → ASIL C

- 요구사항 B6: 액추에이터 ECU와 안전 스위치는 반드시 독립적으로 구현돼야 한다. → ASIL C

시스템을 구성하는 요소가 늘어났기 때문에 기능안전 요구사항도 늘어났다. 여기서 상위의 요구사항을 받아 하위의 요구사항으로 나뉘면서 ASIL 분해가 일어난다. 즉 같은 ASIL을 부여받을 수도 있지만 적절하게 ASIL을 나눔으로써 시스템을 구현하는 엔지니어링 비용이 줄어든다. 이렇게 하려면 몇 가지 요구사항을 만족해야 한다. 일단 새롭게 추가한 요소는 기존의 요소와 다른 식으로 설계해야 한다. 같은 방식으로 설계한다는 것은, 설계상의 동일한 결함이 있을 때 고장이 발생할 수 있다는 뜻이다.

ASIL 분해를 사용하면 각 아이템에 사용하는 엔지니어링 기술의 수준이 낮아지기 때문에, 각 아이템에서 에러가 발생할 기능성은 높아지지만 ASIL 요구사항이 낮아지고 아이템이 다양해지므로, ASIL 분해를 적용했을 수준으로 에러가 발생할 것이다. 예제에서 ECU와 안전 스위치를 개발하면서 적용되는 엔지니어링 기법은 기존의 것보다 수준이 낮아서 ASIL 분해가 되면서 ECU와 안전 스위치 사이에서 에러가 많이 발생할 수 있다. 하지만 두 요소를 도입함으로써 다양성이 증가하기 때문에 전체적으로 동일한 수준의 에러가 있게 된다.

지금까지 살펴본 내용을 정리하면 다음과 같다. HARA 분석으로 시스템의 ASIL을 결정한다. 시스템에 리스크를 발생하는 다양한 위험을 없애는 최상위 안전 목표에서 파생된 안전 요구사항과, 이 안전 요구사항을 다시 시스템 요구사항으로 상세화한다. 시스템 요구사항은 시스템 설계를 사용해 소프트웨어, 하드웨어의 부품(요소)으로 구현되고, 시스템 요구사항이 소프트웨어, 하드웨어 요구사항으로 할당된다. 이렇게 할당받은 소프트웨어 요구사항을 상세화하면서 앞서 설명한 ASIL 분해를 적용한다.

소프트웨어 요구사항을 상세화하고 ASIL 분해를 끝냈다면 그다음으로 요구사항을 담아내는 소프트웨어 아키텍처를 설계한다. 기능안전을 만족하는 소프트웨어 아키텍처 설계나 일반적인 소프트웨어의 아키텍처를 설계하는 작업이나 모두 소프트웨어 아키텍처를 설계하고 설계된 아키텍처의 요소에 소프트웨어 요구사항을 할당하는 활동이라는 점에서 동일하다. 다만 기능안전 관점에서 결함을 모니터링하고, 결함을 발견했을 때 처리하는 기능 몇 가지를 추가하라는 사항이 있다. 이런 것을 본다면, 기능안전에서 아키텍처 설계는 일반적인 소프트웨어의 그것과 그다지 차이가 없다.

하지만 기능안전에서는 작성된 소프트웨어 아키텍처에 잠재적인 결함이 없는지 분석하는 안전분석을 반드시 수행해야 한다. 기능안전에서는 귀납적인 방식과 연역적인 방식의 안전분석을 하는데, 소프트웨어에서는 귀납적인 방식의 안전분석인 소프트웨어 FMEA를 수행한다. 소프트웨어 FMEA를 설명하기 전에, 일반적인 FMEA에 대해 알아보자. FMEA이란 설계 결함단계에서 제품의 잠재적인 결함을 발견해 제거하는 분야에서 사용하는 방법이다. 다음의 예제로 FMEA에 대해 살펴보자(표 4.6 참조).

표 4.6 소프트웨어 FMEA 예제

아이템	결함	고장	원인	심각도	발생 확률	감지 가능성	RPN
자동 급수 장치	수위를 감지하지 못함	물이 넘침	1. 수위 센서 단선 2. 수위 센서 단락	8	5	2	80

우선 FMEA를 수행할 아이템이나 기능을 선정한다. 여기서는 자동 급수 장치를 예로 들겠다. 선정한 아이템(기능)에 대해 어떤 식으로 고장날 수 있는지, 즉 결함Failure mode을 기술한다. 하나의 아이템(기능)에서 여러 개의 결함이 나올 수 있다. 여기서는 '수위를 감지 못한다'는 결함이 생길 수 있다. 그다음으로

결함 때문에 발생할 수 있는 고장^{Failure effects}을 기술한다. 즉 '수위를 감지 못한다'는 결함 때문에 결과적으로 '물이 넘침'이라는 고장이 발생한다. 다음으로 결함이 발생할 수 있는 원인^{cause}을 분석한다. '수위를 감지 못함'에는 다양한 이유가 존재할 수 있다. 여기서는 '수위 센서 단선 · 단락'이 주요 원인으로 분석했다.

지금부터는 위험 관리나 HARA에서 식별한 리스크의 우선순위를 정하기 위해 발생확률, 감지 가능성(제어 가능성), 심각도를 산출했듯이 식별한 결함의 심각도, 발생확률, 감지 가능성을 계산한다. 우선은 결함이 얼마나 심각한 영향을 주는지, 심각도를 정한다. 대개 1은 영향이 없고 10은 가장 큰 영향을 준다고 가정한다. 결함이 얼마나 자주 발생할 수 있을지를 분석한다. 1은 거의 일어나지 않는 것이고, 10은 일어날 가능성이 매우 높다. 결함이 일어났을 때 발견할 수 있는 가능성을 분석한다. 1은 항상 발견할 수 있는 것이고, 10은 발견할 가능성이 매우 낮은 것이다

이렇게 계산된 심각도, 발생확률, 감지 가능성을 사용해서 RPN^{Risk priority number}을 계산한다(RPN = severity×occurrence×detection). 위험 관리와 HARA에서 그랬듯이 FMEA도 이렇게 계산된 RPN 가운데 특정 값을 넘은 것은 집중적으로 관리한다.

소프트웨어 FMEA도 일반적인 FMEA와 거의 동일하다. 심각도, 발생확률, 감지 가능성을 구하는 정량적인 FMEA보다 결함과 이 결함 때문에 발생될 수 있는 잠재적인 고장을 식별하고, 결함을 제거하는 설계안을 도출하는 정성적인 FMEA를 많이 사용한다. 소프트웨어 FMEA는 크게 소프트웨어 아키텍처 설계 단계와 소프트웨어 단위 설계 단계에서 사용한다. 여기서는 소프트웨어 아키텍처 단계에서 FMEA를 적용하는 방법을 살펴보자.

소프트웨어 FMEA를 살펴보기 전에 소프트웨어의 주요 결함으로는 어떤 것이

있는지 알아보자. 소프트웨어에서 결함은 일견 난센스처럼 보인다. 예를 들어 고주파 차단필터^{LPF low pass filter} 기능을 수행하는 소프트웨어 기능이 있을 때, 이 기능의 결함으로는 LPF가 작동하지 않을 수 있다. 만약 LPF가 작동하지 않는 결함이 개발 시점에 발견된다면 수정해서 실제 필드에는 버그가 없는 LPF가 배포될 것이다.

따라서 SW의 결함은 잠재적으로 없다. 하지만 FMEA를 수행하기 위해 SW 기능에는 그런 결함이 존재할 수 있다고 가정하고 수행한다고 생각하면, 이런 난센스가 해결된다. 즉 결함이 있을 때 SW 아키텍처가 그 결함을 적절하게 처리할 수 있는지 살피는 게 SW FMEA의 핵심이다. SAE ARP 5580을 보면 결함을 총 6가지로 정의한다. 이 가운데 ISR과 관련된 것은 2가지다.

- 실행되지 않는 결함
- 불안전하게 실행되는 결함
- 실행 타이밍이 불안전해서 생기는 결함(활성화 타이밍이 적절하지 않거나, 무한 루프에 빠지는 경우)
- 에러가 발생하는 결함
- 리턴되지 않아서 낮은 우선순위의 인터럽트가 실행되는 것을 막는 경우
- 올바르지 않은 우선순위를 리턴하는 경우

후방주차 시스템을 사용해 간단한 SW FMEA를 수행하자. 여기서 살펴보는 예제는 SW FMEA를 위한 것이기 때문에 후방주차 시스템은 이와는 다르게 구성될 수 있다. 후방주차 시스템의 소프트웨어 아키텍처를 설계하기 위해 DFD를 사용해 그림 4.3과 같이 2레벨까지 기능 흐름을 분석했다고 가정하자. 1.1.1 LPF를 대상으로 고장 분석을 적용해 보자. SAE의 권고사항에 따라 결함을 적용해 보면 1.1.1 LPF에는 다음과 같은 결함이 발생할 수 있다.

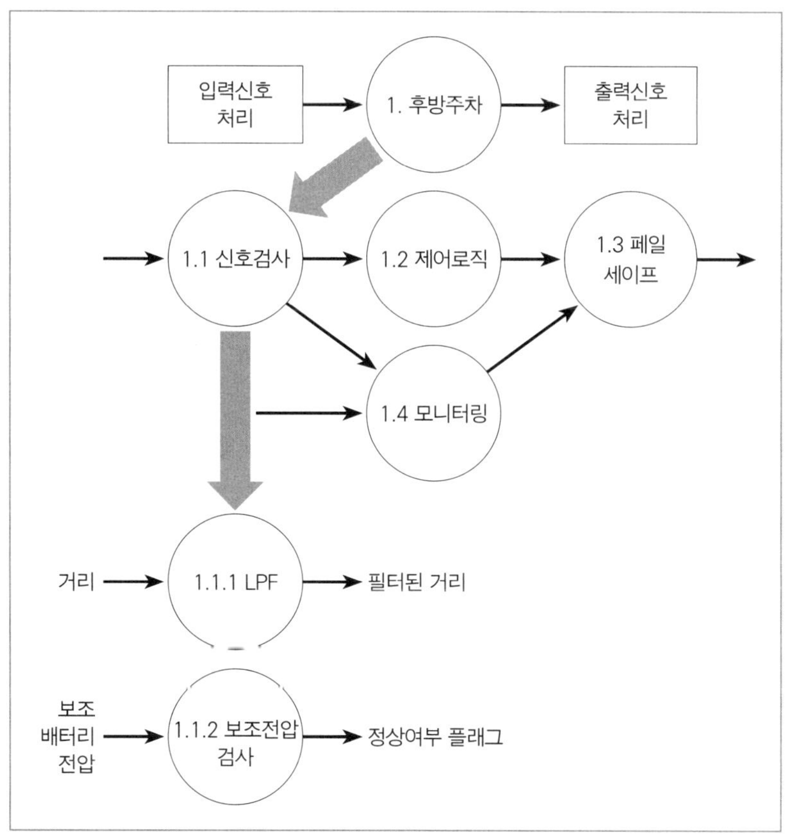

그림 4-3 후방주차 시스템의 아키텍처 설계

- LPF가 실행되지 않음
- LPF가 끝까지 실행되지 않음
- LPF가 느리게 실행됨
- LPF가 빨리 실행됨
- LPF 실행 시 에러가 발생함

이 결함은 상위 기능인 1.1 신호 검사에 영향을 미친다. 즉 하위의 결함이 상위 모듈에 영향을 주는 것이다. 각 결함으로 1.1 신호 검사에 어떤 고장이 발생할 수 있는지 살펴보면 다음과 같다.

'LPF가 실행되지 않음', 'LPF가 끝까지 실행되지 않음', 'LPF가 느리게 실행됨'의 결함 때문에 1.1 신호 검사에는 이전 수행 시간에서 계산된 거리가 유지될수 있으며, 'LPF가 빨리 실행됨', 'LPF 실행 시 에러가 발생함' 때문에는 LPF된거리가 왜곡되는 고장이 발생한다. 1.1 신호 검사는 결과적으로 하위의 모듈때문에 이전 수행 시간에서 계산된 거리가 유지돼, 거리가 왜곡되는 문제가발생한다. 이 고장을 정리하자면 자동차가 후진하고 있을 때 장애물과의 실제거리가 달라진다는 문제가 발생한다. 말하자면 실제 거리보다 계산한 거리가더 멀다면, 후방 주차 시 장애물과 부딪치는 경우가 발생한다. 즉 1.1 신호 검사의 결함 때문에 소프트웨어 아키텍처에 해당하는 1 후방주차는 충돌이 발생하지만 인식하지 못하는 고장이 발생한다.

SW FMEA에서 원인-결함-고장의 관계가 있다. 이 개념은 상대적이다. 앞서살펴봤듯이 1.1 신호검사의 고장은 1.1.1 LPF의 결함에서 발생한다. 하지만 관점을 1 후방 주차로 옮겼을 때는 1.1 신호 검사의 고장에 해당하는 게 1 후방주차의 관점에서는 결함에 해당한다.

이상의 내용을 정리해 일반적인 SW FMEA 포맷으로 정리하면 표 4.7과 같이된다. 고장과 결함을 식별했다면 다음으로는 이 결함을 제거하는 대책을 수립한다. 여기서는 LPF가 제대로 동작되지 않아서 생기는 고장이었기 때문에, LPF가 제대로 동작하는지 모니터링 모듈을 추가 설계하는 것으로 했다.

표 4.7 SW FMEA 결과 정리

1차 아이템	결함	고장	원인	2차 기능	필요 조치
1.1 신호검사	이전 타임의 LPF된 거리를 유지	충돌이 발생하지만 주차 시스템이 인식하지 못한다.	LPF가 실행되지 않음, LPF가 끝까지 실행되지 않음, LPF가 느리게 실행됨	1.1.1 LPF	LPF 모니터링 로직을 추가해 LPF의 이상 작동 여부를 검사한다.

(이어짐)

1차 아이템	결함	고장	원인	2차 기능	필요 조치
1.1 신호검사	LPF된 거리의 왜곡 현상	충돌이 발생하지만 주차 시스템이 인식하지 못한다.	LPF가 빨리 실행됨	1.1.1 LPF	LPF 모니터링 로직을 추가해 LPF의 이상 작동 여부를 검사한다.

DFD로 표현한 아키텍처 설계문서를 사용해 간단하게 소프트웨어 SW FMEA를 살펴봤다. 소프트웨어를 구조적 방법으로 설계하거나 객체지향 방법으로 설계하거나, 사용하는 표기법에 따라서 얻는 산출물이 달라질 수 있다. 하지만 기본적으로 소프트웨어 아키텍처에서 안전 분석을 할 최소 단위를 설정하고, 해당 요소에서 상위로 고장 분석을 수행하는 방법은 동일하다. 이런 특성 때문에 SW FMEA를 귀납적인 방법이라고 부른다.

04 | 7 소프트웨어 개발과 검증

안전 분석을 사용해서 소프트웨어 아키텍처의 문제점을 분석·보완하는 작업까지 완료되면 소프트웨어 아키텍처 설계도 끝난다. 이후 작업은 소프트웨어 단위를 설계하고 구현하는 단계다. 이 단계는 일반적인 소프트웨어 개발과 큰 차이가 없다. 다만 앞서 설명했듯이 자동차 도메인에서는 모델 기반의 개발 방식을 많이 사용하기 때문에 특정 ASIL에서는 이 방법을 사용해서 설계·구현해야 한다는 점이 다르다.

구현까지 완료했다면 남은 작업은 소프트웨어 단위 검증, 소프트웨어 통합 검증, 소프트웨어 확인으로 이어지는 작업이다. 검증 측면에서도 일반적인 소프트웨어 개발과 기능안전의 소프트웨어 개발에서 사용하는 검증 방법은 다르지 않다. 다만 ASIL에 따라서 사용해야 하는 테스트가 정해져 있다는 점에서 차이가 난다. ASIL에 따라 사용해야 하는 검증 방법을 정리하면 표 4.8과 같다.

표 4.7 단계별 필요한 검증 방법　　　(구분: ++ 필수, + 권고, o 해당사항 없음)

단계	분류	방법	ASIL			
			A	B	C	D
소프트웨어 요구사항 분석	검토	인스펙션	++	++	++	++
소프트웨어 아키텍처 설계	설계 검증	워크스루	++	+	o	o
		인스펙션	+	++	++	++
		동적 특성 시뮬레이션	+	+	+	++
		프로토타입 생성	o	o	+	++
		형식 검증	o	o	+	+
		제어 흐름 분석	+	+	++	++
		데이터 흐름 분석	+	+	++	++
	통합 테스트 케이스 추출	요구사항 분석	++	++	++	++
		동등 분할	+	++	++	++
		경곗값 분석	+	++	++	++
		에러 추측	+	+	+	+
소프트웨어 단위 설계 및 구현	설계 검증	워크스루	++	+	o	o
		인스펙션	+	++	++	++
		정형 검증	o	o	+	+
		제어 흐름 분석	+	+	++	++
		데이터 흐름 분석	+	+	++	++
	단위 테스트 추출	요구사항 분석	++	++	++	++
		동등 분할	+	++	++	++
		경곗값 분석	+	++	++	++
		에러 추측	+	+	+	+
소프트웨어 단위 구현	단위 구현 검증	정적 코드 분석	+	++	++	++
소프트웨어 단위 검증	단위 검증	요구사항 기반 테스트	++	++	++	++
		인터페이스 테스트	++	++	++	++
		결함 주입 테스트 (Fault injection test)	+	+	+	++
		자원 사용 테스트 (Resource usage test)	+	+	+	++

(이어짐)

단계	분류	방법	ASIL			
			A	B	C	D
		모델 기반 코드 테스트(Back-to-back comparison test between model and code)	+	+	+ +	+ +
소프트웨어 통합 및 통합 검증	통합 검증	요구사항 기반 테스트	+ +	+ +	+ +	+ +
		인터페이스 테스트	+ +	+ +	+ +	+ +
		결함 주입 테스트 (Fault injection test)	+	+	+ +	+ +
		자원 사용 테스트 (Resource usage test)	+	+	+	+ +
		모델 기반 코드 테스트(Back-to-back comparison test between model and code)	+	+	+ +	+ +
소프트웨어 검증	소프트웨어 요구 사항 검증	HILS	+	+	+ +	+ +
		차량 네트워크 기반 시뮬레이션	+ +	+ +	+ +	+ +
1.1 신호검사	LPF된 거리의 왜곡 현상	실차 테스트	+ +	+ +	+ +	+ +

참고도서와 문헌, 인터넷 자료

참고문헌

ISO 262626 Functional Safety Part 1, Part 3, Part 4, Part 6, Part 10 (ISO 국제 표준)

EAST-ADL

자동차는 수많은 부품이 유기적으로 결합된 시스템이다. 이런 복잡한 시스템을 효과적으로 개발하기 위해서 시스템 엔지니어링이 필요하다. 아울러 시스템 엔지니어링을 사용해서 다양한 이해당사자들이 의사소통하고, 이 과정에서 다양한 엔지니어링 산출물을 만들어내기 위해 시스템 아키텍처를 체계적으로 관리하는 프레임워크가 필요하다. 이번 장에서는 시스템 아키텍처 프레임워크란 무엇인지 간단히 살펴보고, 자동차 분야에서 사용되는 시스템 아키텍처 프레임워크인 EAST-ADL에 대해서도 알아본다.

05 1 시스템 아키텍처의 정의와 역할

2, 3장에서 살펴봤듯이 시스템 개발은 상당히 복잡하다. 말하자면 시스템 개발 시에는 단품을 개발할 때와 달리 다수의 구성요소 사이에 기능을 어떻게 분배하고 분배된 기능들이 어떻게 상호작용하는지, 아울러 시스템에 부과되는 요구사항을 어떻게 구조화하는지 등 다양한 엔지니어링 정보를 종합하고 체계화할 수 있어야 한다. 기계, 전자, 재료의 복합체인 자동차 시스템을 효과적으로 만들려면 개발을 체계적으로 진행하는 방법과 그 과정에서 만들어지는 산출물을 효과적으로 관리할 수 있어야 한다. 이런 역할을 하는 것이 바로 시스템 아키텍처System Architecture라 할 수 있다. 즉 시스템 아키텍처는 시스템이 어떻게 작동하는지를 설명하는 프레임워크이며, 시스템 목적을 달성하려고 시스템의 각 컴포넌트가 무엇이며 어떻게 상호작용하는지, 정보가 어떻게 교환되는지를 설명한다. 시스템 아키텍처는 개발하려는 시스템의 내부/외부 환경과의 관계를 정의하며, 요구사항을 추출하고 시스템 구성 요소에 대한 설계 및 구현을 지원한다.

시스템 개발 측면에서 아키텍처의 역할을 요약하면 다음과 같다.

- 시스템 정의 시 복잡도 완화
  - 시스템을 바라보는 이해당사자의 다양한 관점을 분리함
  - 시스템에서 하부 시스템으로 모듈화해 복잡도를 완화함
  - 정보 은닉을 사용해 시스템을 추상화함

- 시스템 이해당사자와 의사소통을 가능하게 함

- 시스템 개발 프로세스 및 개발의 체계화
  - 프로젝트 계획과 업무의 조직화
  - 개발업무의 분해와 통제. 즉 시스템 개발 업무를 프로세스 단계에 따른 독립된 세부 태스크로 분리
  - 시스템 기능에 대한 초기 검증
  - 시스템 통합에 대한 방안 제시

- 재사용성
  - 시스템 정의 콘셉트, 구성요소, 아키텍처 산출물 재사용 가능
  - 아키텍처와 시스템 특성을 기초로 기존 컴포넌트의 재사용 가능

05 2 아키텍처 프레임워크

시스템 아키텍처를 이용해 시스템을 기술할 때 '시스템을 어떻게 기술하는가?'의 표현의 문제와 기술된 시스템 정보 간 관계 정의가 필요하다. 이를 수행하는 것이 아키텍처 프레임워크다. 아키텍처 프레임워크는 시스템을 기술하는 방법을 정의하며, 시스템을 표현하는 개별 정보의 구성 방법과 산출물을 정의한다. 아울러 이를 지원하기 위한 공통된 용어와 표준의 집합체라 할 수 있다.

대표적인 시스템 아키텍처 프레임워크로서 미국 국방부에서 개발한 DoDAF

라는 게 있다. 무기체계는 다양한 컴포넌트와 인력, 기간 시설을 결합해 완성하는 복잡한 시스템이다. 따라서 무기체계를 성공적으로 개발하기 위해서 시스템을 기술하는 방법이 체계적으로 수립되고 활용돼야 한다. 이런 이유로 국방 쪽에서는 오래 전부터 시스템 아키텍처 프레임워크를 개발해서 사용해왔다.

DoDAF 사례로 본 아키텍처 프레임워크의 이해

DoDAF는 미국 국방부에서 개발한 국방 분야의 아키텍처 프레임워크다. 각 군 및 국가 단위의 연합 작전 수행 시 상호운용성 보장을 위해 고안됐다. DoDAF를 사용해서 국방 무기/비무기 시스템들이 어떻게 동작하고, 어떤 정보가 교환되는지를 표현할 수 있으며, 시스템을 기술하기 위해 작성해야 하는 표준 산출물과 그 역할을 정의할 수 있다. DoDAF의 개략적 구성을 정리하면 다음과 같다.

● 시스템 기술을 위한 뷰 모델

DoDAF는 시스템을 기술하기 위해 8개의 뷰 모델을 제공한다. 이런 뷰 모델을 사용해 시스템 표현의 누락을 방지하고 이해당사자들이 원하는 뷰 모델을 선택적으로 조회할 수 있도록 한다. 새로운 미사일을 도입할 때는 다양한 이해당사자들이 참여한다. 새로운 무기를 개발하는 과정을 관리해야 하는 프로젝트 관리자나 새롭게 만든 미사일을 실전에 배치해 운영해야 하는 부서도 있다. 이런 다양한 이해당사자들은 새로운 미사일 체계에 대해 서로 다른 관점(view point)을 갖고 있다. DoDAF는 이런 다양한 뷰 포인트를 8개로 정리했고, 이 가운데서 자신에게 맡는 관점에서 시스템 개발 과정에 참여할 수 있다.

● 프로젝트 뷰포인트

● 역량 뷰포인트

● 운영 뷰포인트

● 서비스 뷰포인트

● 시스템 뷰포인트

● 표준 뷰포인트

● 데이터 및 정보 뷰포인트

● 전체 뷰포인트

이 뷰포인트들은 표 A와 같이 다시 세부 뷰로 전개해서 각 뷰를 구체화한다. 예를 들어 프로젝트 관리자가 프로젝트 뷰포인트를 선택했다면, 이 사람은 전체 프로젝트가 어떤 관련성이 있는지, 시간에 따라서 어떤 결과물이 산출돼야 하는지, 프로젝트를 수행하는 데 제대로 된 역량을 확보하고 있는지 살펴야 한다. 이런 것들은 프로젝트 뷰포인트에 할당된 PV-1 프로젝트 포트폴리오 관계, PV-2 프로젝트 타임라인, PV-3 프로젝트대 역량 간 관계의 모델을 사용해서 수행할 수 있다.

표 A DoDAF V2.0 모델

뷰 모델	모델
전체 뷰포인트	AV-1: 전체 및 요약 정보 AV-2: 전체 용어집
역량 뷰포인트	CV-1: 비전 CV-2: 역량 분류 CV-3: 역량 단계 CV-4: 역량 의존 CV-5: 역량 대 조직 개발 간 관계 CV-6: 역량 대 운영 활동 간 관계 CV-7. 역량 대 서비스 간 관계
데이터 및 정보 뷰포인트	DIV-1: 개념 데이터 모델 DIV-2: 논리적 데이터 모델 DIV-3: 물리적 데이터 모델
운영 뷰포인트	OV-1: 상위 수준 운영 개념 그래픽 OV-2: 운영 자원 흐름 설명 OV-3: 운영 자원 흐름 매트릭스 OV-4: 조직 관계도 OV-5a: 운영 활동 분해도 OV-5b:운영 활동 모델 OV-6a: 운영 규칙 모델 OV-6b: 상태 전이 설명 OV-6c: 이벤트 추적 설명
프로젝트 뷰포인트	PV-1: 프로젝트 포트폴리오 관계 PV-2: 프로젝트 타임라인 PV-3: 프로젝트 대 역량 간 관계
서비스 뷰포인트	SvcV-1 서비스 매락 설명 SvcV-2 서비스 자원 흐름 설명 SvcV-3a 시스템-서비스 매트릭스 SvcV-3b 서비스-서비스 매트릭스 SvcV-4 서비스 기능 설명 SvcV-5 운영 활동 대 서비스 추적 매트릭스

(이어짐)

뷰 모델	모델
서비스 뷰포인트	SvcV-6 서비스 자원 흐름 매트릭스 SvcV-7 서비스 측정 매트릭스 SvcV-8 서비스 진화 설명 SvcV-9 서비스 기술 및 기능 예측 SvcV-10a 서비스 규칙 모델 SvcV-10b 서비스 상태 전이 설명 SvcV-10c 서비스 이벤트 추적 설명
표준 뷰포인트	StdV-1 표준 프로파일 StdV-2 표준 예측
시스템 뷰포인트	SV-1 시스템 인터페이스 설명 SV-2 시스템 자원 흐름 설명 SV-3 시스템-시스템 매트릭스 SV-4 시스템 기능 설명 SV-5a 운영 활동 대 시스템 기능 추적 매트릭스 SV-5b 운영 활동 대 시스템 추적 매트릭스 SV-6 시스템 자원 흐름 매트릭스 SV-7 시스템 측정 매트릭스 SV-8 시스템 진화 설명 SV-9 시스템 기술 및 기능 예측 SV-10a 시스템 규칙 모델 SV-10b 시스템 상태 전이 설명 SV-10c 시스템 이벤트 추적 설명

● 각 뷰의 표현을 위한 표현 표현방법 가이드

DoDAF는 뷰 모델에서 정의한 뷰의 표현을 위해 도표(diagram)와 정보표현에 대한 가이드라인을 제공하는데 이는 표 B와 같이 요약된다.

표 B DoDAF 형식으로 분류한 모델

VP \ 카테고리	표	구조	거동	관계	분류	그림	타임라인
전체	AV-1				AV-2		
역량	CV-1	CV-4		CV-6 CV-7	CV-2		CV-3 CV-5
운영	OV-3	OV-2 OV-4	OV-6a OV-6b OV-6c		OV-5	OV-1	
시스템	SV-6 SV-7 SV-9	SV-1 SV-2	SV-4 SV-10a SV-10b SV-10c	SV-3 SV-5a SV-5b			SV-8
표준	StdV-1 StdV-2						
데이터 및 정보		DIV-1 DIV-2 DIV-3					
서비스	SvcV-6 SvcV-7 SvcV-9	SvcV-1 SvcV-2	SvcV-4 SvcV-10a SvcV-10b SvcV-10c	SvcV-3a SvcV-3b SvcV-5			SvcV-8
프로젝트		PV-1		PV-3			PV-2

표 B에서 카테고리에 해당하는 모델외 도표 형식은 다음과 같다.

- 표(Tabular): 표 형식으로 데이터를 정리

- 구조(Structural): 아키텍처의 구조적인 요소를 기술하는 다이어그램

- 거동(Behavioral): 아키텍처의 구성요소 중 시스템 거동 (또는 프로세스) 요소에 대한 흐름 정보를 제공

- 관계(Mapping): 아키텍처를 구성하는 서로 다른 유형의 정보 간의 매핑 관계를 제공

- 분류(Taxonomy): 아키텍처 표현에 사용하는 용어와 데이터 간의 상관 관계를 표현

- 그림(Pictoria): 자유형식의 그림으로 뷰를 표현하며 운용개념 또는 시나리오를 설명할 때 주로 사용됨

- 타임라인(Timeline): 시계열 형식의 표현으로 시스템 진화, 주요 개발 마일스톤 등 일정계획과 관련된 것을 표현

아키텍처 프레임워크는 추상화 정도에 따라서 메타 모델링 아키텍처 프레임워크, 공통 아키텍처 프레임워크, 특정 도메인 아키텍처 프레임워크로 나뉜다. 시스템을 개발할 때 사용하는 아키텍처 프레임워크는 특정 도메인 아키텍처 프레임워크다. 자동차 분야에서 대표적인 특정 도메인 프레임워크로는 이번 장에서 살펴보는 EAST-ADL이 있다. 이런 특정 도메인 아키텍처 프레임워크를 정의할 때는 범용적으로 사용할 수 있는 공통 아키텍처 프레임워크를 가져다가 세부적인 내용을 추가하거나 정의한다. 그럼 메타 모델링 아키텍처 프레임워크란 무엇일까? 시스템 개발과 별도로 아키텍처 프레임워크의 개념을 어떻게 수립할지를 정의해 놓은 것이다. 즉 공통 아키텍처 프레임워크나 특정 도메인 아키텍처 프레임워크에는 시스템 개발과 관련된 엔지니어링 측면이 나오지만 메타 모델링 아키텍처 프레임워크는 무엇으로 만들어지는지에 대한 추상적인 담론을 다룬다. 각 프레임워크에 대한 세부적인 내용을 살펴보자.

[5.2.1] 메타 모델링 아키텍처 프레임워크

개발하려는 시스템의 구성요소와 복잡도가 증가할수록 해당 시스템은 이해하기가 더욱 어려워진다. 이러한 시스템의 복잡성을 줄이려고 '뷰'와 '뷰포인트'를 통해 시스템을 구성한다. 메타 모델링 아키텍처 프레임워크Meta Modeling Architecture Framework는 일반적인 아키텍처 기술 방법에 널리 적용되는 '아키텍처 뷰architecture views', '관심사항concerns', '관점view points'의 관계를 사용해 설명한다. 메타 모델링 아키텍처 프레임워크는 이해당사자의 관심사항에 적합한 관점으로 일반적인 언어Informal Descriptions, 수식이나 형식적 표현식Formal Descriptions, 다이어그램, 그래픽 요소, 표 같은 시각적 표현방법을 사용하여 관심 있는 시스템에 대한 범위를 포함한 시스템 뷰를 정의한다.

공통 아키텍처 프레임워크^{Common Architecture Framework}는 시스템 기술에 필요한 개념을 정의한다. 이는 시스템을 기능적 아키텍처^{Functional Architecture}, 논리적 아키텍처^{Logical Architecture}와 기술적 아키텍처^{Technical Architecture}로 정의되는 3개의 추상화 계층을 정의하고 이에 따라 시스템을 분리한다.

공통 아키텍처를 구성하는 3가지 아키텍처 뷰는 다음과 같다. 기능적 아키텍처는 '블랙박스'의 관점에서 전체 시스템을 기술한다. 기능적 아키텍처는 '사용자 기능^{User Function}' 요소, 말하자면 사용자가 시스템을 사용할 때 이용하는 기능 흐름으로 정리한 것이다. '사용자 기능'은 하드웨어에 대한 특성을 배제한 채 시스템 외부로 제공되는 시스템 기능에 대한 분해^{Functional Decomposition}, 시스템에 대한 요구사항^{Textual Requirement}, 기능 분해를 해서 식별되는 I/O 요소(신호, 이벤트, 메시지)를 표현하는 '시그너처'로 구성된다. 이 기능적 아키텍처를 통해 시스템을 구성하는 각 계층화된 기능이 어떻게 배치되는지 알 수 있다.

논리적 아키텍처는 '화이트 박스'의 관점에서 전체 시스템을 기술한다. 기능적 아키텍처에서 제공되는 기능을 달성하기 위해 시스템을 다수의 '논리적 컴포넌트^{Logical Component}'로 분해하고 각 컴포넌트 간의 상호작용과 협력관계를 표현한다. 여기서 분해된 논리적 컴포넌트는 시그너처, 시스템 로직, 동작을 표현하는 '거동'으로 구성되며, 차량의 경우 논리적 컴포넌트는 ECU의 소프트웨어 또는 기계적 장치, 메카트로닉스 장치이 형태로 구현된다.

기술적 아키텍처는 실행관점에서 전체 시스템을 기술한다. 논리적 아키텍처에서 구체화한 논리적 컴포넌트들이 주어진 하드웨어 플랫폼에 어떻게 통합되는지를 표현하며, '실행시간 모델^{Runtime Model}', '할당^{Allocation}', '하드웨어 토폴러지'라는 3가지로 구성된다.

[5.2.3] 특정 도메인 아키텍처 프레임워크

메타 모델링 아키텍처 프레임워크, 공통 아키텍처 프레임워크는 아키텍처 정보에 대한 일반적인 구성요소와 방법론을 설명한다. 이러한 일반적인 방법으로 차량 시스템을 표현하려면 몇 가지 추가적인 요소를 고려해야 한다. 예를 들면 공통 아키텍처 프레임워크의 기능적 뷰포인트는 기계적 기능 중심의 상호작용, 인터페이스, 동작, 기능 분석과 함께 전기·전자와 소프트웨어에 융합된 기능 분석을 고려해야 한다.

기술적 뷰포인트의 경우에는 전기·전자 하드웨어 부품의 표현 이외에도 상위 부품 체계로 조립하기 위한 구조, 열역학, 진동, 기계적인 가변을 포함한 부품의 동작을 고려해야 한다. 또한 차량의 하부 시스템 간의 정보교환을 위한 정보 뷰포인트, 운전자를 중심으로 차량과 주행 환경의 표현을 위한 '운전자/차량 운행 뷰포인트^{Driver/Vehicle Operations Viewpoint}'가 고려돼야 한다. 이 밖에도 기능 안전, 보안, 에너지 등 자동차 제조업체를 중심으로 수직적 가치 사슬로 정의되는 요소의 표현을 위한 뷰포인트가 필요하다. 이러한 이유로 자동차 도메인에 특화된 아키텍처 프레임워크^{Domain-specific Architecture Framework}가 필요하며, AUTOSAR 및 EAST-ADL은 이 범주에 포함되는 아키텍처 프레임워크로 볼 수 있다.

> **특정 조직 아키텍처 프레임워크**
>
> 자동차 분야에 특화된 아키텍처 프레임워크에 따라 개발하려는 차량 시스템에 대한 아키텍처 작업을 수행하더라도 자동차 업체별로 개발에 따른 차량 개발 절차, 분석방법, 도구 같은 개발 환경이 다르므로 이에 따른 아키텍처 작성 방법을 수정해야 한다. 즉 자동차 제조업체 특성에 맞는 차량 아키텍처의 실제화를 위해서는 '특정 도메인 아키텍처 프레임워크'에 대한 테일러링이 수행돼야 하고, 최종 테일러링된 아키텍처 프레임워크가 특정 조직 아키텍처 프레임워크(Organization-specific Architecture Framework)다.

  자동차 분야의 아키텍처 EAST-ADL

EAST-ADL[1]은 EC FP7[2]의 일환으로 2008~2010년까지 수행된 EU-CAR 프로젝트의 하부 프로젝트(ATESST 2)의 산출물이다. 이는 자동차 분야에 특화된 모델기반 시스템 엔지니어링 활동을 지원하기 위한 아키텍처 프레임워크로, 자동차 개발에 수반되는 엔지니어링 정보를 조직화하고 표현하는 방법을 제공한다.

모델 기반 시스템 엔지니어링

기존의 전통적인 문서 기반 시스템 엔지니어링 방법을 사용한 시스템 개발은 개발 산출물의 추적 관리가 제한되며, 개발에 참여하는 이해당사자와 개발자 사이에서 잦은 의사소통 문제를 일으켰다. 이러한 문제를 해결하려고 시스템의 개념설계 단계부터 폐기에 이르는 전 수명주기에 걸친 시스템 요구사항 수립, 설계, 분석, 기능 검증의 각 단계별 엔지니어링 산출물을 모델로 규격화하고 이를 지원하는 엔지니어링 활동인 모델 기반 시스템 엔지니어링(MBSE, Model Based System Engineering)이 대두했다.

특히 모델기반 시스템 엔지니어링을 활용해 시스템을 개발하면, 다양한 전산지원 도구를 활용할 수 있게 돼 설계 정보의 효율적 관리가 가능하며, 검증과 확인활동(V&V)에 대응한 요구사항과 검증 간 추적이 쉬워져 개발 효율성을 높이고 개발 리스크를 줄일 수 있다. 모델기반 시스템 엔지니어링은 현재 관련 표준이 공표돼 다양한 산업분야에 도입되고 있으며, 2020년 까지는 산업계 및 학계에 일반화될 것으로 예측된다.

EAST-ADL은 크게 '시스템 모델'과 '확장 모델' 두 가지로 구성된다. EAST-ADL의 시스템 모델은 차량이 운전자를 포함한 이해당사자에게 제공하는 특성을 달성하기 위해 시스템이 제공해야 하는 기능과 구성품을 통합 수준에 따라 4개 추상화 계층으로 정의한다.

---

1 EAST-ADL: Electronic Architecture & Software Technology – Architecture Description Language
2 EC FP7: European Commission Framework Program, Phase 7

그림 5-1 EAST-ADL의 구조

시스템 모델은 차량이 제공하는 기능을 개발하기 위한 기능 분석에 초점을 맞춘다면, 확장 모델의 경우 시스템 모델에서 개발하려는 기능을 완성하기 위해 보조적으로 검토해야 하는 기술 항목들의 모델링에 초점을 맞추고 있다. 확장 모델의 구성은 다음과 같다.

표 1 EAST-ADL 확장 모델

확장 모델	역할
운영환경 모델링	E/E 시스템 아키텍처가 운용되는 환경에 대한 모델링을 지원
검증과 확인	E/E 시스템 모델에 대응한 요구사항을 만족하는지를 확인하는 V&V의 모델링 지원
가변성 모델링 (Variability Modeling)	차량 모델의 제품군 대응을 위해 필요한 특성 가변성 모델링을 지원하고 분석, 설계, 구현 레벨에서 갖춰야 할 기능 변이에 대한 모델링 지원

(이어짐)

확장 모델	역할
요구사항 모델링 (Requirement Modeling)	차량 특성을 만족하기 위한 E/E 시스템 기능의 분석 레벨에 따른 개발 요구사항 모델링과 요구사항 간의 관계 모델링을 지원
타이밍 모델링 (Timing Modeling)	시스템 구성요소에 따른 타이밍 요소를 표현하고 분석을 지원하기 위한 모델링
거동 모델링 (Behavior Modeling)	시스템의 모드, 특정 기능의 동작(예, 동기/비동기 수행, 수행주기에 따른 세부 TASK 등)과 이와 관련된 에러 동작에 대한 모델링
신뢰성 모델 (Dependability Modeling)	기능 안전 표준인 ISO 26262 대응을 위한 모델링을 요소를 지원하며 플러그인을 활용한 안전성 분석 기법과의 통합 분석 지원

EAST-ADL과 타 모델링 기법 · 표준과의 관계

차량 E/E 시스템 아키텍처를 표현하기 위해 기존의 다양한 모델링 언어 및 기법을 사용해 엔지니어링 정보를 조직화할 수 있으나 EAST-ADL은 아래와 같이 기존의 표준 · 기법의 차별성을 가진다고 할 수 있다. 개별 표준 · 기법과 배타적인 관계가 아니라 각 기법 · 표준을 차량 E/E 시스템 표현에 적합하도록 통합 · 보완한다고 할 수 있다.

표 EAST-ADL과 다른 표준과의 차별성

구분	EAST-ADL의 차별성
UML	• UML은 소프트웨어 지향적인 모델링 규약임 • EAST-ADL은 자동차 분야에 특화됐음
SysML	• SysML은 UML을 시스템 모델링에 적합하도록 재정의한 표준 • EAST-ADL은 시스템 모델링을 위해 SysML의 주요 개념을 참조했으나 자동차 도메인 지원을 위해 추가적인 요소가 적용됨
AUTOSAR	• 실제 구현과 관련된 아키텍처 메커니즘 중심 • EAST-ADL은 좀더 추상 수준에서의 시스템 기능 아키텍처에 중심을 두고 있음
차량 E/E 개발 관련 도구 (시뮬링크, 스테이트메이트, 모델리카, ASCET 등)	• 차량 E/E 개발 관련 도구들은 일반적으로 특정 개발단계에 한정해 적용되며, 호환 가능 도구 간의 데이터 교환을 지원함 • EAST-ADL은 전 개발단계에서 이러한 E/E 개발 관련 도구에서 만들어지는 엔지니어링 정보를 조직화하고 연계하는 데 초점을 둠

시스템 모델은 EAST-ADL 모델의 기장 기본 모델이자 시스템 모델을 상세화 하는 모든 모델링 요소들의 최상위 컨테이너로 차량에 탑재되는 E/E 시스템을 추상화 수준에 따라 구분하고 해당 콘셉트를 표현한다. 일반적으로 다양한 규모와 복잡성을 갖는 E/E 시스템 설계 시, 시스템의 인스턴스를 설명하기 위한 계층적 구조가 도입돼야 하는데, 시스템 모델도 E/E 시스템을 기술하기 위한 하향식의 접근을 제공해 준다. 시스템 모델은 기술 특성 모델로 표현되는 차량 레벨, 기능 분석 아키텍처로 표현되는 분석 레벨, 기능 설계 아키텍처, 하드웨어 설계 아키텍처와 둘 간의 관계를 나타내는 할당으로 표현되는 설계 레벨, AUTOSAR를 참조해 시스템의 실제적 구현을 표현하는 구현 레벨의 4가지로 구성됐다.

[5.4.1] EAST-ADL의 차량 레벨

시스템 모델에서 최상위에 존재하는 차량 레벨은 자동차 소비자를 포함한 이해당사자에게 제공되는 '차량 피처$^{Vehicle Features}$'에 대한 임의의 집합이다. 여기서 피처란 차량을 구성하는 다수의 시스템이 상호작용으로 이해당사자들에게 제공하는 차량의 기능적, 비기능적 특징 요소이며 이런 의미에서 차량은 이러한 피처의 집합이라 볼 수 있다. 차량 레벨에서 기술되는 차량 피처는 차량의 구성을 반영하도록 조직돼 있으며, 이와 관련된 요구사항·유스케이스를 포함한다.

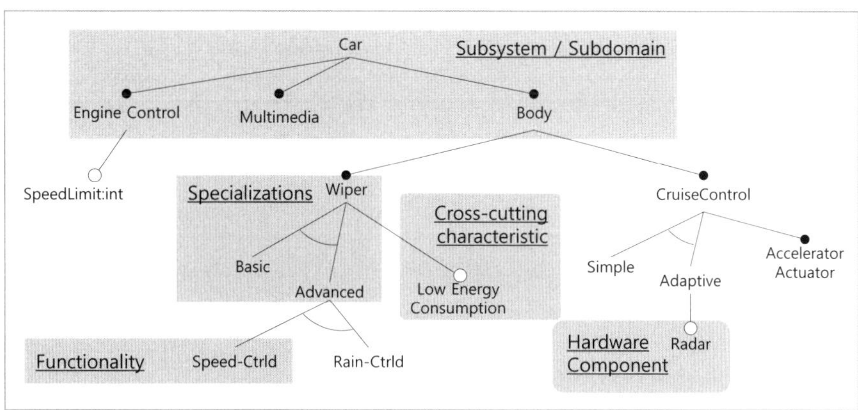

그림 5-2 차량 피처의 기본 개념

그림 5-2는 차량의 구성요소를 특성 관점에서 분해한 것이다. 이 그림에서 각
각의 노드Feature Node를 피처Feature라 볼 수 있다. 그림에서 크루즈 컨트롤Cruise
Control 노드가 Simple, Adaptive, Accelerator Actuator를 포함한 것처럼, 하나의
피처가 여러 개의 하부 피처를 포함할 수 있고(FeatureGroup), 각각의 피처들은
선으로 연결한 것처럼 어떤 연관 관계(FeatureLink)를 가진다.

차량 레벨은 모델링 엔티티 중 FeatureModel의 집합으로 구성된다. 한편 차
량 피처 모델은 차량을 구성하는 피처를 기술적 관점에서 언급하고 있다. 이
런 피처 모델을 technicalFeatureModel이라 한다. technicalFeatureModel은 차
량 레벨에서 분석 ➤ 설계 ➤ 구현 레벨을 구성하는 논리적 기능의 구성에 직
접 영향을 미치는 엔지니어링 요소다. 그러나 실제 차량을 구매하는 소비자
또는 글로벌 생산을 염두에 둬야 하는 조직에서는 이러한 기술적 부분 이외에
차량 제품군과 관련된 다른 피처 모델을 고려해야 한다. 이러한 피처 모델을
productFeatureModel이라 한다. 그림 5-3은 productFeatureModel의 예를 소
개한 것이다.

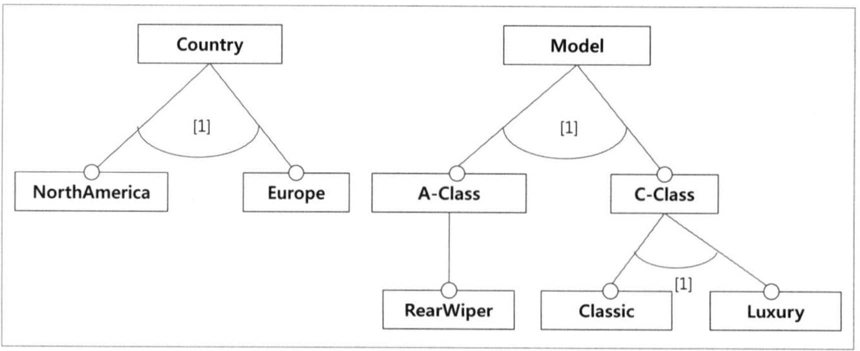

그림 5-3 productFeatureModel의 예

일반적으로 차량 레벨에서는 하나의 차량에 대해 핵심 기술 피처를 설명하는 하나의 technicalFeatureModel, 그리고 제품군 구성을 위한 하나의 productFeatureModel을 정의하는 것이 일반적이다. 차량 레벨에서 정의되는 이 두 가지 모델은 ProductDecisionModel에 의해 상호 관계가 정의된다.

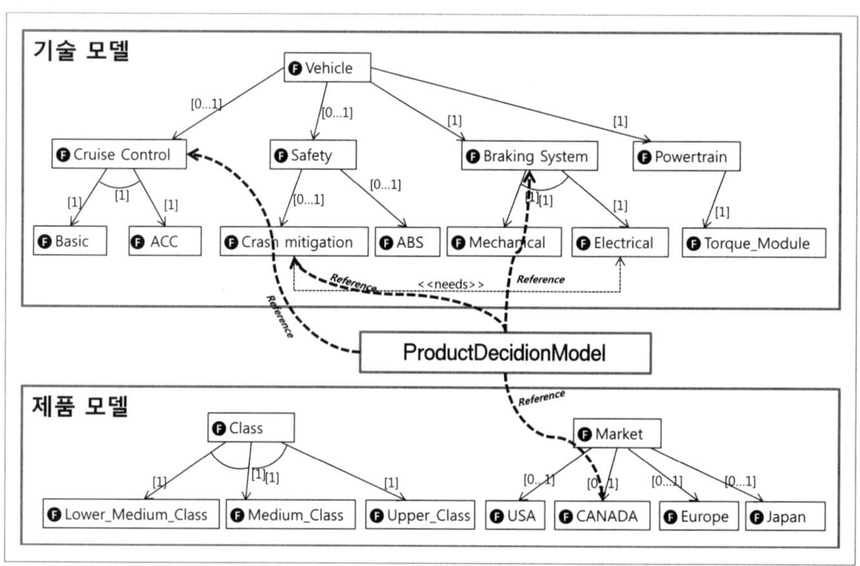

그림 5-4 vehicleFeatureModel과 productFeatureModel

그림 5-4의 제품 모델에서 캐나다에서 판매되는 자동차는 ACC[Adaptive Cruise Control]를 탑재한다고 가정하면, 해당 차량을 구성할 때 Technical Model에서 ACC와 관련된 노드 경로가 선택된다. 이 제품에 충돌회피[Crash mitigation]가 탑재되면, 그와 관련된 노드 경로가 선택된다. 즉 제품 모델과 그 제품 모델이 갖는 기술적 특성과의 참조관계가 정의되는데 이것이 바로 ProductDecision이며, 일반적으로 하나의 차량에 대해 이러한 ProductDecision은 복수로 구성되고 이 집합이 바로 ProductDecisionModel이다.

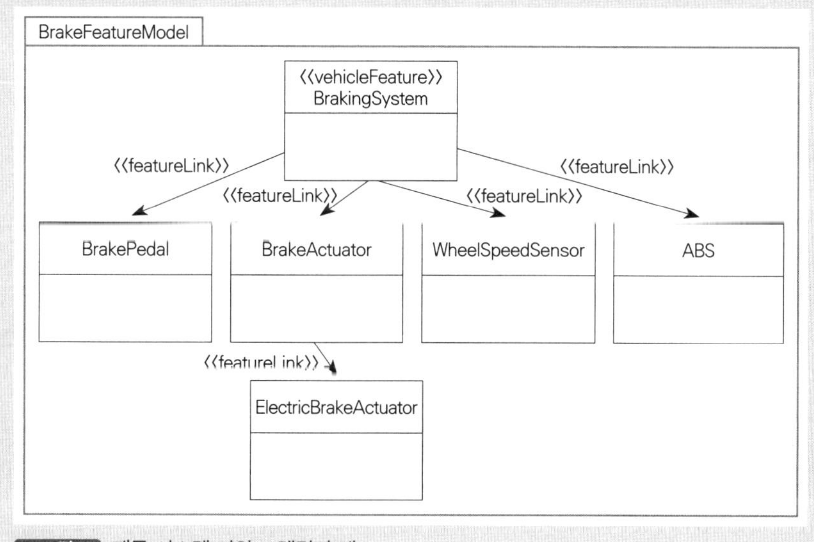

그림 제동 시스템 피처 모델링의 예

[5.4.2] EAST-ADL의 분석 레벨

분석 레벨에서는 E/E 시스템이 수행하는 개략적인 기능 구성을 기술한다. 이 단계에서는 상위 차량 레벨에서 정의한 차량 피처와 그에 따른 요구사항을 실현하기 위한 분석 기능을 도출한다. 이 단계에서 추출되는 분석 기능은 소프트웨어 및 하드웨어에 대한 구체적 식별 없이 상위 특성을 만족하기 위한 시스템의 개략적 기능과 각 기능 간의 연계성에 관심을 둔다. 그림 5-5는 제동 시스템을 위해 분석 단계에서 추출된 분석 기능 흐름을 표현한 기능 분석 아키텍처^{FAA, Functional Analysis Architecture}다.

그림 5-5에서 보듯이 FAA는 일반적으로 FunctionalDevice와 AnalysisFunction으로 구성된다. AnalysisFunction은 시스템이 수행하는 기능을 표현하기 위해 사용되는 모델링 요소며, AnalysisFunctionPrototype이 실제 인스턴스화된 부품으로, 이 개념은 AUTOSAR에서 사용된 type-prototype 패턴과 동일한 의미다. 또한 복수의 AnalysisFunction은 FunctionPort를 사용해 서로 연결돼 기능 분석 아키텍처를 구성하게 되고, AnalysisFunction은 기능을 명확하게 정의하기 위해 하위 AnalysisFunction으로 세분화해 계층구조를 가질 수 있다. 한편 AnalysisFunction의 개별 거동을 설명하기 위한 FunctionBehavior가 정의될 수 있는데, 이에 대해서는 거동 모델링 절에서 자세히 설명한다.

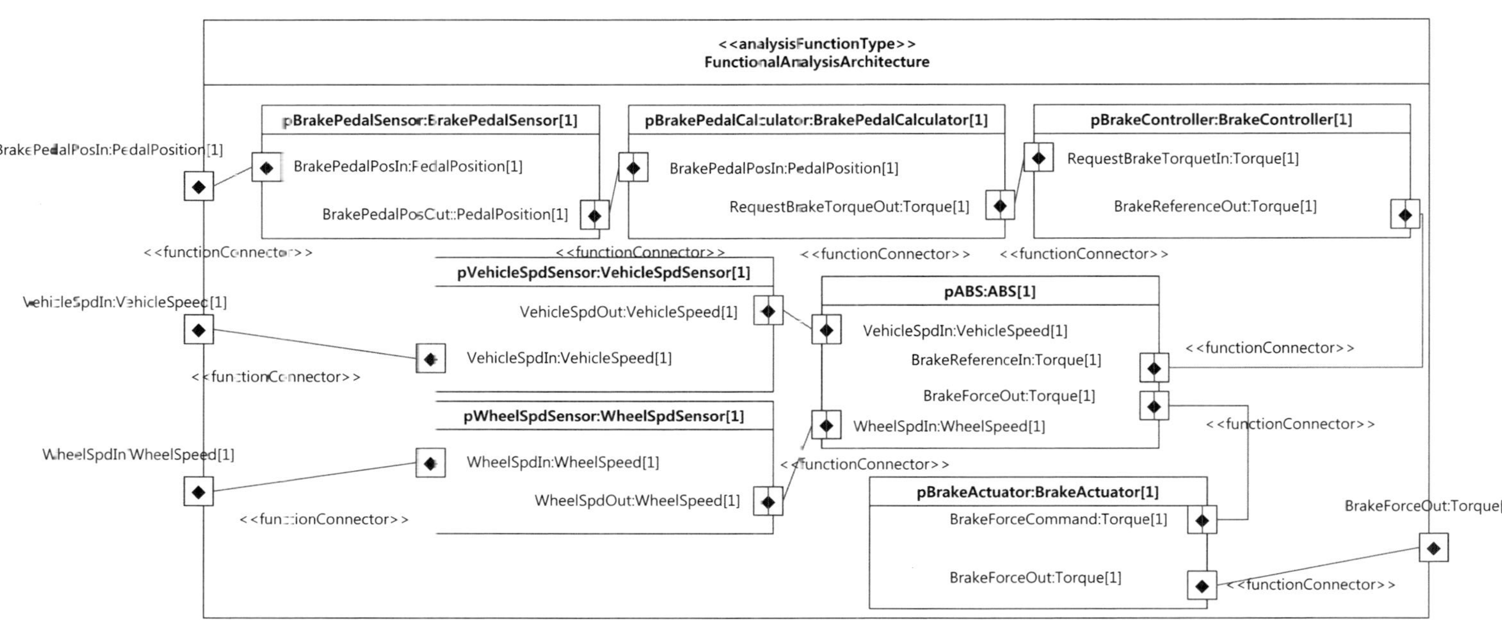

그림 5-5 제동 시스템의 기능 분석 다이어그램

FunctionalDevice는 센서, 액추에이터, 동역학과 인터페이스 소프트웨어를 캡슐화해서 추상화한 센서 또는 액추에이터다. ClampConnectors로 연결된 E/E 아키텍처와 외부 운영환경 사이의 인터페이스를 표현한다. 즉 FunctionalDevice는 앞서 설명한 AnalysisFunction과 센서, 액추에이터가 감지해 영향을 미치는 물리적 엔티티 사이의 연계를 표현하며, 시스템의 경계에 존재한다. 이러한 분석 레벨의 과정을 수행하면 개발하려는 E/E 시스템의 경계가 정의되고, 이를 통해 개발 시스템의 주요 기능 구성요소와 시스템이 동작하는 운영환경의 연계성이 정의된다. 그림 5-6은 제동 시스템과 시스템 외부의 운영환경을 표현한 다이어그램의 한 예다.

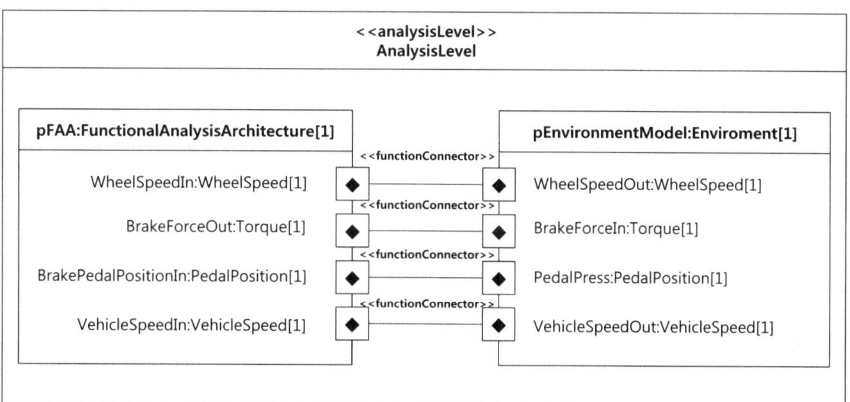

그림 5-6 제동 시스템과 외부 운용환경과 연계 관계의 표현

아키텍처 관점에서 분석 레벨

분석 레벨은 차량 레벨에서 정의한 차량 특성을 만족시키기 위해 시스템에 탑재되는 대표 기능을 식별하며, 시스템에 탑재되는 센서·액추에이터의 상세한 사양에 대한 정의 없이 주요 흐름의 관점을 표현한다는 점에서 시스템 아키텍처의 종류 중 논리적 아키텍처에 가깝다고 볼 수 있다. 하지만 기능 분석 아키텍처가 논리적 아키텍처라고 는 볼 수는 없으며, 논리적 아키텍처에 추상화된 하드웨어 기능이 반영된 아키텍처라 고 보는 것이 타당하다. 이 분석 레벨에서 정의된 기능 분석 아키텍처 구성요소에 대 한 세분화와 함께 SW/HW로의 할당관계가 정리되면 다음 절에서 설명되는 이 기능분 석 아키텍처는 비로소 설계 레벨로 전이된다.

[5.4.3] EAST-ADL의 설계 레벨

설계 레벨에서는 상위 분석 레벨에서 식별된 기능을 세분화한 시스템 기 능을 정의한 기능 설계 아키텍처와 요구하는 기능을 만족하기 위해 적용 되는 하드웨어 구성요소 간의 관계[HDA, Hardware Design Architecture]를 정의한다. 설 계 레벨에서의 HDA, FDA[Functional Design Architecture]는 DesignFunction으로 구 성되며, 이는 분석 레벨의 AnalysisFunction과 마찬가지로 DesignFunction 은 DesignFunctionPrototype이 실제 인스턴스화된 부품이며, 복수의

DesignFunction은 FunctionPort를 사용해 서로 연결된다. 다만 설계 레벨에서 DesignFunction은 분석 레벨에서 정의한 기능의 세분화에 따라 미들웨어의 추상화를 나타내는 BasicSoftwareFunctionType, 물리적 값을 논리적인 값으로 치환하는 LocalDeviceManager, 하드웨어적인 DesignFunction을 나타내는 HardwareFunctionType이 추가로 정의된다.

전압 출력을 하는 온도센서가 있다고 하자. HardwareFunctionType은 온도를 전압 출력으로 전달하는 요소를 표현하고, BasicSoftwareFunctionType은 전압이 마이크로 컨트롤러의 I/O로 중계하는 요소를 표현한다. 이 경우에서 LocalDeviceManager는 전압을 시스템 내부에서 활용되는 온도 값으로 전달하는 요소를 표현한다. 이러한 이유로 LocalDeviceManager는 그것이 표현하고자 하는 센서의 비선형 특성, 캘리브레이션과 같은 특징요소를 반영한다. 이 과정을 통해 획득된 값은 설계 아키텍처를 구성하는 DesignFunction에 의해 사용된다.

설계 레벨에서는 이러한 DesignFunction들을 사용해 분석 레벨에 대한 상세화가 이뤄지며, 이와 함께 하드웨어의 구조를 표현하는 하드웨어 설계 아키텍처가 정의된다. HDA는 HardwareComponentType으로 구성되는데 이는 크게 하드웨어 구성요소 간의 연결을 담당하는 HardwareConnector, 각 하드웨어 구성품을 표현하는 Part, 하드웨어 부품 간의 Port, 데이터 교환을 위한 bus로 구성된다. 주요 컴포넌트 요소를 정리하면 표 5-2와 같다.

표 5-2 주요 컴포넌트 요소

Extension	역할	비고
Actuator	밸브, 모터, 램프, 브레이크 유닛과 같은 전기적 요소	엔진, 유압장치류는 플랜트 모델로 고려되며 EAST-ADL의 HDA의 구성요소는 아님
HardwarePin	HDA의 구성요소를 연결하기 위한 하드웨어 포트 IOHardwarePin: 디지털, 아날로그 I/O를 위한 전기적 연결 지점 PowerHardwarePin: 전원 공급을 위해 정의된 하드웨어 핀 CommunicationHardwarePin: 통신 버스와의 연결을 표현하는 하드웨어 핀	IOHardwarePin의 경우 신호 종류에 따라 Analog, Digital, PWM 유형을 지정 가능 PowerHardwarePin의 경우 direction 속성을 활용해 에너지의 제공과 소비를 표현
Sensor	디지털 또는 아날로그 센서를 표현	Sensor는 센서 하드웨어의 물리적 전기적 측면만을 표현하며, 논리적 측면은 센서와 연관된 HardwareFunctionType으로 표현함
PowerSupply	전원 공급과 관련된 하드웨어 요소를 표현	isActive 속성을 활용해 능동전원 소자(예, 배터리), 수동전원 소자(예, 메인릴레이)인지를 구별
LogicalBus	논리적 통신채널을 표현하며 FDA를 구성하는 구성요소 간 데이터 교환을 담당	busSpeed, BusType 속성에 의해 세부 버스 유형이 지정될 수 있음
Node	ECU 노드를 표현. Node는 프로세서, 메모리 등으로 구성됨. 센서, 액추에이터와 연결될 수 있으며 BusConnector 통해 타 ECU와 통신이 가능함	executionRate, non-VolatileMemory, volatile Memory 속성에 의해 ECU 유형이 지정될 수 있음

설계 레벨의 이러한 모델링 엔티티를 활용하면 시스템에서 수행하는 기능과, 하드웨어 추상화 인터페이스, 구성 하드웨어 요소 간의 연관 관계를 설계 아키텍처로 표현할 수 있다. 그림 5-7은 제동 시스템에 이를 적용한 것이다.

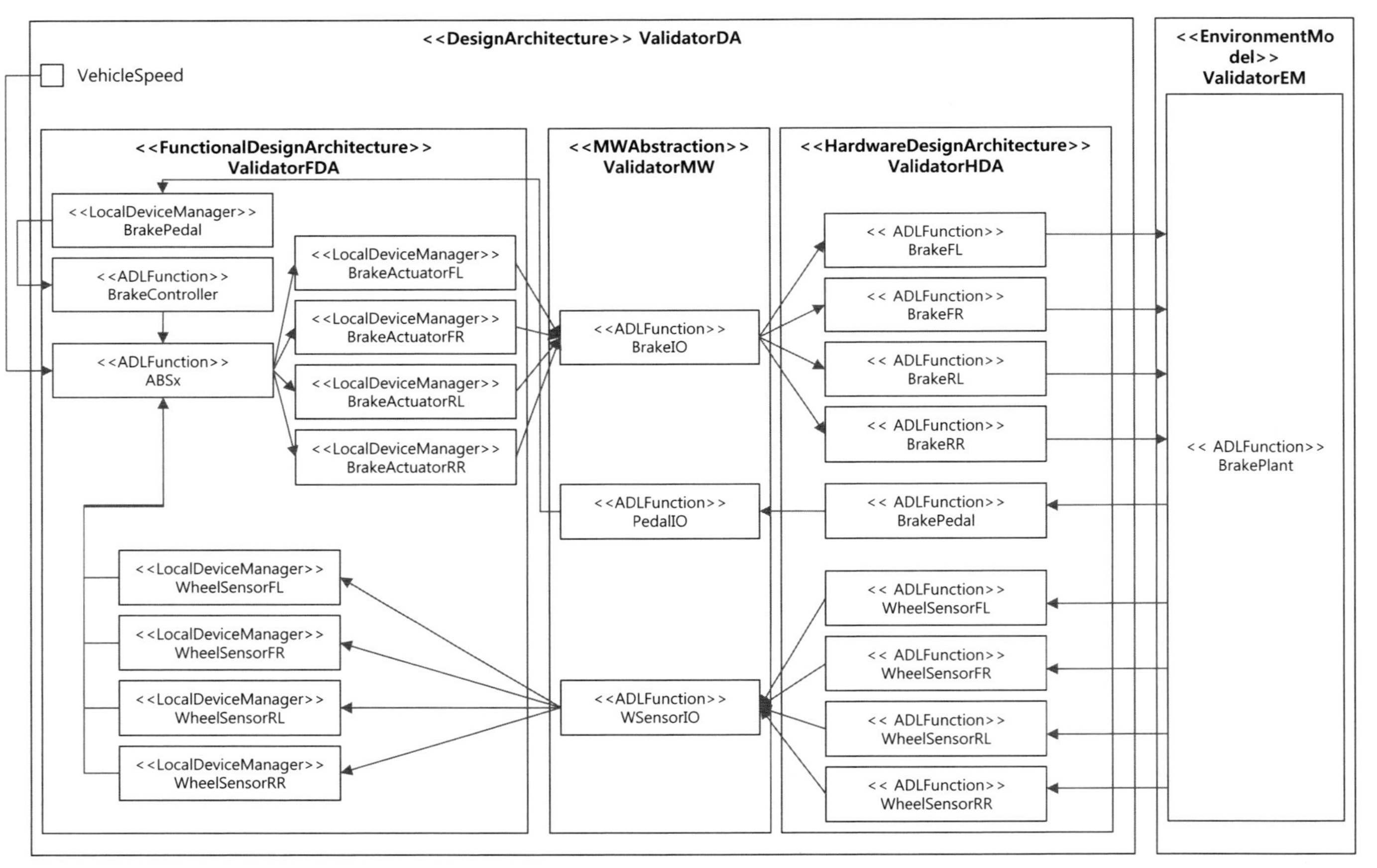

그림5-7 제동 시스템 설계 아키텍처의 예

Function Modeling

분석 레벨과 설계 레벨에서의 기능 아키텍처 작업은 세분화의 수준만 다를 뿐이지, 기능(Analysis Function, Design Function)을 정의하고 기능 간 흐름은 I/O 포트를 정의해 포트 간 연결로 나타낸다는 점에서는 동일하다. 이러한 모델링 과정이 바로 EAST-ADL의 기능 모델링(Function Modeling)이다.

[5.4.4] EAST-ADL의 구현 레벨

EAST-ADL의 구현 레벨은 기본적으로 AUTOSAR의 스펙을 준수하며, 별도 스펙은 지정돼 있지 않다. 즉 구현 레벨에서는 AUTOSAR의 규약에 따른 차량용 소프트웨어 아키텍처 및 컴포넌트, 하드웨어 아키텍처를 표현한다. 구현 레벨에서는 설계 레벨에서 정의된 DesignFunction들이 AUTOSAR SW-Component로 어떻게 할당할지를 기술한다. 이를 통해 EAST-ADL의 시스템 모델에서 정의된 시스템 기능의 추상화가 구현 레벨에 의해 실체화되고, 특성에서 물리적인 구현 레벨까지의 추적성이 확보된다고 할 수 있다.

EAST-ADL과 AUTOSAR 구성요소 매핑

EAST-ADL(차량 레벨~설계 레벨)과 AUTOSAR의 가장 큰 차이점은 EAST-ADL은 기능 아키텍처 위주의 시스템 모델이며, AUTOSAR는 실체화된 소프트웨어의 물리적 구조 중심의 아키텍처라는 점이다. 일반적으로 기능 아키텍처는 기능 관점에서 시스템을 분리해 논리적 구성유소를 식별하고 그들이 어떻게 상호 작용하는지를 정의한다면, 소프트웨어 아키텍처는 최종 산출물의 관점에서 구현되는 컴포넌트를 분해하고 식별하는 데 중점을 둔다. 이러한 의미에서 EAST-ADL에서 정의된 Function은 AUTOSAR의 Runnable 또는 Component로 매핑된다고 할 수 있다.

그림 5-8은 그림 5-7에서 소개한 제동 시스템의 기능 설계 아키텍처의 기능 요소가 구현 레벨의 AUTOSAR SW-Component와 어떻게 할당 · 추적되는지를 설명한 예다.

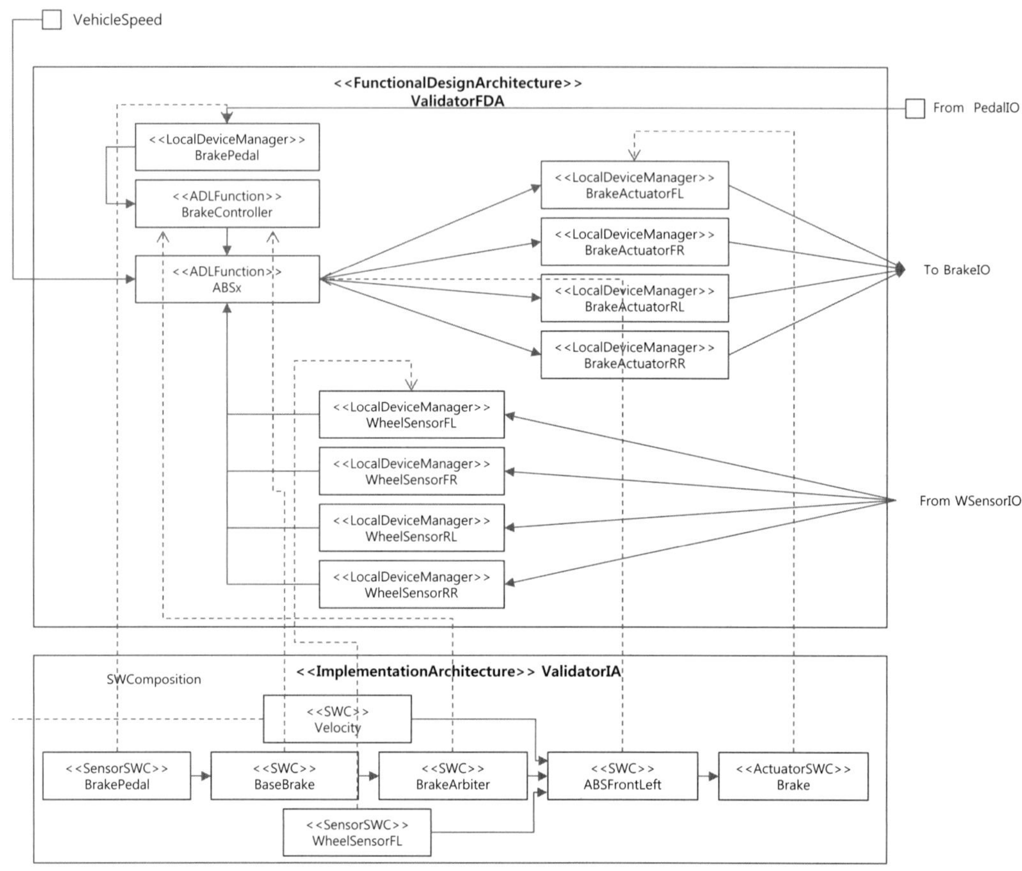

그림 5-8 제동 시스템에 대한 설계 아키텍처, 구현 레벨의 구성요소와 매핑

[5.5.1] EAST-ADL의 요구사항 모델링과 V&V

EAST-ADL은 SYSML에 기반을 둔 요구사항 모델링 방법을 제공한다. 요구사항 모델링에서는 개발하려는 시스템에 대한 요구사항 모델링과 EAST-ADL의 시스템 모델을 구성하는 각 엔티티 간의 연관관계를 정의한다. 요구사항 모델링과 관련해 요구사항 간의 관계를 정제[Refine], 파생[Derive], 충족[Satisfy], 검증[Verify]으로 정의한다

특정 E/E 시스템을 개발하기 위한 개발 요구사항을 추출하면 Requirement-Container에 의해 그룹화될 수 있다. 여기에 시스템의 운영 메커니즘을 설명하기 위한 운영 상황과 유스케이스를 결합하면 비로소 하나의 요구사항 모델이 완성된다.

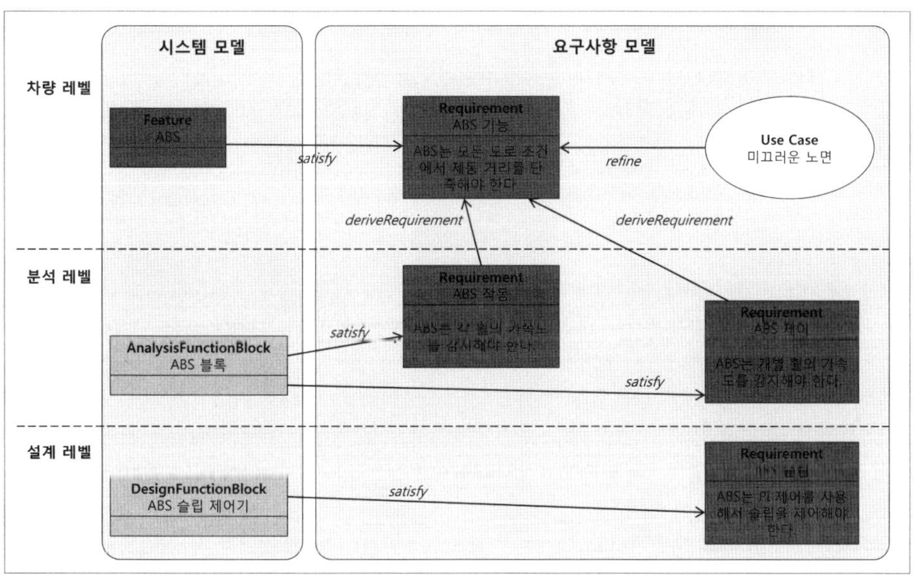

그림 5-9 요구사항의 확장전개와 EAST-ADL 추상화 수준에 따른 추적성의 예(ABS)

그림 5-9는 ABS의 요구사항 모델의 한 예다. 그림에서 보듯이 개별 요구사항 시스템 모델의 특정 구성요소를 '만족'하도록 정의되며, 이렇게 정의된 요구사항들은 각 요구사항 '정제' 및 '파생'의 관계를 가지면서 시스템 모델에서 기술한 시스템 추적성이 요구사항의 추적성에 반영돼 시스템 모델과 시스템 요구사항 모델은 상호 대칭적 구조를 갖게 된다.

또한 EAST-ADL은 요구사항 모델링을 통해 정의된 요구사항에 대해 검증을 위한 V&V 모델링을 제공한다. V&V 모델링에 의해 정의되는 요소는 △V&V 의 평가유형(예, 규격서, 설계 및 구현 리뷰, 시뮬레이션, SIL, HIL, 실차 시험)을 정의하는 VVCase, △VVCase에 따른 개별 평가절차를 정의하는 VVProcedure, △수행되는 구체적인 시험환경을 정의하는 VVTarget, △V&V 활동에 따른 결과를 정의하는 VVLog 등이 있다. 그림 5-10은 그림 5-9에서 언급한 ABSActivation 에 대한 V&V 모델링의 예다.

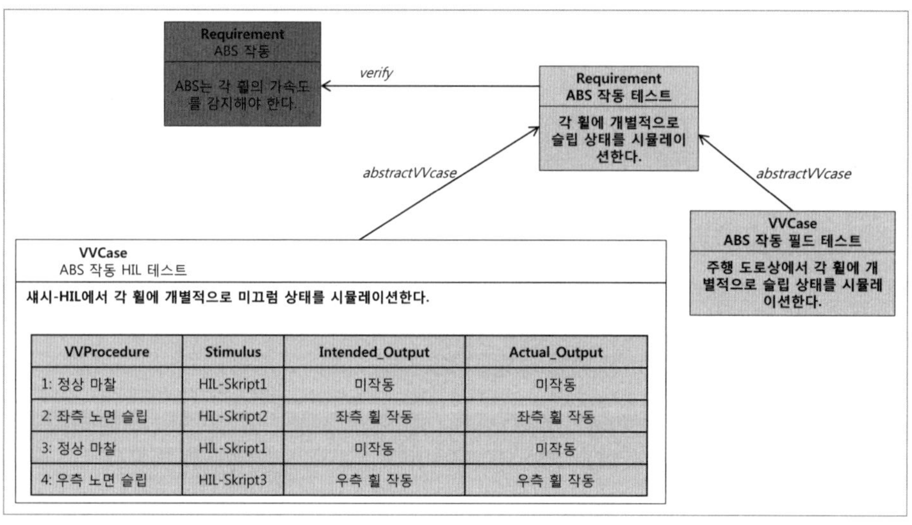

VVProcedure	Stimulus	Intended_Output	Actual_Output
1: 정상 마찰	HIL-Skript1	미작동	미작동
2: 좌측 노면 슬립	HIL-Skript2	좌측 휠 작동	좌측 휠 작동
3: 정상 마찰	HIL-Skript1	미작동	미작동
4: 우측 노면 슬립	HIL-Skript3	우측 휠 작동	우측 휠 작동

그림 5-10 EAST-ADL의 V&V 모델링 예

[5.5.2] EAST-ADL의 운영환경 모델링

EAST-ADL에서 언급되는 환경의 의미는 E/E 시스템 아키텍처가 운영되는 환경을 의미한다. 즉 EAST-ADL의 시스템 모델을 기술하는 데 있어 표현돼야 하는 E/E 이외의 요소를 표현하는 데 운영환경 모델링이 활용될 수 있다. 여기서 언급되는 E/E 이외의 요소는 개별 시스템이 센서로 측정하는 물리적 값, 혹은 이를 수식화한 물리모델이 될 수 있으며, 경우에 따라서는 다른 차량과의 통신을 가정할 수도 있다.

E/E 시스템이 참조로 하는 외부 환경요소는 개별 FunctionType으로 표현되며, ClampConnector를 사용해 EAST-ADL의 시스템 모델의 요소들과 인터페이스한다. ClampConnector 다른 커넥터와는 달리 Function 경계와 시스템 모델의 각 레벨의 구조와 상관없이 시스템 모델과 환경모델을 연결한다. 그림 5-11은

크루즈 컨트롤 시스템 표현 시 사용될 수 있는 운영환경 모델의 예다.

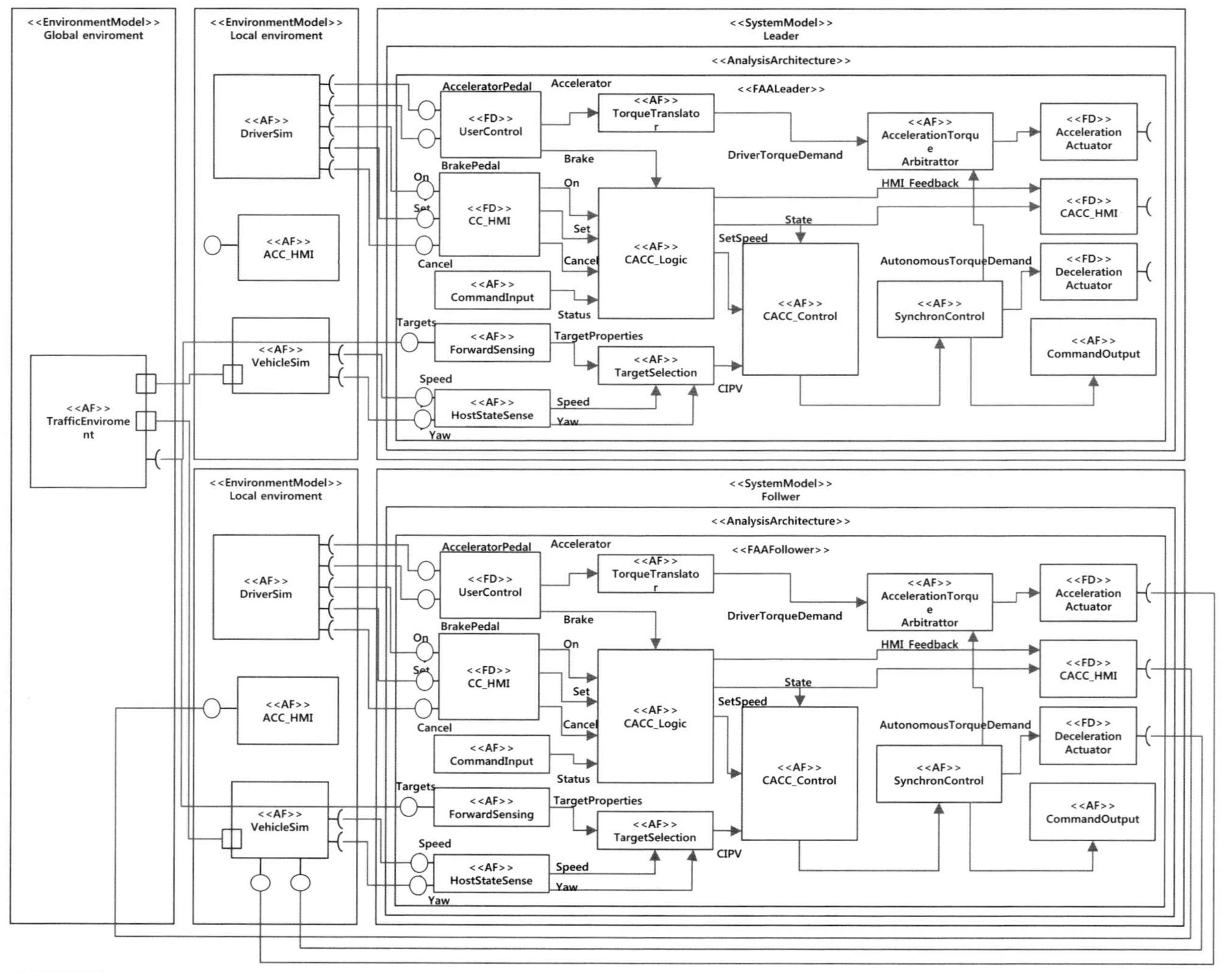

그림 5-11 운영환경 모델과 시스템 모델과의 연계(크루즈 컨트롤의 예)

그림 5-11에서는 2대의 차량에 탑재되는 크루즈 컨트롤의 시스템 모델과 시스템이 상호작용하는 운전자와 차량요소를 지역 환경 모델^{Local Environment Model}로, 교통상황을 표현하는 전역 환경 모델^{Global Environment Model}로 운영환경을 표현했다. 그림 5-11의 운영환경 모델에서 보는 바와 같이 크루즈 컨트롤 시스템 동작에 영향을 미치지만, E/E 이외의 외부 요소인 운전자의 가속, 브레이크 페달, 크루즈 컨트롤 스위치의 동작을 발생시키는 운전자 시뮬레이션 요소를 하나의 FunctionType으로 볼 수 있다. 이를 클램프 커넥터로 FAA상의 AnlaysisFunction 또는 FunctionalDevice로 연결되는 것을 확인할 수 있다.

[5.5.3] EAST-ADL의 신뢰성 모델링

EAST-ADL에서 언급되는 시스템의 신뢰성은 시스템 고장 빈도와 그로 말미암은 피해의 심각도 수준을 수용 가능한 수준으로 보장하는 시스템의 능력을 의미하며, 시스템 가용성 · 안전성 · 무결성 및 유지보수성의 개념을 포함한다. EAST-ADL의 신뢰성 모델링 패키지는 시스템의 신뢰성 확보를 위해 시스템 재난요인 분석 및 위험심사를 통해 추출되고 안전 라이프사이클 동안 추적되는 안전 요구사항에 대한 형식화와 시스템 에러 모델을 통한 결함의 전파, 그리고 안전 케이스에서 안전성의 근거에 대한 조직화를 포함하고 있다. 또한 신뢰성 모델링은 EAST-ADL의 시스템 모델과의 연계를 통해 안전 메커니즘

EAST-ADL과 안전 공학

EAST-ADL의 궁극적으로 표현하고자 하는 것은 시스템 개발에 수반되는 개발 활동과 산출물 간의 관계이다. 안전공학은 시스템 내의 재난요인을 명확하게 제거하거나 제어하기 위해, 과학 기술적 원리를 이용해서 재난사건의 원인과 거기에 따른 결과의 상태를 조사하고, 그늘의 위험을 방지 · 제어하기 위한 총제석 활동을 의미한나. 이러한 의미에서 EAST-ADL에서 작성된 기능 아키텍처는 안전 분석을 위한 기능적 구조를 제공할 수 있고, 안전 분석을 통해 획득된 안전 요구사항은 기능 아키텍처에 반영될 수 있다.

의 발굴에 따른 시스템 구조의 개선을 지원한다.

EAST-ADL의 신뢰성 모델링 패키지는 자동차 분야의 기능안전 표준인 ISO 26262의 활동 지원을 포함하고 있다. ISO 26262에서는 E/E 시스템 라이프사이클을 콘셉트 단계, 개발 단계, 양산 이후의 세 단계로 구분하고 있다. EAST-ADL의 신뢰성 모델링 패키지는 이 중 콘셉트 단계와 개발 단계에 대응된 기능안전 활동 정의를 지원하며, 시스템 모델의 4개의 추상화 계층은 각 단계의 하부 단계에 대응한 시스템 모델링에 활용될 수 있다.

> **EAST-ADL에서 지원하는 ISO 26262 모델링 엔티티**
>
> ISO 기능안전의 콘셉트 단계에서는 아이템 정의를 통해 시스템의 기능을 식별하고, 개발유형(신규개발, 기존 개발품의 수정 개발)을 결정한 후 재난요인 분석을 통해 시스템 재난요인을 식별한다. 운용상황에 대한 재난요인의 위험 심사를 수행해 ASIL 등급을 결정한 후 안전목표 및 안전상태, 안전 요구사항을 정의한다. 콘셉트 단계에 결정된 안전 콘셉트는 설계 단계에서 실제 구현을 위해 기술적 안전 요구사항으로 기술적 안전 콘셉트로 확장 전개된다. EAST-ADL에서는 기술적 요구사항의 컨테이너로서 기술적 안전 콘셉트 모델링 엔티티를 제공하고, 이를 이용해 기술적 안전 콘셉트를 모델로 표현할 수 있다.

그림 5-12는 EAST-ADL의 신뢰성 모델링과 기능안전 콘셉트의 개념을 설명한 예제다. 시스템의 아키텍처를 모델화하면 기능안전과 시스템 기능과의 정합성 확인이 쉬워진다.

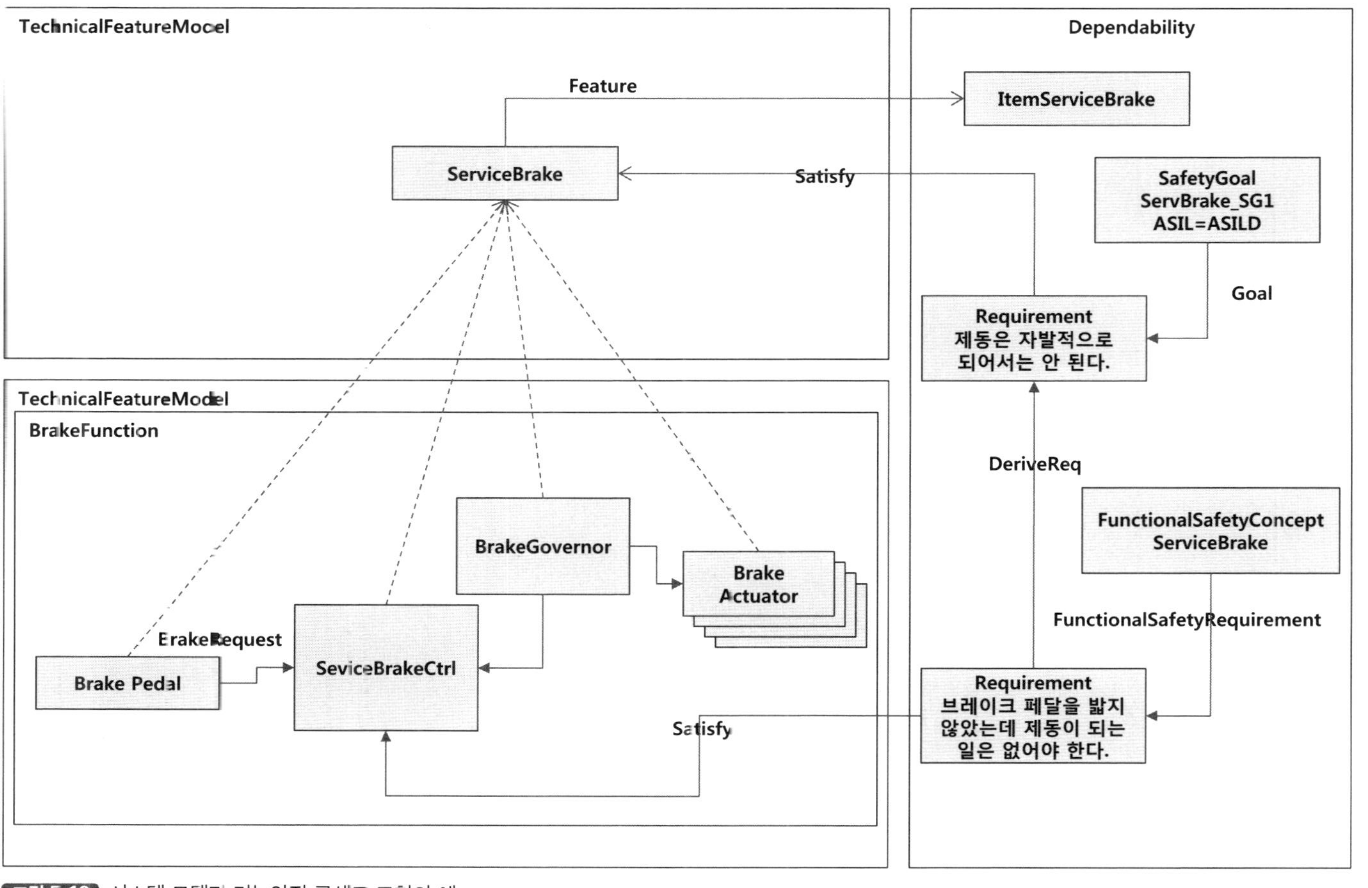

그림 5-12 시스템 모델과 기능안전 콘셉트 표현의 예

그림 5-12를 기능안전 관점에서 좀 더 살펴보면, 그림에서 보는 것과 같이 차량 레벨에서 정의되는 피처에 대응한 안전 메커니즘이 안전목표가 되고, 분석 개별 AnalysisFunction에 대응되는 안전 메커니즘이 기능안전 요구사항이 된다고 할 수 있다. 같은 이치로 EAST-ADL의 차량 레벨에서 특성요소와 분석 레벨의 AnalysisFunction이 기능안전에서 언급되는 아이템 정의로 이해될 수 있다.

[5.5.4] EAST-ADL의 가변성 모델링

EAST-ADL의 차량 레벨에서 언급한 바와 같이, 가변성 모델링은 제품군 구성에 따라 제품이 가질 수 있는 옵션사항의 변화와 공통점을 정의하는 것으로 볼 수 있다. EAST-ADL에서는 이를 위해 차량 레벨에서의 '피처 모델링', '제품 구성 결정', '멀티 레벨 특성 모델링'을 지원한다. 본 절에서는 차량 레벨에서 언급하지 않은 멀티 레벨 특성 모델링과 산출물 레벨에서의 가변의 개념 위주로 소개한다. 우선 멀티 레벨 특성 모델링에 대한 정의를 설명하기 전에, 차량 제품 개발과 관련된 두 가지 속성을 살펴보자.

첫 번째, 차량 모델의 개발은 기존 차량 특성 모델의 개정이라 볼 수 있다. 일반적으로 신규 차량 모델이 착수될 경우 해당 모델에 탑재되는 피처 모델은 신규 개발되는 것이 아니라 기존의 차량 사양을 기반으로 수행된다. 기술적인 관점에서 보았을 때 차량 분야에서의 개발의 의미는 새로운 요구사항 또는 혁신적인 기능 추가를 위해 이전 모델의 기능을 개정하는 것으로 볼 수 있다. 두 번째, 제품군 구성은 기준이 되는 차량 피처의 가변으로 구축된다. 자동차 제조업체의 차량 모델 범위를 차량 목적 및 개발 조직의 특성에 따라 몇 개의 등급으로 분류하고, 각 등급에서 차량 피처에 따른 가변으로 제품군을 구성하는데, 이를 그림 5-13의 예에서 볼 수 있다.

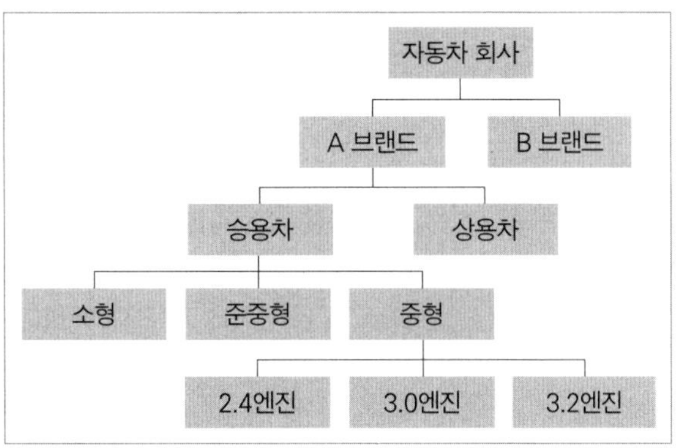

그림 5-13 제품군 구성

앞서 언급한 차량 개발의 두 가지 속성을 고려하면, 차량 신규 모델 개발을 전체 시스템에서 발생 가능한 모든 제품 가변 또는 글로벌 시장에서 기준이 되는 단일한 모델로 관리하고, 이들을 활용해 제품라인을 구성할 필요가 있다. 멀티 레벨 특성 모델은 이처럼 누 개 이상의 분리·녹립된 제품군을 전략적으로 관리하기 위한 수단이라 할 수 있다.

그림 5-14는 이러한 멀티 레벨 특성 모델의 개념을 설명한다. 그림에서 보는 바와 같이 Series Cluster를 표준적인 차량 피처 참조 모델로 정의하고, 개발하는 차량 특성을 Series A, Series B와 같이 표준 모델을 참조하고 변화 사항만을 식별한다면 제품 라인업 관리를 단순화할 수 있다. 한편 이전 절에서 상위 차량 레벨에서 정의된 차량 피처는 하위의 분석, 설계, 구현 수준으로 전이되면서 확장 전개된다고 설명했다. 이와 같은 이치로 차량 레벨에서 식별된 피처 가변에 따라 분석, 설계, 구현 수준에서 정의된 기능의 가변이 이뤄질 수 있으며, 이것이 산출물 수준에서의 가변성 모델링이다.

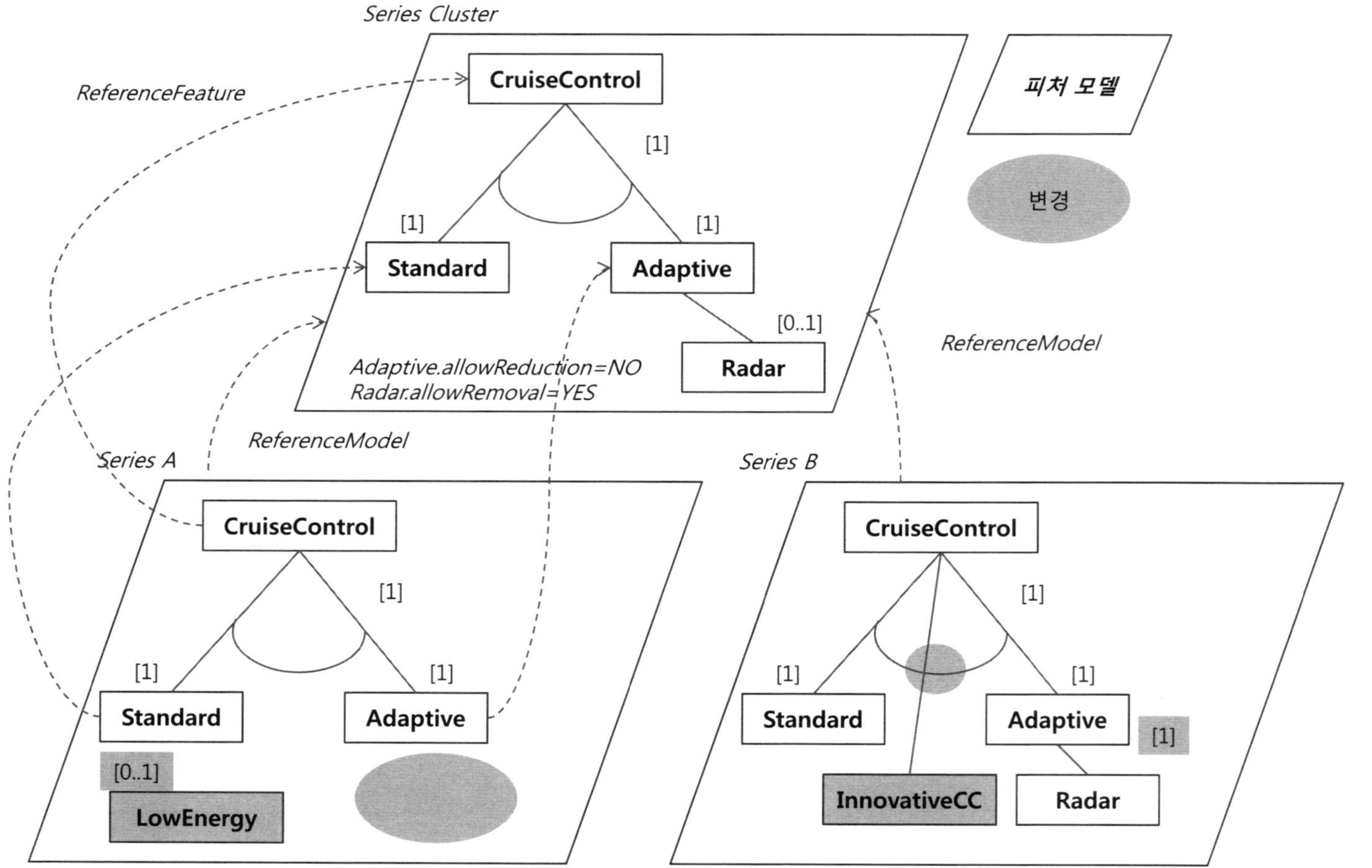

그림 5-14 특성 모델의 참조

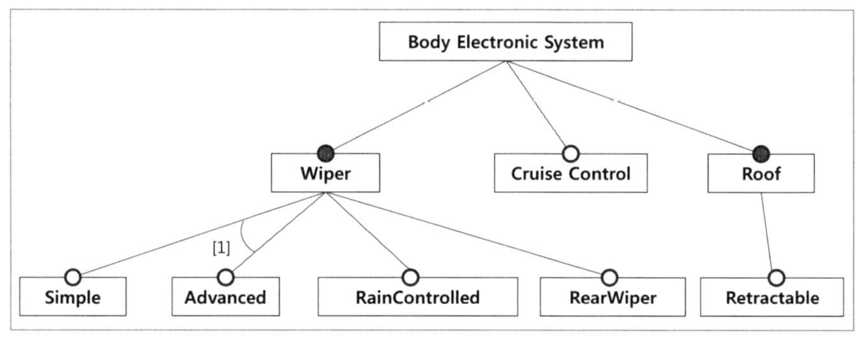

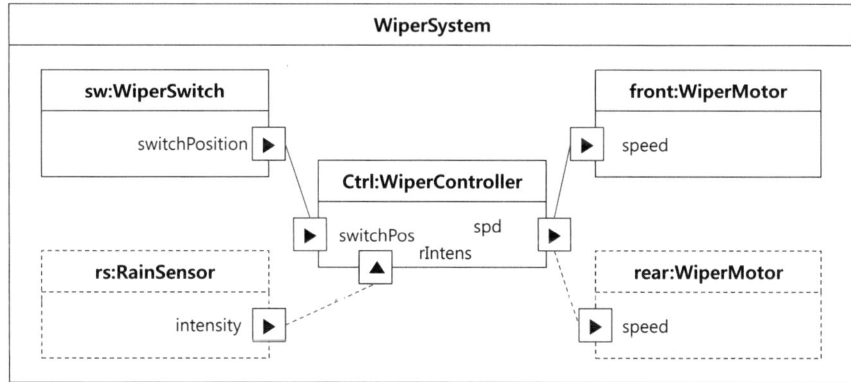

그림 5-15 피처와 산출물 수준에서의 가변성 모델링의 예

그림 5-15는 산출물 수준에서의 가변성 모델링의 예다. 위쪽 그림의 차량 피처 모델에서 와이퍼의 기능이 Simple(3단계 정도의 와이퍼 속도 선택 기능), Advanced(각 단계별 세부 속도 선택 기능)가 기본적으로 선택됐고, 레인센서에 의한 RainControlled 기능과 RearWiper가 옵션으로 들어가도록 결정됐다고 하자. 이때는 분석 레벨에서의 기능은 옵션으로 변경될 수 있음을 표현할 필요가 있다. 이 경우 그림 5-15 아래쪽 FAA 그림에서 점선으로 레인센서와 후면의 와이퍼 모터, 그리고 레인센서에서 감지되는 강수량을 표현함으로써 해당 기능은 피처 가변에 따라 가변으로 적용될 수 있음을 나타낼 수 있다. 이러한 메커니즘을 산출물 수준에서의 기능 가변성 모델링이라 할 수 있다.

[5.5.5] EAST-ADL의 거동 모델링

EAST-ADL 시스템 모델은 기능 중심으로 시스템의 이해를 돕는다. 하지만 설계와 구현단계에서는 시스템 모델만으로 시스템에 대한 설명이 불충분하다. 이를 보충하는 것이 거동 모델링이다. 즉 시스템 모델이 기능의 정적인 구조를 설명한다면, 거동 모델링은 시스템으로 입력되는 데이터에 대해 시스템 구성요소들이 어떤 계산을 수행하는지 또는 개별 기능이 타 기능에 의해 어떻게 호출되는지를 설명한 것이라 할 수 있다.

> **EAST-ADL에서 거동 실행의 가정**
>
> EAST-ADL에서 기술되는 거동은 동기적 실행을 가정한다. 즉 시스템이 어떤 기능을 실행할 때 로컬에 저장된 데이터가 아닌 포트로부터 지속적으로 제공되는 최신의 데이터를 읽는 것으로부터 시작된다. 어떤 계산을 수행하고 최종적으로 출력 포트를 통해 데이터를 출력하는 엄격한 RTC(Run To Completion) 모델을 가진다. 데이터 관리 측면에서는 블로킹이 되지 않은(non-blocking) 단일 버퍼 겹쳐 쓰기(single buffer-overwrite)를 가정한다. 이 거동의 실행은 가장 하위의 FunctionType에 대해서는 비동시적으로 실행되며, 이러한 개별 기능이 종합됐을 때 거동은 동시성을 가진다. 이를 통해 디자인 레벨과 구현 레벨이 일치하지 않는 것을 방지한다. 디자인 레벨에서는 HDA가 허용하는 한 모든 기능이 동시성을 가질 수 있다.

거동 모델링은 시스템 모델의 차량 구현 레벨에 의해 정의된 개별 요소(예, Analysis Function, Design Function)의 메커니즘을 설명하기 위한 모드, 거동, 트리거를 정의한다. 또한 다른 분석 도구(예, 시뮬링크, ASCET 등)와 시스템 모델 간의 링크가 있어서, 자동차 개발에 관련된 시스템 엔지니어링 업무와 실제 개발 업무 간의 연계 및 통합을 제공한다. 이를 활용할 경우, 자동차 제조업체와 협력업체 간의 개발 분석 업무의 독립성과 연계성 확보가 가능해 협업 개발업무에 편리하게 적용할 수 있다.

거동 모델에서의 트리거와 모드

거동은 그 거동이 어떤 시스템 모델 구성요소를 설명하는지에 대한 링크 (targetFunction)를 갖고 있다. 거동이 관련 구성요소의 동작 메커니즘을 보충하지 만, 언제 활성화되는지는 설명하지 못한다. 이를 보충하는 것이 트리거의 역할이다. 즉 거동 모델링에서 트리거란 해당 시스템 모델의 구성요소가 어떤 방식으로 활성화 되는지를 설명하는 것으로 TriggerPolicyKind로 정의된다. TriggerPolicyKind의 세 부 종류로는 이벤트에 의한 트리거, 시간에 의한 트리거 두 가지가 있다.

모드는 시스템 동작 중에 갖는 시스템, 하드웨어, 소프트웨어의 다양한 상태를 설명하 는 것으로, 각기 다른 관점에서 시스템 모델의 뷰를 제공하는 역할을 한다. 이러한 의 미에서 거동 모델링의 모드는 트리거와 거동의 논리적인 조합으로 이해할 수 있다.

[5.5.6] EAST-ADL의 타이밍 모델링

일반적으로 E/E 시스템을 개발할 때 센서, 컨트롤러, 액추에이터 사이의 기능 흐름에 대응한 시스템 타이밍을 기술해야 한다. 그러나 EAST-ADL의 시스템 모델은 기능 중심의 아키텍처이기 때문에 타이밍을 설명하는 데 제약사항이 있다. 이를 보완해 주는 요소가 타이밍 모델링 패키지다.

TIMMO 프로젝트

2004년 최초 버전의 EAST-ADL이 공개됐을 때, 타이밍과 관련된 표현 요소가 포함 돼 있지 않았다. 이러한 EAST_ADL의 단점을 개선하기 위해 EU의 ITEA에 의해 진행 되고 있던 타이밍 분석 기술 언어(TADL, Timing Augment Description Language) 프로젝트인 TIMMO(TIMing MOdel, http://www.timmo-2-use.org)의 연구 내용을 EAST-ADL2에 반영했다.

예를 들어 제동 서비스를 담당하는 E/E를 개발할 경우, 차량 레벨에서는 '운 전자가 페달을 밟으면 시스템 응답시간이 OOO msec 미만이어야 한다'는 요 구사항이 정의될 수 있다. 이러한 차량 레벨의 브레이크 특성 모델과 요구사항을 만족시키기 위해 분석·설계 수준에서는 시스템이 수행해야 하는 기능은 그림 5-16과 같이 몇 개의 기능 단위로 나뉜다. 이렇게 시스템 분해를 통한 기능단위가 식별되면, 각 요소가 타이밍 요구사항을 만족시키기 위한 시간 요소를 정의해야 하는데 다음과 같은 타이밍 요소를 고려할 수 있다.

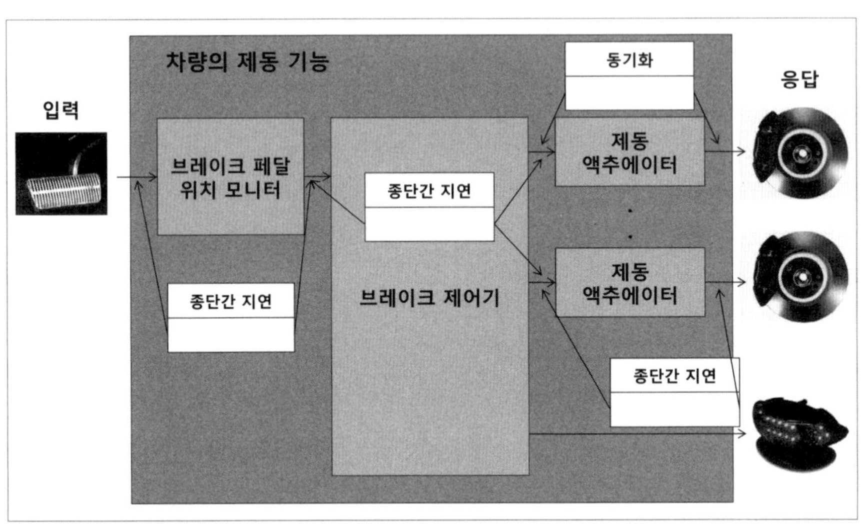

그림 5-16 시스템 모델과 연관되는 타이밍 요소의 예(제동 서비스)

첫 번째, 종단간 지연 제약사항[End-to-End Timing Constraints]을 생각할 수 있다. 이는 EAST-ADL 시스템 모델의 각 기능 블록의 종단 사이에 허용되는 지연요소다. 그림 5-16에서 운전자의 브레이크 페달 입력 값에 따른 제동력 계산을 담당하는 브레이크 제어기에서 상위 타이밍을 만족하는 시간 요소가 정의돼야 할 것이다.

두 번째, 동기화에 관한 제약사항[Synchronization Constraints]이 있다. 그림 5-16에서 보듯이 정상적인 운전상황이라면 각 바퀴에 전달되는 제동력, 제동등의 점등은 동기적으로 수행돼야 하며 타이밍 분석 시 이러한 동기화 요소가 정의돼야 할 것이다.

세 번째, 이벤트 관련 제약Event Constraints 요소가 고려돼야 한다. 이전 절의 거동 모델링에서 시스템 모델의 각 구성 요소는 트리거에 의해 활성화될 수 있고, 이러한 트리거 유형 중 이벤트 트리거 유형이 있다고 설명했다. 그림 5-16에서는 운전자가 브레이크를 밟는 것을 이벤트 트리거로 볼 수 있는데, 타이밍 관점에서는 이러한 이벤트를 얼마만큼의 시간주기를 갖고 센싱할 것인지를 정의해야 한다.

참고도서와 문헌, 인터넷 자료

참고문헌

Model-based Systems Engineering (MBSE) Initiative, INCOSE International W/S, 2011

인터넷 자료

EAST-ADL Domain Modol 명세: http://goo.gl/h52f1

6
AUTOSAR

자동차에 많은 제어기가 탑재되면서 각 제어기를 구동하는 소프트웨어를 효과적으로 개발하는 게 중요해졌다. 비슷한 기능과 비슷한 목적의 소프트웨어가 중복으로 개발되는 사례가 늘었다. 아울러 다양한 업체에서 소프트웨어를 개발한 것을 통합하는 문제가 대두하면서, 소프트웨어를 만드는 방법이나 기술에서 표준의 필요성이 커졌다. 이번 장에서 이런 이유로 탄생한 차량용 소프트웨어의 표준인 AUTOSAR에 대해 살펴본다.

06 1 AUTOSAR 등장 배경

차량용 소프트웨어를 개발하는 방법은 다음과 같다. 타깃 CPU가 결정되고 하드웨어가 꾸며지기 전에는 평가 보드evaluation board를 사용해 애플리케이션 소프트웨어 동작을 위한 기본적인 입출력 신호가 정의된 BSW를 만든다. 어느 정도 BSW가 갖춰지고 타깃 보드가 완성되면 BSW와 하드웨어를 통합해 통합 테스트를 하고, 기본적인 입출력이 제대로 전달되는지를 확인한다. 이 작업이 끝나면 ASW 담당자들이 제어 기능을 구현한다. 고전적인 개발 형태인 이 방법을 사용했을 때 다음과 같은 문제가 생겼다.

하드웨어가 바뀌었을 때는 BSW를 다시 개발해야 하는 문제다. CPU에 따라 입출력 방식이나 동작 방식이 다르므로 다른 CPU에서 동작하는 BSW를 가져다가 사용할 수 없다. 흔히 말하는 MCAL 영역에서 재작업이 필요했다. 아울러 MCAL 영역이 수정되기 때문에 서비스 계층service layer의 수정도 불가피했다. 흔히 하드웨어가 변경되면 이식을 한다고 했을 때 모든 것을 다시 개발해야 하는 상황이었다.

ASW는 하드웨어의 변경에 대응하기가 매우 쉬운 편이지만, BSW가 변경될 경우 변경된 BSW의 API를 사용할 수 있도록 소프트웨어도 변경해야 한다. 물론 변경에 들어가는 노력이 BSW보다 덜하지만, 이것 또한 무시하지 못한다.

자동차에서 소프트웨어가 차지하는 비중이 커지면서 소프트웨어 개발 시 필요한 비용이 상승했고 복잡도가 매우 높아졌다. 단일 제어기 위주로 개발이 진행되면서 고급 차종은 간단한 로직이 10개의 제어기에 분산·구현되는 경우도 생겼다. 하지만 제어기를 개발하는 협력업체가 각각 다르고 자동차 제조업체 내에서도 각 제어기를 담당하는 팀이 다르다 보니, 이런 제어기를 개발하는 프로세스도 각기 달랐다.

표준화되지 않은 소프트웨어 구조나 개발 프로세스에 의해서 발생하는 문제를 해결하고자 자동차 업체에서는 AUTOSAR라는 표준을 정립하게 됐다(아래 박스 참조).

AUTOSAR 컨소시엄 구조

AUTOSAR는 2003년 6월 자동차의 전기·전자 아키텍처에 대한 공개 표준 제정을 목표로 유럽, 일본, 미국 등이 자동차 제조업체들과 부품 제조업체들이 공동으로 참여한 협력체로 탄생했다. AUTOSAR 협력체는 3단계의 회원 구조로 이뤄졌으며, 2011년 3월 현재 9개의 코어 파트너, 48개의 프리미엄 멤버, 73개의 관련 멤버 및 11개의 개발 멤버로 구성됐다. 국내는 현대자동차, 한국전자통신연구원이 프리미엄 멤버로, 대성전기·만도·대구 경북과학기술연구원이 관련 멤버로 활동 중이다(그림 참조).

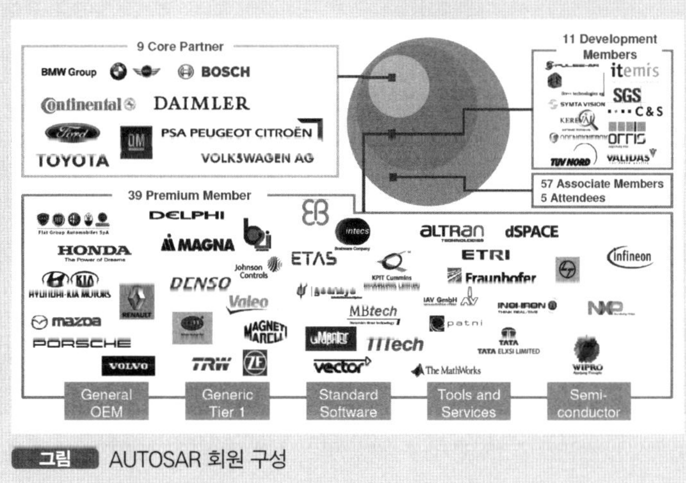

그림 AUTOSAR 회원 구성

AUTOSAR 발자취

표는 AUTOSAR 설립 당시부터 현재까지의 주요 표준화 이력을 담고 있다. 여기서 한 가지 유의할 점은 AUTOSAR의 릴리스는 일반적인 문서 · 표준 릴리스와는 달리 버전별로 서로 다른 사양을 포함하고 있으며, 상위 버전이 제정돼도 이전 버전을 폐기하지 않고 버전별로 개정을 진행한다는 것이다.

표 AUTOSAR의 발자취

연도 활동	활동
2002. 8	BMW, 보쉬, 콘티넨털, 다임러 크라이슬러, 폴크스바겐의 첫 논의
2003. 7	BMW, 보쉬, 콘티넨털, 다임러 크라이슬러, 폴크스바겐, 지멘스 등이 VDO 초기 코어 멤버 결성
2003. 11	포드가 코어 멤버로 참여
2003. 12	토요타, 푸조가 코어 멤버로 참여
2004. 10	AUTOSAR 개념 정립
2004. 11	GM 코어 멤버 참여
2005. 6	릴리즈 1.0 배포(23개 BSW 완성)
2006. 5	릴리즈 2.0 배포(42개 BSW 완성)
2007. 12	릴리즈 3.0 배포(47개 BSW 완성)
2009. 12	릴리즈 4.0 배포(Safety Concept, 통신 스택 강화, 총 87개 BSW 제공)
2011. 5	릴리즈 3.2.1 배포(네트워크 개념추가, R4.0 사양의 역적용, 총 50개 BSW 제공)

06 2 AUTOSAR 범위

AUTOSAR 표준에서 다루는 범위는 아키텍처, 방법론, 애플리케이션 인터페이스로 크게 나뉜다. 아키텍처는 소프트웨어 아키텍처를 뜻한다. AUTOSAR 소프트웨어 아키텍처에는 차량용 ECU 구동에 필요한 기본적인 소프트웨어인 AUTOSAR BSW와 하드웨어에 독립적으로 작동할 수 있는 ASW를 통합한 플랫폼이다. AUTOSAR에서는 표준에 적합한 AUTOSAR SW를 개발할 수 있도록 전반적인 아키텍처 표준을 제공한다.

차량용 소프트웨어의 이식성과 재활용성을 높이는 것은 AUTOSAR 표준의 기본적인 목적이다('AUTOSAR 컨소시엄 구조' 박스 참조). 따라서 이 목적을 달성하려면 BSW의 구현과 관계없이 사용자가 자신이 필요한 BSW의 기능을 구성할 수 있어야 하고, 이렇게 구성된 BSW 위에 자동차 제조업체나 협력업체가 개발한 ASW를 통합할 수 있어야 한다. 즉 BSW를 설정하고 설정된 BSW 위에 ASW를 통합하는 일련의 절차가 통일돼야 한다. AUTOSAR는 BSW 설정에서 ASW를 통합하는 방법론과 템플릿의 표준을 정의하고 있다.

자동차는 섀시, 파워트레인, 보디와 같은 도메인별로 사용되는 기술과 개발 방법이 조금씩 다르다. 따라서 AUTOSAR 표준을 사용해 소프트웨어를 개발할 때 이런 도메인의 특성을 반영해야 한다. AUTOSAR 표준에서는 이런 도메인별 특성을 고려해 ASW를 개발할 수 있는 응용프로그램 인터페이스를 정의한다.

06 3 AUTOSAR 아키텍처 구조

앞서 살펴 본 것처럼 기존 개발방식을 사용했을 때와 AUTOSAR를 사용했을 때의 가장 큰 차이점은 무엇일까? AUTOSAR의 VFB^{Virtual Functional Bus}다. VFB는 일종의 미들웨이로서 CORBA와 같은 메커니즘을 제공한다. 예를 들어서 그림 6-1과 같은 오디오 시스템을 개발한다고 해보자.

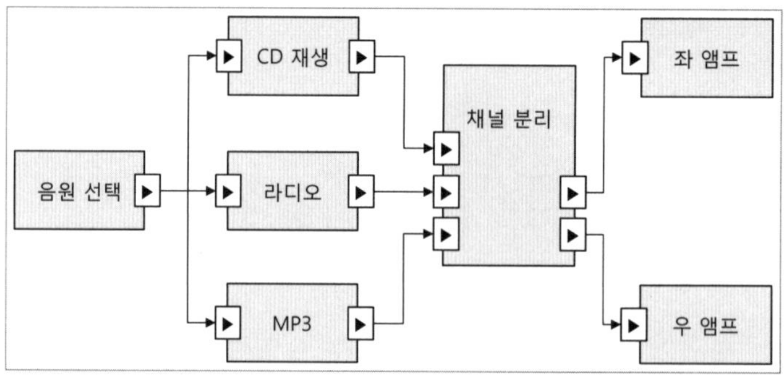

그림 6-1 오디오 시스템

이것은 다양한 음원을 선택해서 스피커로 출력해 주는 시스템이다. 기존의 방법을 사용해서 그림 6-2처럼 두 개의 제어기를 사용해 개발한다고 하자. 제어기별로 BSW를 꾸미고 각 기능을 ASW로 구현한 다음, 두 제어기의 데이터는 차량용 네트워크를 사용해 주고 받아야 한다.

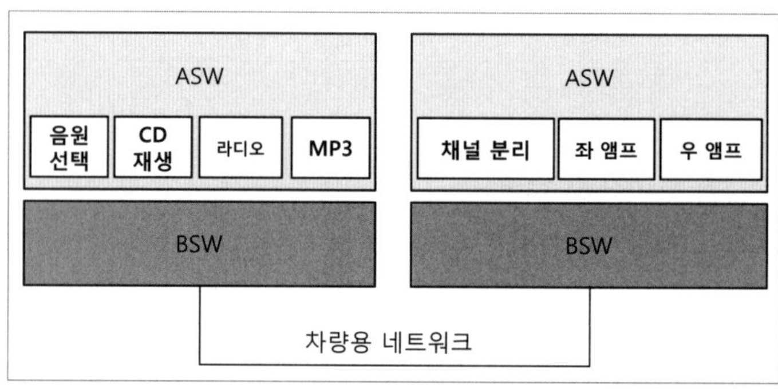

그림 6-2 기존 개발 방식으로 구현된 제어기

두 제어기를 합쳐서 하나의 제어기로 만들 필요가 있다면 어떻게 해야 할까? 기존 소스는 다시 사용할 수 있지만 BSW를 꾸미고 ASW를 배치하는 작업을 거의 모두 다시 해야 한다. 하지만 만약 AUTOSAR를 사용해 개발한다면 어떻게 바뀔까? 그림 6-3은 AUTOSAR 기반으로 시스템을 변경했을 경우를 소개한다. AUTOSAR를 사용해서 ASW를 개발할 때 우선 ASW 컴포넌트를 정의한다. 컴포넌트는 입출력 포트를 정의하고 이렇게 정의된 컴포넌트 간에 VFB를 통해 통신이 이뤄진다. ASW가 같은 제어기에 있다면 태스크 간 통신 방법을 사용해 정보를 주고 받는다. 서로 다른 제어기에 탑재돼 있고 제어기 사이가 CAN으로 연결돼 있다면, CAN 통신을 사용할 것이다. 하지만 이런 통신을 사용하는 ASW는 태스크 간 CAN 통신을 사용하는지 알 필요가 없다.

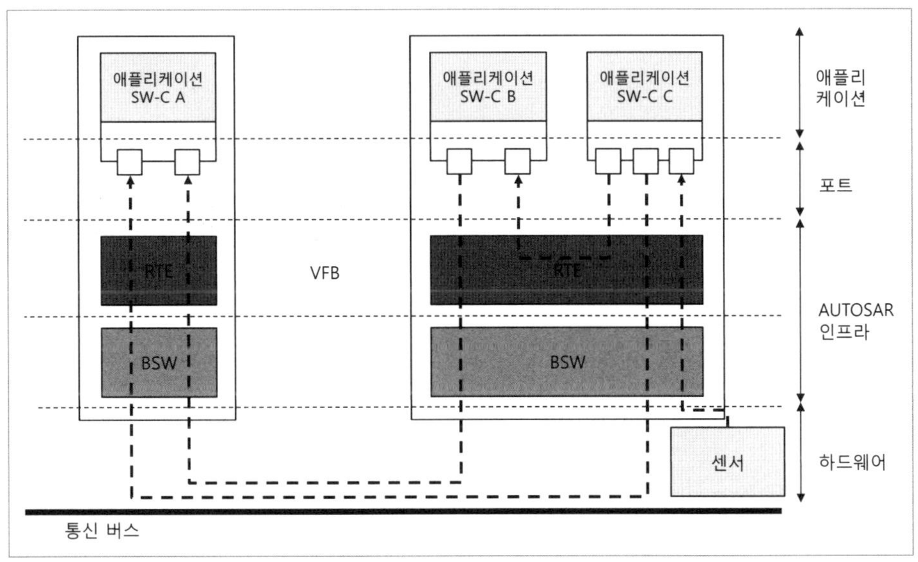

그림 6-3 VFB로 통신하는 ASW

VFB를 사용하는 AUTOSAR를 사용하면 어떤 장점이 있을까? 앞의 예에서 살펴본 것처럼 두 개의 제어기에서 구현된 소프트웨어를 하나의 제어기로 통합하는 방법은 매우 간단하다. 모든 ASW의 인터페이스가 표준화돼 있기 때문에 ASW에서 수정은 없고 단지 VFB 설정만 변경하면 된다. 이런 설정 변경은 표준화된 프로세스와 도구를 사용하면 되기 때문에 기존 코드를 직접 변경하는 것에 비해서 매우 쉽다.

AUTOSAR의 아키텍처에 대해 우선 간략하게 살펴보자. AUTOSAR는 흔히 말하는 계층 아키텍처로 구성돼 있다. 그림 6-4처럼 AUTOSAR는 크게 ASW,

RTE, 서비스 계층, ECAL, MCAL, 콤플렉스 드라이버로 구성됐다.

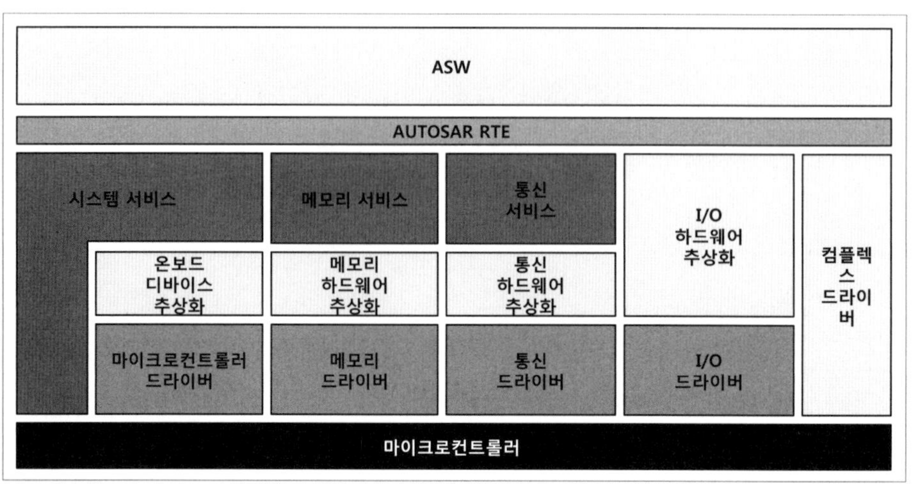

그림 6-4 계층 아키텍처로 이뤄진 AUTOSAR

[6.3.1] ASW

ASW는 클라이언트/서버 방식, 송신자/수신자 방식으로 나뉜다. 송신자/수신자 방식은 메시지 전송 방식이고, 클라이언트/서버 방식은 원격 프로시저 호출 방식이다. 그림 6-5는 클라이언트/서버 방식을 나타낸다. 클라이언트/서버 방식은 분산 시스템에서 널리 사용되는 통신 방식으로, 원격 서비스의 제공자가 서버가 되며, 이 서비스의 사용자가 클라이언트가 된다. 이 방식에서는 클라이언트가 통신을 초기화한 후, 서버로 특정 서비스 제공을 요청하면 서버가 필요한 매개변수를 클라이언트에게 전달하는 역할을 한다. 따라서 특정 AUTOSAR 소프트웨어 컴포넌트가 서버 역할을 할지, 클라이언트 역할을 할지는 초기화의 방향에 따라 달라질 수 있다. 이 방식으로 통신을 수행하면 클라이언트는 서버의 응답을 받기 전까지 블로킹 상황이 발생한다. 이런 의미에서 클라이언트/서버 방식은 동기적 통신이라 할 수 있다.

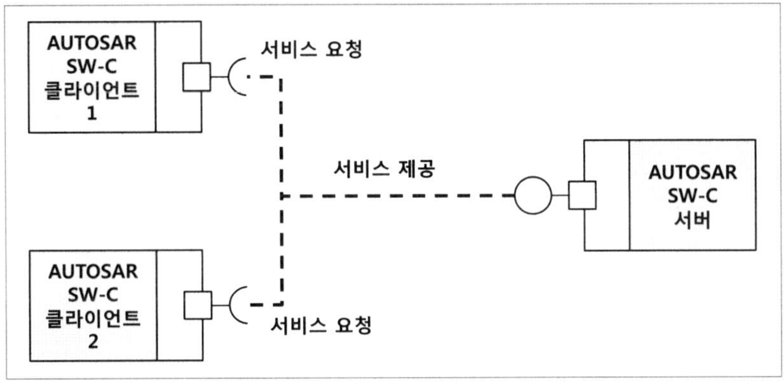

그림 6-5 클라이언트/서버 방식

그림 6-6은 송신자/수신자 방식을 나타낸다. 송신자/수신자 방식은 송신자가 단일 또는 복수의 수신자에게 정보를 분해하는 비동기적 통신 방식이다. 이 방식에서 송신자는 수신자에게 제공된 정보가 어떻게 사용될지 관여하지 않으므로 클라이언트/서버 방식에서 보았던 블로킹 상황은 발생하지 않는다. 또한 송신자 역할을 수행하는 컴포넌트는 수신자 측에서 이뤄지는 송신자의 숫자나 해당 아이디에 대해서도 전혀 관여하지 않는다.

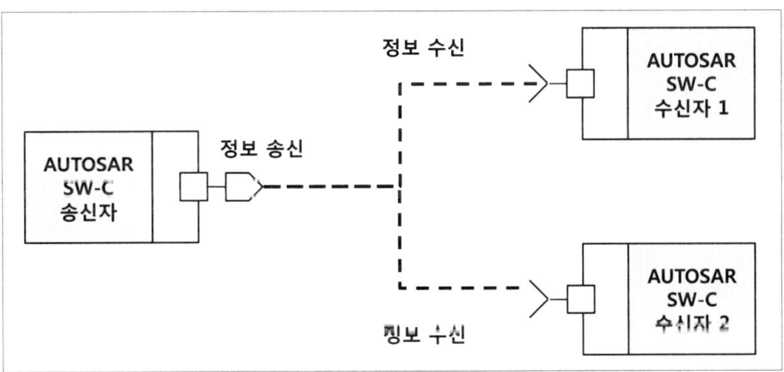

그림 6-6 송신사/수신자 방식

ASW는 러너블^{Runnable}이라고 하고, 이렇게 정의된 러너블은 운영체제에 의해 스케줄링된다. 클라이언트/서버, 송신자/수신자 통신을 위해 운영체제가 이런 호출을 중재^{arbitration}해야 한다.

AUTOSAR 소프트웨어 컴포넌트는 기본적으로 하부의 하드웨어나 OS에 직접적으로 연결할 수 없어서 각각의 소프트웨어 컴포넌트는 스레드나 프로세스를 구현할 수 없다. 대신 런타임 동안 실행되는 소프트웨어 컴포넌트의 개별 기능들은 러너블에 의해 감싸여 실행된다. VFB의 스펙에 따르면, 러너블을 런타임 환경을 통해 시작될 수 있는 명령의 순서로 정의하고 있다. 소프트웨어 컴포넌트는 여러 개의 러너블을 가질 수 있다.

ECU 설정을 하면서 OS와 SW 컴포넌트 내의 러너블 간의 매핑이 생성되며, 이 매핑은 이후 RTE에 의해 호출되고, 스케줄링 시에 활용된다. 또한 러너블은 구현에 따라 달라지기는 하겠지만 크게 두 가지 유형으로 분류된다. 이에 따라 각각 다른 OS 태스크로 매핑되며 다음과 같다.

- 유형 1 기본형 태스크^{Basic Task}: 그림 6-7은 기본형 태스크의 상태 전이를 나타낸다. 러너블은 제한된 시간 내에 종료되는 명령의 집합으로 구성된다. 이러한 이유로 대기 지점^{WaitPoints}을 포함하고 있는 RTE 블로킹 호출들은 유형 1의 러너블에 포함될 수 없다. 이러한 제약사항을 만족하는 러너블들은 대개 기본 OS 태스크로 매핑된다(OSEK/VDX OS의 태스크 참조).

- 유형 2 확장형 태스크^{Extended Task}: 적어도 하나 이상의 대기 지점을 갖고 있는 러너블들의 종료는 외부 이벤트(예, 특정 데이터값의 수신)에 의해 종료시점이 결정된다. 이러한 러너블들은 확장 OS 태스크로 매핑된다(OSEK/VDX OS의 태스크 참조).

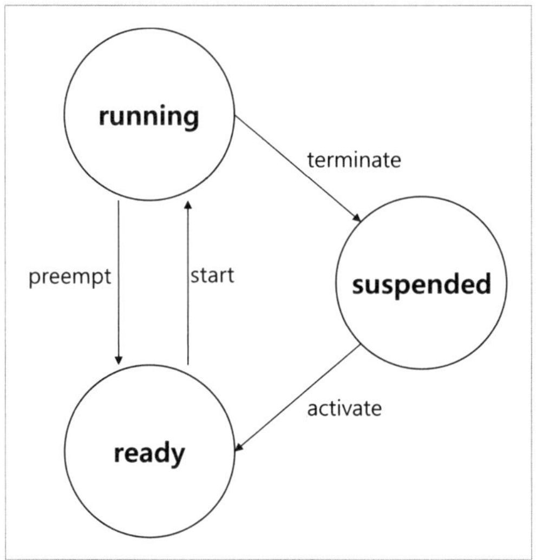

그림 6-7 기본형 태스크의 상태 전이도

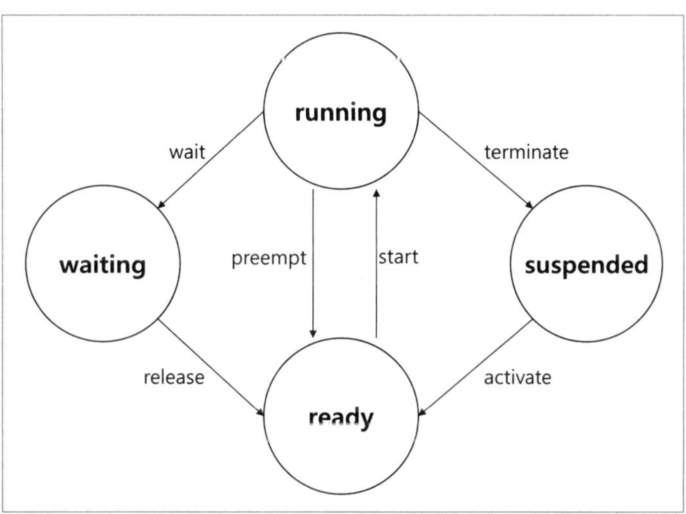

그림 6-8 확장형 태스크의 상태 전이도

[6.3.2] RTE

RTE는 VFB의 개념을 구현한 것이다. 제어로직을 수행하는 하드웨어가 어떻게 구성됐는지 고민하지 않고도 RTE를 사용하면 센서와 액추에이터를 제어할 수 있다. 즉 다른 제어기에 달린 센서와 액추에이터에서 신호를 읽고 제어 신호를 출력할 수도 있다. 이것이 가능한 이유는 RTE가 CAN, Flexray, LIN, MOST와 같은 네트워크를 사용하는 ECU 외부 통신의 방법이나 ECU 내부 통신 방법을 모두 추상화해 공통의 API를 애플리케이션에 제공하기 때문이다. RTE 위에서 실행되는 애플리케이션 소프트웨어 컴포넌트에 따라 RTE의 요구 사양이 달라지기 때문에, RTE는 테일러링돼야 한다. 즉 응용프로그램이 매우 짧은 시간 안에 센서와 액추에이터를 제어해야 한다면, RTE는 이런 센서와 액추에이터를 ECU 내부에서 제어할 수 있도록 설정해야 한다. 따라서 설정작업에 의해서 테일러링된 최종 RTE는 ECU마다 달라진다.

[6.3.3] 서비스 계층

AUTOSAR의 서비스 계층은 애플리케이션에서 마이크로 컨트롤러의 자원을 활용하기 위한 서비스 제공 계층으로 통신 서비스, 메모리 서비스, 시스템 서비스 3가지로 구성된다. 통신 서비스는 차량 네트워크 통신(CAN, LIN, FlexRay, MOST)을 위한 모듈의 그룹이다. '통신 하드웨어 추상화'를 통해 애플리케이션 계층에서 통신 드라이버로 인터페이스한다. 즉 통신 서비스는 애플리케이션 계층이 차량 네트워크의 종류와 관계없이 동일한 인터페이스로 차량 네트워크와 인터페이스하고 네트워크를 관리하게 한다. 이런 메커니즘은 진단 통신에도 동일하게 적용된다. 또한 애플리케이션 관점에서 상세한 통신 프로토콜과 메시지 속성을 감춰주기 때문에 구현도 쉽다. 메모리 서비스는 NVRAM Manager로 구성되며, 메모리 위치와 속성에 대한 추상화를 제공한다. 또 NVRAM 데이터에 대한 저장, 로딩, 체크섬을 사용한 데이터 검증, 안정적인 데이터 저장과 같은 데이터를 관리하게 한다. 시스템 서비스는 타이머 서비스를 포함한 RTOS 서비스, CRC와 같은 오류 관리 라이브러리처럼 공통적으로 사용할 수 있는 함수와 관련 모듈의 집합이며, ASW 및 BSW 모듈의 마이크로 컨트롤러의 기본 서비스를 제공한다.

[6.3.4] ECAL

ECU 추상화 계층ECAL은 마이크로 컨트롤러 추상화 계층의 드라이버와 인터페이스 하는 계층이다. 이 계층은 주변장치가 마이크로 컨트롤러 내부/외부의 각종 주변장치에 접근하기 위한 API를 제공하며, 마이크로 컨트롤러의 특정 포트 또는 인터페이스와 연결을 담당한다. 즉 ECU 하드웨어 레이아웃의 독립적인 고수준의 소프트웨어 계층이라 할 수 있다. 이 계층은 다음과 같이 4개의 하드웨어 추상화 군으로 구분된다.

1. I/O 하드웨어 추상화: 주변 I/O 디바이스의 위치와 ECU 하드웨어 레이아웃에 대한 추상화와 상위 소프트웨어 계층으로부터 ECU의 하드웨어 레이아웃을 감추는 역할을 함
2. 통신 하드웨어 추상화: 통신 컨트롤러와 관련 ECU 하드웨어 레이아웃에 대한 추상화함
3. 메모리 하드웨어 추상화: 메모리와 관련된 하드웨어를 추상화함
4. 온보드 장치 추상화: 온보드와 관련된 하드웨어를 추상화함

[6.3.5] MCAL

마이크로컨트롤러 추상화 계층MCAL은 마이크로컨트롤러 하드웨어에 의존적으로 개발되며, 마이크로컨트롤러의 자원을 활용하기 위해 사용하는 드라이버들의 집합이다. 다음과 같은 4가지의 드라이버 군으로 구성됐다.

1. I/O 드라이버: 아날로그 디지털 I/O를 위한 드라이버(ADC, PWM, DIO)

2. 통신 드라이버: 온보드 통신과 차량 통신 드라이버(SPI, I2C, CAN, OSI의 데이터 링크 계층)

3. 메모리 드라이버: 마이크로 컨트롤러 내부의 온칩 메모리와 외부 메모리 장치의 메모리 맵에 대한 드라이버

4. 마이크로 컨트롤러 드라이버: 주변 장치 인터페이스와 마이크로 컨트롤러에 직접 액세스하기 위한 기능 제공

[6.3.6] 콤플렉스 드라이버

AUTOSAR의 계층 구조는 개별 추상화 수준에 인터페이스를 간결하게 해주는 장점은 있지만, 이러한 단계별 인터페이스는 인젝션 컨트롤, 전기적 밸브 제어처럼 실시간으로 접근할 때는 제약이 따른다. 콤플렉스 드라이버는 이와 같이 특별한 기능 요구사항이나 타이밍 요구사항을 달성하기 위해 마이크로컨트롤러로에 직접 접근을 제공한다.

콤플렉스 드라이버는 AUTOSAR에서 지원하지 않는 하드웨어 드라이버를 구현할 때도 사용할 수 있다. 예를 들어 AUTOSAR의 드라이버가 지원하지 않는 새로운 통신 시스템을 적용한다고 가정해 보자. 이 새로운 통신 매체와 통신을 가능하게 하려면 콤플렉스 드라이버 안에 새로온 통신 시스템에 대한 통신 메커니즘을 구현하면 된다. 이것을 사용해서 상위 SW 컴포넌트와 새로운 통신 매체와의 통신을 콤플렉스 드라이버가 대신한다. 표준이 아닌 고유한 방식으로 제작된 ASIC에도 이러한 방식은 동일하게 적용될 수 있다.

마지막으로 콤플렉스 드라이버는 새로운 장치로의 애플리케이션 마이그레이션 메커니즘을 제공한다. 콤플렉스 드라이버는 하드웨어 장치로의 직접적인 접근이 가능하므로 기존의 애플리케이션을 콤플렉스 드라이버로 정의할 수 있도록 한다. 기존의 애플리케이션을 콤플렉스 드라이버에 포함시키고 AUTOSAR를 준수한 새로운 인터페이스로 확장한다. 이렇게 하면 기존 애플리

케이션의 마이그레이션을 쉽게 할 수 있어 엔지니어의 부담을 줄일 수 있다.

[6.3.7] 인터페이스

각 컴포넌트 간의 인터페이스 종류는 3가지가 있다. 즉 AUTOSAR 인터페이스, 표준화된 AUTOSAR 인터페이스, 표준화된 인터페이스가 있다. 인터페이스별로 어떤 차이가 있는지 알아보자.

- AUTOSAR 인터페이스

  소프트웨어 컴포넌트 사이에 주고받는 정보를 정의한다. 따라서 특정 구현 언어, ECU, 네트워크 토폴러지에 무관하다. AUTOSAR 인터페이스는 소프트웨어 컴포넌트의 포트를 정의하는 데 사용한다. 앞서 살펴봤듯이 포트를 사용해 소프트웨어 컴포넌트는 서로 통신할 수도 있다. 정보를 주고받거나 서비스를 호출할 수도 있다.

- 표준화된 AUTOSAR 인터페이스

  표준화된 AUTOSAR 인터페이스는 표준으로 AUTOSAR 인터페이스의 문법과 시맨틱스가 정의된 것이다. 따라서 AUTOSAR BSW가, 소프트웨어 컴포넌트에 표준화한 서비스로 제공하는 AUTOSAR 서비스를 정의하는 데 일반적으로 사용된다.

- 표준화된 인터페이스

  표준화된 인터페이스는 AUTOSAR 인터페이스를 사용하지 않고 AUTOSAR 내에서 표준화된 API다. 표준화된 인터페이스는 일반적으로 C와 같은 특정 프로그램 언어로 정의된다. 즉 표준화된 API는 항상 같은 ECU 안에서 동작하는 소프트웨어 모듈 간에 정보를 주고 받을 때 사용하기 때문이다. 소프트웨어 모듈이 표준화된 인터페이스를 사용해 통신한다면, 각 모듈은 네트워크를 사용하는 경로로 통신할 수 없다.

지금까지 간단하게 AUTOSAR의 계층구조를 살펴봤다. 현재 AUTOSAR는 4.0 버전까지 정리됐다. AUTOSAR의 버전별 차이점을 다음 박스에 정리했다.

AUTOSAR 릴리스별 주요 변화 사항

AUTOSAR는 그림에서 보는 바와 같이 표준에 적용할 요구사항을 선별하고 기본 틀을 개발한다. 개발이 끝난 뒤에는 선택적으로 유지 보수를 진행한다.

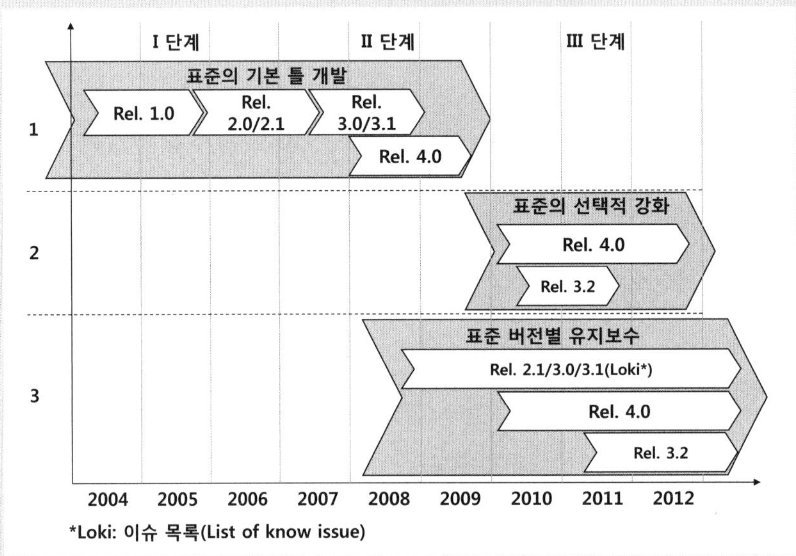

그림 AUTOSAR 연도별 버전 현황

현재 Phase III가 진행중이며 개별 릴리스 간 변화사항을 살펴보면 표와 같다.

표 AUTOSAR 버전별 특징

릴리스	주요 변경 사항	비고
1.0	RTE 하위의 일부 BSW	
2.0	107종의 표준문서를 통한 소프트웨어 아키텍처 및 방법론·템플릿의 기본 기능 제공	
2.1	양산에 적용된 최초 버전	

릴리스	주요 변경 사항	비고
3.0	이전 버전의 AUTOSAR 스펙 문서 개선 웨이크업, 스타트업 관련 기능의 향상 버스 상태 관리 도입	R3.0 Revision 7과 R3.1 Revision 5와는 통합 예정
3.1	OBD II 서비스 지원 확장	
3.2	신규 기능 추가 - 부분 네트워킹 - 상태관리 모듈의 강건성(robustness) 특성 - 오류 핸들링 기능 강화 4.0 버전으로부터 전이된 기능 - 안전 콘셉트(E2E communication protection) - 콤플렉스 드라이버의 확장 개념 - 베이식 소프트웨어 모드 관리자 - FlexRay ISO 전송 프로토콜(TP)	3.2 버전은 4.0 버전 이후 작업이 들어간 3.X 대의 버전임

4.0	- 기능 안전 요소
	  (메모리 파티셔닝, E2E 보호, 프로그램 흐름 모니터링…)
	- 아키텍처 개선
	  (에러 핸들링, 멀티코어, 부트로더 인터랙션, 스케줄러 동기화 등)
	- RTE 기능의 강화
	  (드리거 이벤드, API 개신 등)
	- 통신 영역의 진화
	  (파셜 네트워크, 이터넷)
	- 기능 개선
	  (차량 및 애플리케이션 모드 관리)
	- 진단 동기화
	  (우선순위가 부여된 진단 요청 등)
	- 디버깅(XCP, Debug Log & Trace 등)
	- 방법론 및 도구 관련 개선
	  (타이밍 모델, Ecv-c 매개변수, 동기화 등)	

06 4 AUTOSAR 적용

앞서 간단히 AUTOSAR 표준을 적용해 개발하는 방법을 살펴봤다. 이번 절에는 AUTOSAR의 ASW를 개발하는 관점에서 AUTOSAR 적용 방법을 알아보자. AUTOSAR 기반의 ASW는 SW 컴포넌트 형태로 정의한다. SW 컴포넌트를 정의할 때 MBD를 사용해 개발하면, 모델링 도구에서 단위 검증 도구를 사용해

SW 컴포넌트를 검증할 수 있다. SW 컴포넌트에 대한 검증이 끝나면 SW 컴 포넌트들을 통합해 제대로 동작하는지 검증해야 한다. SW 컴포넌트를 VFB에 입력해 통합 테스트 측면의 운영을 해보면, SW 컴포넌트 간의 상호작용과 SW 컴포넌트의 인터페이스를 검증할 수 있다. 이 작업이 끝나면, AUTOSAR 기반 은 시스템의 제약사항을 반영한 ECU에 SW 컴포넌트를 매핑해 SW 개발을 끝 낼 수 있다.

그림 6-9는 AUTOSAR 설정을 위해 필요한 템플릿과 도구를 AUTOSAR 구조 에 맞춰 정리한 것이다. (1)우선 ASW을 개발할 때 사용하는 SW 컴포넌트를

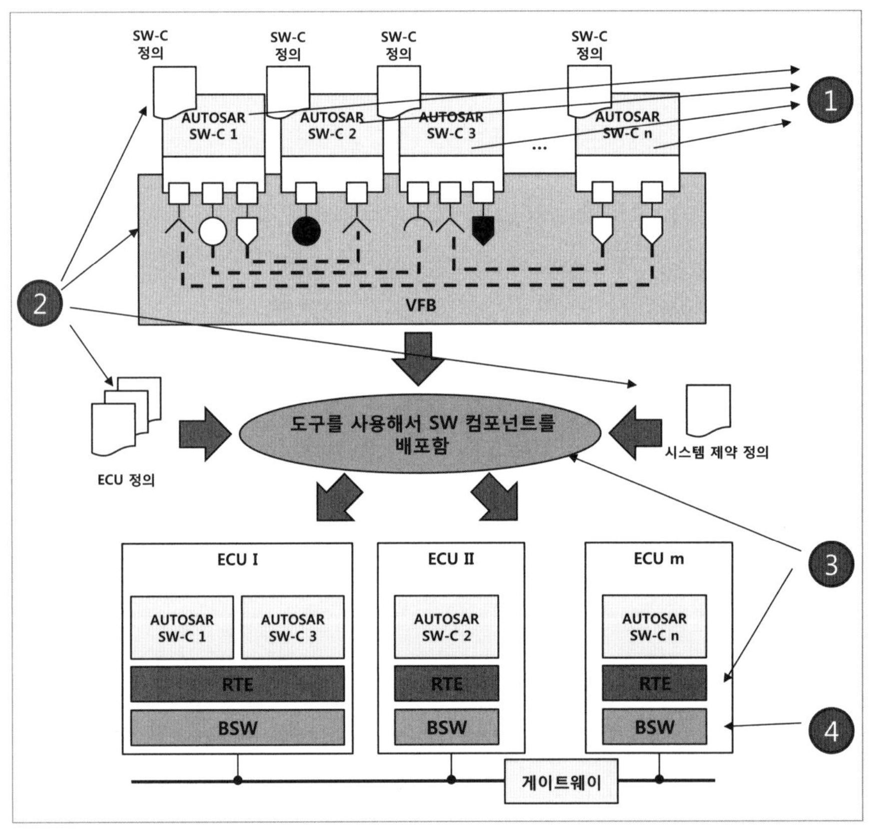

그림 6-9 AUTOSAR 설정을 위한 템플릿, 도구

정의하는 템플릿이 필요하다. 이 템플릿에는 SW 컴포넌트의 기능과 인터페이스를 정의하며, SW 컴포넌트 구동에 필요한 BSW의 요구사항도 기록한다. (2) SW 컴포넌트는 ECU에 탑재되고, ECU는 네트워크로 서로 연결된 시스템에서 작동한다. 따라서 SW 컴포넌트, ECU, 시스템의 정보를 교환할 수 있는 표준화된 포맷과 방법도 필요하다. (3)아울러 앞서 정의한 정보를 사용해 SW 컴포넌트를 ECU에 배치하고 VFB의 구현체인 RTE를 생성하는 도구도 필요하다. (4)도구를 사용해 설정에 따라 BSW를 작성하는 차원에서 BSW의 설정과 구현을 상세하게 정의하는 BSW의 아키텍처도 표준화되고 있다.

앞에서 정의한 템플릿과 도구를 사용해서 SW 컴포넌트를 정의하는 것에서 시작해서 AUTOSAR SW를 개발하는 일련의 과정을 살펴보자. 그림 6-10은 이 과정을 간략하게 정리한 것이다.

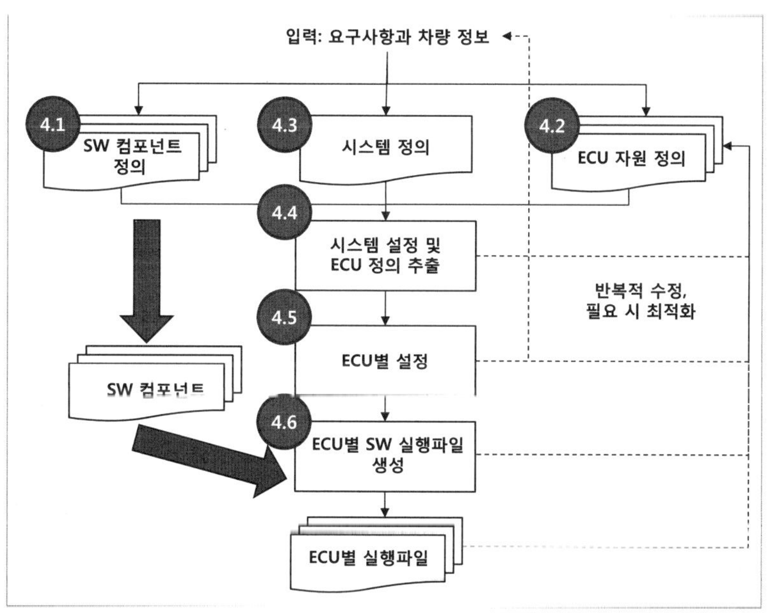

그림 6-10 AUTOSAR 구현 과정

[6.4.1] SW 컴포넌트 정의

그림 6-11은 VFB 위에 구성된 속도 경고 장치의 ASW를 보여준다. `get_v()`는 자동차의 현재 속도를 얻어오는 함수다. SW 컴포넌트 템플릿은 `get_v()`의 기능과 이 함수가 구동되는 데 필요한 메모리나 컴퓨팅 파워를 기술한다. `v_warn()`은 자동차가 일정 속도를 넘으면 운전자에게 경고하는 함수로서, `get_v()` 함수를 구현해야 한다. `v_warn()` SW 컴포넌트를 정의할 때 이 정보를 함께 기술한다. SW 컴포넌트 템플릿을 사용해 각 SW 컴포넌트 정의를 끝내고 나면 VFB 위에 가상으로 통합한다. 이렇게 가상으로 통합하고 나서 ASW를 테스트해보면, SW 컴포넌트가 요구사항에서 정의한 기능을 빠짐없이 반영했는지, SW 간의 인터페이스에 문제가 없는지 확인할 수 있다.

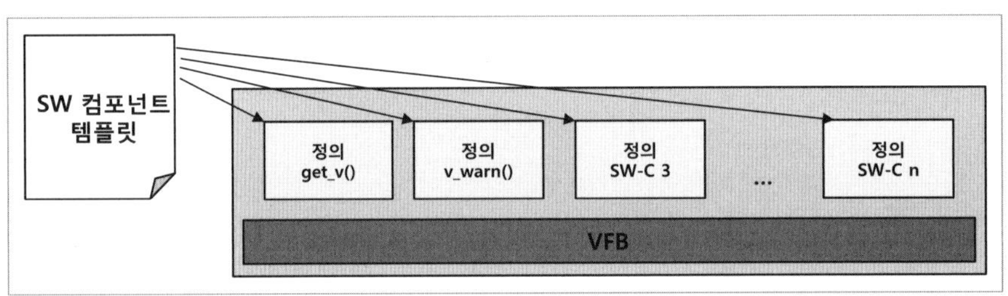

그림 6-11 속도 경고 장치 ASW

SW 컴포넌트 정의에는 컴포넌트 이름, 제조사와 같은 일반적인 정보, 송신 포트, 수신 포트, 인터페이스, 내부 구조(서브 컴포넌트, 서브 컴포넌트 간의 연결), 필요한 하드웨어 자원(처리 시간, 스케줄링, 메모리 종류, 메모리 크기)을 정의한다. SW 컴포넌트 정의 템플릿에 이런 정보를 수작업으로 기록할 수 있지만, XML로 구성된 템플릿을 수작업으로 작성하면 에러가 발생할 가능성이 높다. 따라서 도구를 사용해 SW 컴포넌트를 정의하는 정보를 입력하면 템플릿으로 출력된다.

SW 컴포넌트 정의

- 일반적인 정보(이름, 제조사 등)
- 통신 속성
  - p_ports
  - r_ports
  - 인터페이스
- 내부구조
  - 서브 컴포넌트
  - 연결
- 필요한 HW 자원
  - 처리 시간
  - 스케줄링
  - 메모리(용량, 타입 등)

|6.4.2| ECU 자원 정의

사용할 ECU들의 자원을 정의^{ECU Resource Description}한다. 정의된 ECU 자원 정보는 SW 컴포넌트 배치에 사용된다. ECU 자원 정의에는 ECU 이름, 제조사와 같은 일반적인 정보, 작동 온도 범위, 사용할 수 있는 신호 처리 방법, 프로그래밍 능력, 마이크로 컨트롤러 아키텍처, 메모리, 네트워크 인터페이스(CAN, LIN, MOST 등), 입출력 장치, 하드웨어 핀 정보가 포함된다. SW 컴포넌트 정보와 마찬가지로 편집기를 사용해서 ECU 정보를 입력하고 AUTOSAR 표준의 ECU 자원 템플릿을 생성해 사용하는 게 일반적이다.

ECU 자원 정의

- 일반적인 정보(이름, 제조사 등)

- 온도(작동 온도, 외기 온도, 냉각/가열 온도)

- 사용할 수 있는 신호 처리 방법

- 프로그래밍 능력

- 가용한 하드웨어
    - 마이크로컨트롤러(예, 멀티프로세서)
    - 메모리
    - 인터페이스(CAN, LIN, MOST, FlexRay)
    - 입출력 장치(센서, 액추에이터)
    - 연결(하드웨어 핀 개수)

- RTE 하부의 소프트웨어

- 핀에서 ECU 추상화 계층까지 신호 경로

[6.4.3] 시스템 정의

AUTOSAR의 시스템은 ECU들이 차량용 네트워크로 연결돼 구성된 것이다. 차량용 ASW는 차량용 네트워크를 통해 다른 ECU에 탑재된 ASW와 통신해 구동된다. 따라서 AUTOSAR SW를 구성하려면 이런 시스템 정보가 꼭 필요하다. 따라서 시스템 정보에는 네트워크 토폴러지, 채널별 통신, 소프트웨어 간의 매핑 정보 등이 포함된다. 해당 버스 시스템 정의(CAN, LIN, FlexRay), 연결된 ECU와 게이트웨이, 전원공급장치가 네트워크 토폴러지 정보에 속한다. 편집기를 사용해 시스템 정의 정보를 입력하고 시스템 정의 템플릿을 생성해서 사용한다.

시스템 정의

- 네트워크 토폴러지
  - 버스 시스템: CAN, LIN, FlexRay
  - 연결된 ECU와 게이트웨이
  - 전원공급 장치, 시스템 활성화
- 각 채널의 통신
  - K-매트릭스
  - 게이트웨이 테이블
- 소프트웨어 컴포넌트 간 매핑
- 소프트웨어 컴포넌트 그룹핑

[6.4.4] 시스템 설정 및 EUC 정의 추출

SW 컴포넌트 정의, ECU 정의, 시스템 정의가 끝나면, SW 컴포넌트를 실행된 ECU에 매핑하고 ECU 설정을 위한 정보를 추출한다. 전조등 ASW를 사용해서 이 과정을 살펴보자. 그림 6-12는 VFB 위에 구성된 전조등 ASW를 나타낸다. 전조등 ASW는 SwitchEvent, LightRequest, Front-Light Manager, Headlight라는 총 4개의 SW 컴포넌트로 구성된다. SwitchEvent는 운전자가 운전석 내 스위치와 같은 입력 장치를 사용했을 때 그 이벤트를 감지하며, LightRequest는 운전자가 조명 작동 스위치를 사용한 경우 어떤 조명을 어떤 모드로 작동해야 하는지 판단한다. Front-Light Manager는 전조등의 점멸을 관리하고, HeadLight는 실제로 조명을 점멸하는 기능을 담당한다.

SwitchEvent와 LightRequest는 사용자로부터 조작 스위치의 값을 직접 입력받아 처리해야 하므로 사용자 조작 스위치값 입력 하드웨어와 밀접하다. HeadLight는 조명을 점멸하는 기능을 맡고 있기 때문에 조명의 점멸을 조작하는 출력 하드웨어와 밀접하다. 각 SW 컴포넌트에서 필요한 하드웨어 정보는 SW 컴포넌트 정의 템플릿에 정의한다.

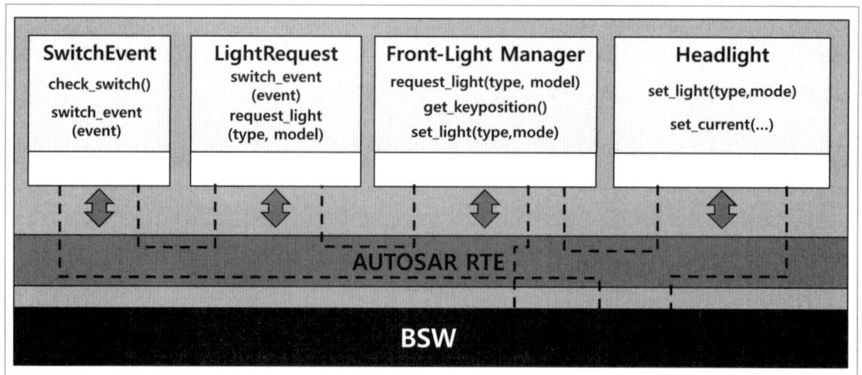

그림 6-12 전조등 ASW

전조등 ASW를 구현하기 위해서 ECU 3개를 사용한다고 가정해보자. 각각의 ECU에 대한 자원을 정의하면서 연결된 입력장치도 함께 정의한다. 편의상 ECU 이름을 ECU1, ECU2, ECU3라고 가정하자. 만약 ECU1에 사용자 스위치가 연결되고 ECU3에 전조등 출력이 연결된다면, SwitchEvent와 LightRequest는 ECU1과 매핑되고, HeadLight는 ECU3와 매핑되는 게 효율적일 것이다. Front-Light Manager는 사용해야 하는 하드웨어 자원의 제약이 없다면 어떤 ECU에 매핑돼도 괜찮을 것이다. 단 다른 제약사항 때문에 Front-Light Manager를 ECU2에 매핑했다고 하자. 각 SW 컴포넌트가 ECU에 매핑된 결과는 그림 6-13과 같다.

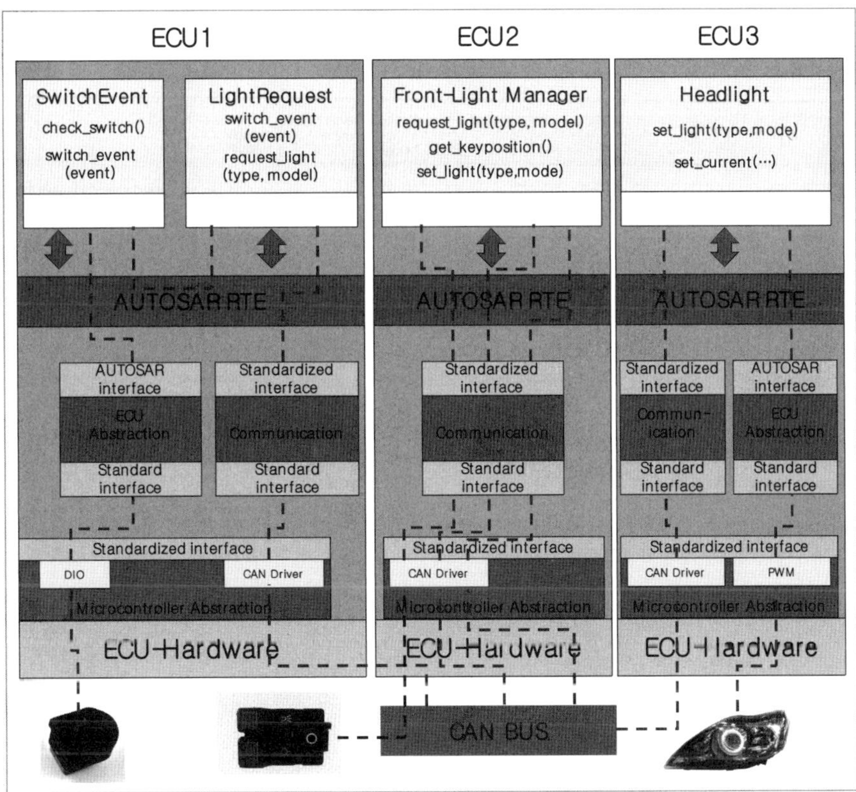

그림 6-13 전조등 ASW 매핑 결과

정리하자면 '시스템 설정 및 EUC 정의 추출Configure System & generate extracts of ECU descriptions'에서는 사용할 수 있는 ECU 자원과 시스템 정의에 기술된 시스템 제약사항을 기반으로 SW 컴포넌트와 ECU 간 매핑 작업을 한다. 이 단계에서는 SW 컴포넌트가 할당된 ECU 정의를 얻는다(그림 6-14 참조). 전 단계에서와 마찬가지로 이 단계도 도구를 사용해 SW 컴포넌트와 ECU 자원을 매핑하며, 이 작업은 원하는 결과를 얻을 때까지 반복적으로 진행된다.

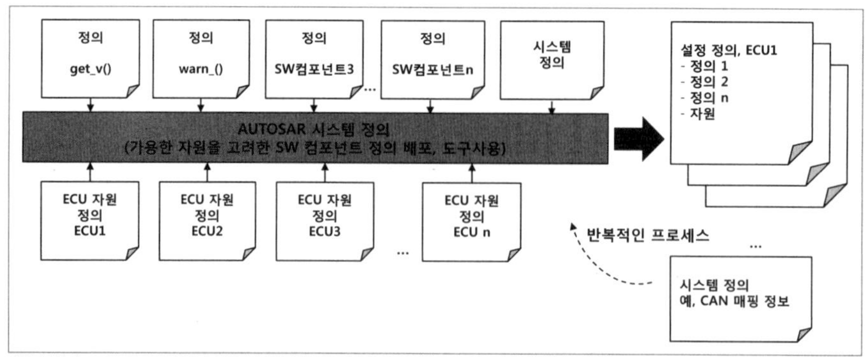

그림 6-14 시스템 설정 및 EUC 정의 추출

[6.4.5] ECU별 설정

ECU별로 AUTOSAR SW를 생성하려면 ECU별로 AUTOSAR 설정이 필요하다. 앞 단계에서 생성한 SW 컴포넌트가 할당된 ECU 정의와, 시스템 정의, AUTOSAR-RTE 설정 정보를 입력해서 ECU별로 AUTOSAR 설정을 생성한다. 이 작업도 도구를 사용해 진행한다.

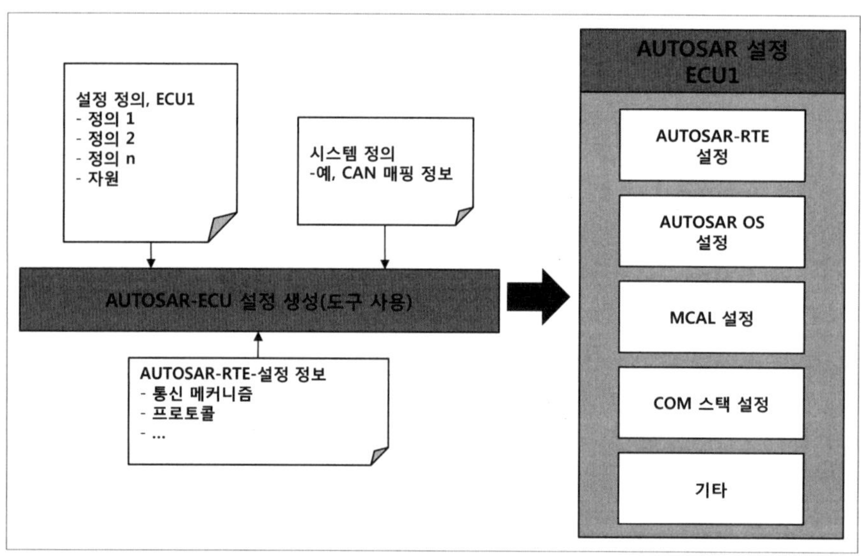

그림 6-15 ECU별 설정

[6.4.6] ECU별 SW 실행파일 생성

4.1~4.5의 작업으로 최종적으로 AUTOSAR SW를 생성할 수 있는 AUTOSAR 설정을 ECU별로 끝냈다. 이 설정 파일, ASW 코드, AUTOSAR 라이브러리를 도구에 입력해 ECU별로 AUTOSAR 실행파일을 얻을 수 있다.

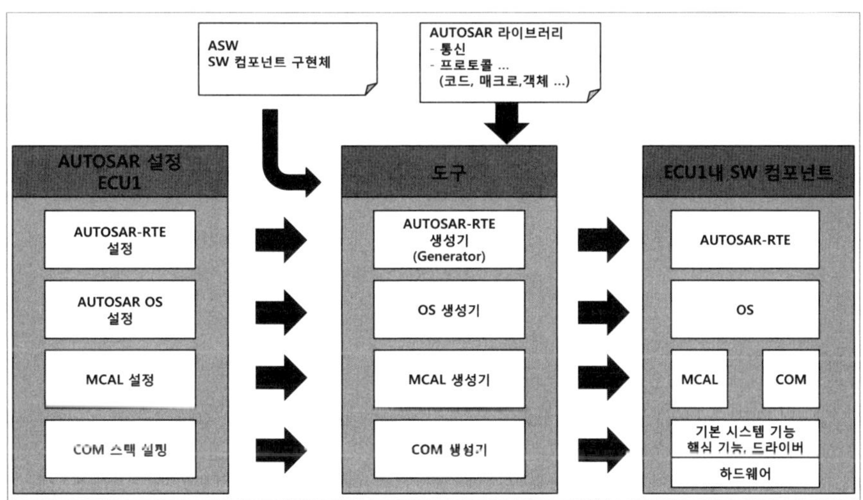

그림 6-16 ECU별 실행 파일 생성

참고도서와 문헌, 인터넷 자료

■ 참고도서

Automotive Embedded System Handbook, Nicolar Navet 외, CRC Press, 2008

■ 참고문헌

〈차량 SW 플랫폼 표준화 동향〉, 성기순 외 1명, ETRI 전자통신동향분석 제26권 제6호, ETRI, 2011년

■ 인터넷 자료

AUTOSAR 개발방법: http://goo.gl/pidLz

AUTOSAR 개요: http://goo.gl/fOdNV

AUTOSAR 로드맵: http://goo.gl/sblq1

AUTOSAR 조직: http://goo.gl/dRrXE

OSEK-OS

다양한 소프트웨어가 개발되는 요즘에도 운영체제의 중요성은 떨어지지 않는다. 자동차에 탑재되는 소프트웨어는 오류 발생 시 인명사고와 연결될 수 있다는 점에서 안전성이 매우 중요하다. 따라서 차량용 소프트웨어를 구동하는 운영체제도 이런 안정성 측면에서 중요한 역할을 한다. 이번 장에서는 차량용 소프트웨어 운영체제 표준인 OSEK-OS를 알아봄으로써 차량용 소프트웨어 운영체제의 특징을 알아본다.

07 1 OSEK/VDX 개요

차량용 제어기 개발업체들은 차량용 소프트웨어에 사용하기에 알맞은 운영체제를 개발하기 위해 노력했다. 이런 운영체제를 업체마다 독립적으로 개발하고 사용하면서 운영체제와 API가 호환되지 않게 됐다. 이에 따라 서로 다른 운영체제에 응용 소프트웨어를 포팅하는 데 큰 비용이 발생했다. 운영체제가 다양해지면서 발생하는 문제를 극복하고자 유럽 자동차 업체들은 OSEK라는 단체를 조직해 자동차에 탑재되는 OS의 표준을 수립했다. 이 표준은 프랑스에서 독자적으로 추진된 운영체제 표준화 조직인 VDX와 합쳐졌으며, 이것을 OSEK/VDX라고 한다.

OSEK/VDX는 크게 태스크, 자원, 메시지 관리와 같은 운영체제의 기본적인 기능을 제공하는 OSEK/VDX 운영체제, 태스크 간 메시지 전송을 관리해주는 OSEK/VDX COM^{Communication}, 네트워크의 상태를 모니터링하고 관리해주는 OSEK/VDX NM^{Network management}로 나뉜다(그림 7-1 참조). 아울러 운영체제와 네트워크를 개발하는 표준은 아니지만 OSEK/VDX 기반의 운영체제를 쉽게 개발하게 도와주는 도구에 관한 표준으로 구성됐다.

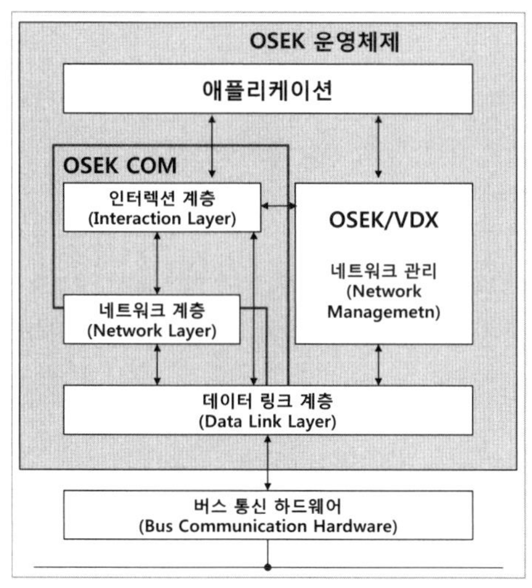

그림 7-1 OSEK OS를 사용하는 OSEK/VDX 계층 모델

각 항목의 상세 스펙은 OSEK/VDX 홈페이지(http://portal.osek-vdx.org)에서 내려 받을 수 있다. OSEK/VDX는 최소한의 사양을 정의하는 것이고, 이런 사양을 기반으로 구현은 OSEK/VDX 개발 업체의 몫이다. OSEK/VDX 홈페이지에서 내려받을 수 있는 표준은 다음과 같다.

OSEK/VDX 운영체제

OSEK/VDX 아키텍처는 인터럽트 레벨, 운영체제의 작업 레벨, 응용프로그램을 구동하는 태스크 레벨로 나눌 수 있다. 인터럽트 레벨의 우선순위는 운영체제의 작업이나 태스크 레벨보다 높다. 운영체제의 작업 레벨에서는 응용프로그램의 구동에 필요한 태스크 관리, 이벤트 관리, 카운터, 알람, 에러 처리를 한다

OSEK/VDX COM

OSEK/VDX COM은 차량 네트워크상에서 제어기들이 통신하는 인터페이스를 정의한다. 그림 7-1에서 확인할 수 있듯이 OSEK/VDX COM은 OSEK/

VDX NM과 하드웨어 통신 버스와 인터페이스를 제공한다. 즉 응용프로그램은 OSEK/VDX COM에서 제공하는 API를 사용해서 제어기 내 내부통신이나 제어기 밖의 다른 제어기와 외부통신을 할 수 있다.

OSEK/VDX OSEKTime OS, OSEK/VDX FT COM

차량용 제어기는 분산된 환경에서 작동한다는 것과 운전자와 동승자의 안전을 담보해야 하므로 높은 신뢰성을 보장해야 한다. OSEKTime OS와 FT COM[Fault-Tolerant Communication]은 높은 신뢰성이 필요한 분산 네트워크 환경에서 작동해야 하는 OS와 통신의 스펙을 정의한다.

OSEK/VDX NM

차량용 제어기는 네트워크에 물려 있으므로 네트워크의 상황에 영향을 받기도 하고 네트워크에 영향을 주기도 한다. 이런 환경에서 OSEK/VDX NM은 네트워크상의 제어기들을 모니터링하는 기능을 한다. 모니터링 메커니즘은 직접 방식과 간접 방식으로 나뉜다. 직접 방식은 네트워크를 형성하는 모든 노드가 다른 노드에 의해 모니터링되는 방식이다. 노드를 논리 링[logical ring]으로 구성하고 논리 링 간에 별도의 네트워크 메시지를 사용한다. 간접 방식은 네트워크 메시지를 이용하는 게 아니라 주기적으로 전송되는 애플리케이션 메시지를 이용한다.

OIL

OSEK/VDX 프로젝트의 추진 목적인 이식성[portability]을 달성하려면, 구현과 관계없이 OSEK/VDX 시스템을 정의하는 방법이 필요하다. OIL[OSEK/VDX Implementation Language]은 이식이 쉬운 OSEK/VDX 시스템을 구축하기 위해 만들어진 설정 언어다.

OSEK 객체 수준에서 디버깅을 지원하기 위해 디버거는 OSEK 컴포넌트를 디버깅하고 출력할 수 있어야 한다. ORTI[OSEK/VDX Run Time Interface]는 메모리에 있는 OSEK 객체에 접근해서 모니터링하고 디버깅하는 인터페이스를 제공한다.

OSEK/VDX는 차량용 소프트웨어 프레임워크인 AUTOSAR와 더불어 차량용 소프트웨어의 중요한 표준으로 자리잡았다. OSEK/VDX는 AUTOSAR처럼 상당히 방대한 분량의 표준이다. OSEK/VDX 표준을 활용하는 방법은 다양하다. OSEK/VDX 표준을 이용하는 한 가지 방법으로는 각 표준에 맞는 운영체제를 개발하는 것이 있다. 이것은 직접 OSEK/VDX 표준에 맞는 운영체제를 개발하려는 회사나 기관에서 접근하는 방법이다. 자동차 제조업체나 협력업체라면 OSEK/VDX를 직접 개발하는 경우보다 이미 개발된 OSEK/VDX를 구매해 필요에 맞게 변형해 사용하는 게 일반적이다. 따라서 본 장에서는 OSEK/VDX OS를 구매해 OIL을 통해 OS를 구성하고 응용프로그램을 개발하는 방법을 살펴보겠다. 여기서 사용하는 표준은 OSEK/VDX OS는 2.2.3버전, OIL은 2.5버전, COM은 3.0.3버전이다.

07 2 OIL 설정

OSEK/VDX에서는 벤더에서 제공하는 OSEK/VDX를 활용해 자동차 업체나 부품 업체에서 구현한 응용 소프트웨어를 쉽게 탑재해 사용할 수 있도록 표준을 구현했다. 이것이 바로 OIL이다. OIL을 사용해 벤더가 제공하는 OSEK/VDX의 각종 설정을 쉽게 할 수 있으며, 이렇게 설정한 운영체제에 응용 소프트웨어를 쉽게 탑재할 수 있다. 그 과정은 그림 7-2와 같다.

(1) 사용자는 응용프로그램과 관련된 코드를 작성한다.

(2) OSEK/VDX OS 벤더가 제공하는 OSEK 빌더를 사용해 OIL 파일을 자동 생성하거나 이런 빌더가 없는 경우에는 수작업으로 OSEK/VDX OS를 설정하는 OIL 파일을 작성한다.

(3) 시스템 생성기[SG]는 OIL 파일을 읽어 들여 OIL에 설정대로 OSEK/VDX OS 커널 파일을 생성하고 관련 파일을 만든다.

(4) (1)에서 사용자가 작성한 파일과 (3)에서 SG를 사용해 자동 생성한 파일을 컴파일 · 링크해서 실행 파일을 만든다.

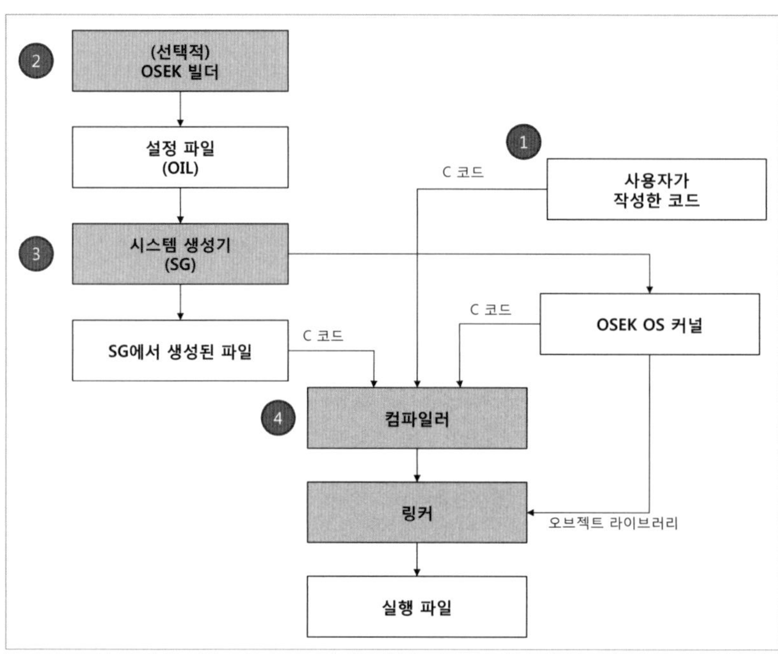

그림 7-2 OIL을 사용한 OSEK/VDX OS에서 개발과정

CPU마다 OIL 설정이 필요하다. 따라서 CPU의 개수만큼의 OIL 파일이 있어야 한다. OSEK 시스템 객체는 OIL 객체를 사용해 기술한다. OIL 객체는 다시 표준 속성을 사용해 정의한다. 벤더에 따라서 표준 속성에 정의되지 않은 독자적인 속성을 정의해 사용해야 할 때도 있다. 하지만 이런 속성들은 구현에서 처리할 속성이지 보편적으로 적용되지 않는다. 속성을 자유롭게 추가하는 것은 가능하지만, OIL 객체를 새롭게 만들거나 OIL 객체를 정의하는 문법을 변경하는 것은 허용되지 않는다. OIL에서 사용하는 OIL 객체를 표 7-1에 정리했다.

표 7-1 OIL 객체

OIL 객체	설명
CPU	OSEK 응용프로그램이 실행되는 CPU를 정의한다. OSKE 응용프로그램은 OSEK 서브시스템의 통제를 받는다.
OS	CPU에서 실행되는 OSEK OS를 정의한다.
APPMODE	응용프로그램이 실행되는 다양한 모드를 정의한다. APPMODE에 대한 표준 속성은 징의돼 있지 않다.
ISR	OS가 지원하는 인터럽트 서비스 루틴을 정의한다.
RESOURCE	태스크에 점유되는 리소스를 정의한다.
TASK	OS에 의해 처리되는 태스크를 정의한다.
COUNTER	알람에서 사용하는 하드웨어/소프트웨어 틱(tick)을 정의한다.
EVENT	이벤트와 관련된 태스크를 정의한다.
ALARM	카운터가 알람을 웨이크업(Wake-up)한다. 알람이 웨이크업됐을 때 태스크를 활성화하거나 이벤트를 설정하거나 알람 콜백 루틴을 활성화한다.
COM	OSEK COM 설정을 정의한나.
MESSAGE	OSEK COM에서 사용하는 메시지를 정의한다. 공급자와 관련된 속성을 정의한다.
NETWORKMESSAGE	OSEK COM에서 사용하는 메시지를 정의한다. OEM과 관련된 속성을 정의한다.
IPDU	OSEK COM과 관련이 있다. IPDU는 외부 통신 시 메시지를 전달힌다.
NM	OSEK NM 설정을 정의한다.

OIL 객체를 사용해서 OSEK/VDX OS를 설정할 수 있다. 설정하는 방법은 앞서 설명했듯이 OSEK/VDX 벤더가 제공해주는 OSEK 빌더를 사용하는 방법이 있다. 빌더가 없다면 수작업으로 OIL 객체를 사용해서 OIL 파일을 작성하는 방법이 있다. OIL 표준문서를 읽어보면 객체별로 사용할 수 있는 표준 속성이 나온다. 코드 7-1은 일반적인 OIL 설정 예제다(생략 부호 부분에 설정이 생략됐다).

코드 7-1 OIL 설정 예제

```
CPU ExampleCPU {
  OS MyOs {
    ...
  };

  TASK MyTask1 {
    PRIORITY = 17;
    ...
  };
  TASK MyTask1 {
    StackSize = 64;
    ...
  };
  ALARM MyAlarm1 {
    ACTION = ACTIVATETASK {
      TASK = MyTask1;
    };
      START = TRUE;
    ...
  };
  MESSAGE MyMsg1 {
    ITEMTYPE = "SensorData";
    ...
  };
  MESSAGE MyMsg2 {
    ITEMTYPE = "Acknowledge";
    ...
  };
  ISR MyIsr1 {
    RCV_MESSAGES = MyMsg1;
    RCV_MESSAGES = MyMsg2;
    ...
  };
}; //CPU ExampleCPU 끝
```

코드 7-2는 응용프로그램을 구동하려고 OIL 객체를 사용해 태스크 객체를 설정한 예제다. TaskA라는 태스크를 정의했다. 중괄호로 싸인 부분이 표준 속성을 사용해 태스크를 설정한 부분이다. 우선 PRIORITY는 태스크의 우선순위를 설정하는 표준속성이다. PRIORITY를 2로 설정함으로써 TaskA의 우선순위를 2로 설정했다. SCHEDULE은 태스크의 선점여부를 나타낸다. 이 표준 속성에 정의할 수 있는 값은 NON과 FULL이다. 스케줄러가 이 태스크의 선점을 허용하는 경우엔 FULL로, 허용하지 않는 경우엔 NON으로 설정한다. 예제에서는 NON으로 설정함으로써 선점을 허용하지 않았다. ACTIVATION은 활성화 요청을 할 수 있는 태스크의 최대 개수를 지정한다. 예제에서는 1을 지정함으로써 단 하나의 태스크만 활성화 요청을 할 수 있게 했다. AUTOSTART는 시스템이 시작할 때 자동 실행 여부를 나타낸다. TRUE이면 자동실행을 하고, FALSE이면 자동 실행을 하지 않는다. TRUE로 설정했을 때는 자동 실행을 적용할 응용프로그램 모드를 설정해야 한다. 예제에서는 AppMode1과 AppMode2일 때 자동실행이 적용된다. 태스크가 점유할 리소스와 태스크가 반응할 이벤트, 태스크에서 사용할 메시지를 각각 RESOURCE, EVENT, MESSAGE 객체를 사용해 지정한다(RESOUCE, EVENT, MESSAGE 객체에 대한 설명은 뒤에서 다룬다).

```
TASK TaskA {
  PRIORITY = 2;
  SCHEDULE = NON;
  ACTIVATION = 1;
  AUTOSTART = TRUE {
      APPMODE = AppMode1;
      APPMODE = AppMode2;
   };
  RESOURCE = resource1;
  RESOURCE = resource2;
  RESOURCE = resource3;
  EVENT = event1;
  EVENT = event2;
  MESSAGE = anyMesssage1;
};
```

코드 7-2 예제는 표준 속성만을 사용해 태스크를 설정한 경우다. 벤더에 따라서 추가 속성을 사용해 OIL을 설정할 수 있으므로, OIL 설정에 관한 부분은 벤더에서 제공하는 문서도 참고해야 한다. 이상으로 간략하게 OIL 파일 설정 방법을 살펴봤다. 지금부터 OSEK/VDX OS의 전반적인 내용을 살펴봄으로써 OSEK/VDX OS 기반의 응용프로그램 개발 방법을 알아보자.

07 3 응용프로그램 모드

차량용 제어기는 자동차에 탑재돼 동작하는 것 이외에도 다양한 모드를 제공해야 한다. 예를 들자면 공장의 테스트 모드나 플래시 프로그래밍으로 롬을 업데이트하는 모드 등이 필요하다. 이런 모드가 필요한 이유는 각 모드마다 소프트웨어 동작 특성이 달라지기 때문이다. OSEK/VDX OS는 다양한 응용 모드에서 작동할 수 있도록 응용프로그램 모드를 제공한다. 응용프로그램 모드와 관련된 시스템 서비스로는 현재 작동중인 응용프로그램 모드를 돌려주는 `GetActiveApplicationMode`, OSKE/VDX OS를 시작/중단하는 `StartOS`, `ShutdownOS`가 있다.

OIL 설정에서는 `APPMODE`의 표준 속성을 제공하지 않는다. 따라서 `APPMODE`와 관련된 설정은 `OS`를 공급하는 벤더에 따라 달라진다. 코드 7-3은 테스트 모드, 플래시 프로그래밍 모드, 차량에 탑재돼 동작하는 모드를 정의하는 OIL 설정 예제다. 필요한 모드가 있다면 이 설정에 모드를 추가해 사용할 수 있다.

코드 7-3 응용프로그램 모드를 설정하는 OIL 설정

```
// 응용프로그램 모드
APPMODE FACTORY_TEST {
        VALUE=AUTO;  //벤더 종속적인 속성
};
APPMODE FLASH_DOWN {
        VALUE=AUTO;
};
APPMODE NORMAL_OP {
        VALUE=AUTO;
};
```

현재 응용프로그램이 동작중인 모드는 `GetActiveApplicationMode` API를 사용하면 얻을 수 있다. 위와 같은 설정을 갖고 있는 응용프로그램이 정상 모드에서 동작중일 때 `GetActiveApplicationMode`를 호출하면 리턴 값으로 `NORMAL_OP` 값을 얻는다.

하드웨어 설정 작업을 완료한 뒤 OSEK/VDX OS를 구동하려면 StartOS API를 호출한다. 구동하려는 응용프로그램의 모드를 StartOS API의 입력변수로 입력한다. 코드 7-4는 하드웨어 초기화를 완료한 후 응용프로그램 모드를 정상 모드(NORMAL_OP)로 구동하는 예제다.

코드 7-4 OSEK/VDX OS의 구동 예제

```
Static AppModeType currMode = NORMAL_OP;

Void main(long argc)
{
        InitSystem(); //사용자가 정의해 사용하는 하드웨어 초기화 함수

        while(1){
                StartOS(currMode);
        }
}
```

사용자는 ShutdownOS API를 호출해 시스템을 중지할 수 있다. 코드 7-5는 응용프로그램 모드를 변경하려고 ShutdownOS API를 호출해 OSEK/VDX OS 구동을 중지하고, 새로 설정된 모드로 OSEK/VDX OS를 다시 스타트업하는 예제다. 현재 응용프로그램 모드와 변경할 모드가 다른 경우 전역변수에 변경할 모드를 저장하고 OS를 중지시킨다. 이렇게 하면 제어기가 다시 스타트업하면서 코드 7-4의 main이 호출되므로 StartOS에 변경된 응용프로그램 모드가 입력된다.

```c
void ChangeMode(AppModeType mode)
{
        if( mode != GetActiveApplicationMode()){
                currMode = mode;
                ShutdownOS(E_OK);
        }
}
```

07 5 태스크

운영체제에서 핵심적인 기능은 태스크 관리라고 할 수 있다. 특히 실시간을 절대적으로 보장해야 하는 제어기에서 사용하는 운영체제의 경우, 태스크 관리의 중요성을 강조해도 지나치지 않다. OSEK/VDX는 실시간을 보장하려고 운영체제 동작 중에는 태스크를 생성하지 않는다. 따라서 어떤 태스크를 사용하고 태스크 간 우선순위를 어떻게 설정할지는 설계 단계에서 결정해야 한다. OSEK/VDX에서는 어떤 방법으로 태스크를 관리하는지 살펴보자.

OSEK/VDX에서 태스크를 관리하는 방법은 크게 기본형basic type과 확장형extended type으로 나뉜다. OSEK/VDX OS의 태스크는 기본형 태스크이거나 확장형 태스크인 셈이다. 기본형 태스크의 상태는 ready 또는 running, suspended이고, 확장형 태스크는 기본형 태스크에 waiting 상태가 추가된다. 기본형 태스크와 확장형 태스크의 차이는 waiting 상태의 유무다. waiting 상태는 태스크가 다른 태스크에서 처리된 작업을 받아서 처리해야 할 때, 말하자면 태스크 간 작업 동기화를 위해 사용한다. 따라서 태스크 동기화에 사용되는 이벤트를 받아서 처리해야 하는 경우엔 확장형 태스크를 사용하고, 이벤트가 필요하지 않을 때에는 기본형 태스크를 사용한다. 그림 7-3은 기본형 태스크 상태 간 전이transition 관계를 나타낸다. 표 7-2는 각 상태를 연결하는 전이에 대한 설명이다.

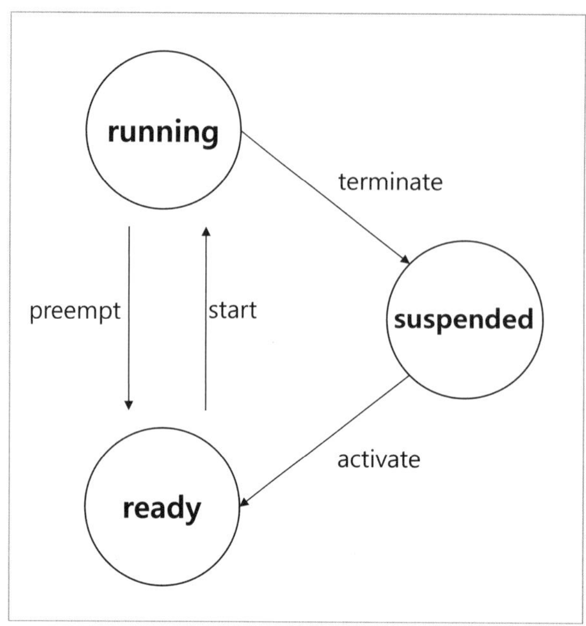

그림 7-3 기본형 태스크의 상태 모델

표 7-2 기본형 태스크의 상태와 전이관계

전이	이전 상태	신규 상태	설명
activate	suspended	ready	시스템 서비스가 신규 태스크를 ready 상태로 만든다.
start	ready	running	스케줄러가 선택한 ready 상태의 태스크가 실행된다.
preempt	running	ready	스케줄러가 다른 태스크를 실행하려고 running 상태의 태스크를 ready 상태로 만든다.
terminate	running	suspended	시스템 서비스가 running 상태의 태스크를 suspended 상태로 만든다.

그림 7-4와 표 7-3은 확장형 태스크의 상태와 전이를 보여준다. 앞서 설명했듯이 확장형은 기본형에 waiting 상태를 추가한 것이다. WaitEvent API를 호출할 수 있느냐에 따라서 확장형과 기본형으로 나뉜다. 태스크는 WaitEvent를 호출함으로써 자발적으로 waiting 상태로 들어갈 수 있다. 태스크가

waiting 상태가 됨으로써 자신보다 우선순위가 낮은 태스크가 실행될 기회를 준다.

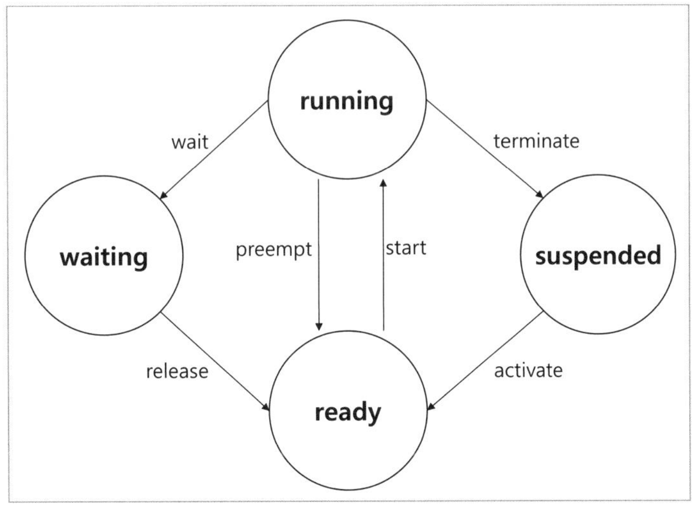

그림 7-4 확장형 태스크 상태 모델

표 7-3 확장형 태스크의 상태와 전이관계[1]

전이	이전 상태	신규 상태	설명
wait	running	waiting	시스템 서비스가 running 상태의 태스크를 waiting 상태로 만들 수 있다. 이 태스크가 계속 작업을 수행하려면 이벤트가 발생해야 한다.
release	waiting	ready	waiting 상태의 태스크가 기다리고 있는 이벤트가 발생한다.

차량용 소프트웨어는 적용 도메인과 제어기별로 필요한 사양이 다르다. 따라서 ASW에 따라 필요한 OS의 요구사항이 다르다. 사용하는 ASW의 특징에 따라 OS의 종류를 선택할 수 있도록 CC^{Conformance Class}라는 개념을 제공한다. 기본형 태스크와 확장형 태스크 지원여부, 태스크에 대한 복수의 활성화 요청 가능 여부 등에 따라서 CC의 기준이 달라진다. 따라서 CC는 크게 BCC1,

---

1 표에 표시되지 않은 상태와 전이는 기본형 태스크와 동일하다.

BCC2, ECC1, ECC2로 나눌 수 있다.

BCC1에서는 기본형 태스크만을 사용하고 태스크당 활성화 요청은 한 번으로 제한되며, 모든 태스크가 서로 다른 우선순위를 가져야 한다. BCC2는 BCC1과 같지만 동일한 우선순위를 갖는 태스크가 여러 개가 될 수 있고, 하나의 태스크에 대해 여러 개의 활성화 요청을 할 수 있다. ECC1은 BCC1과 동일하나 추가적으로 확장형 태스크를 사용할 수 있다. ECC2는 ECC1과 동일하나 동일한 우선순위를 갖는 태스크가 여러 개가 될 수 있고, 하나의 태스크에 대해 복수의 활성화 요청을 할 수 있다. 단 확장형 태스크에 대해 다수의 활성화 요청을 할 수 없다(기본형 태스크는 하나의 태스크에 대해 복수의 활성화 요청을 할 수 있다).

그림 7-5는 CC의 상위 호환성이 어떻게 되는지를 나타낸다. 즉 BCC1 기준으로 만든 ASW는 BCC2, ECC1, ECC2의 OSEK/VDX OS로 큰 어려움 없이 포팅할 수 있다. 하지만 ECC1 기준으로 만든 ASW는 BCC1의 OSEK/VDX OS로 단순 포팅이 어려우나 ECC2로 포팅은 그다지 어렵지 않다.

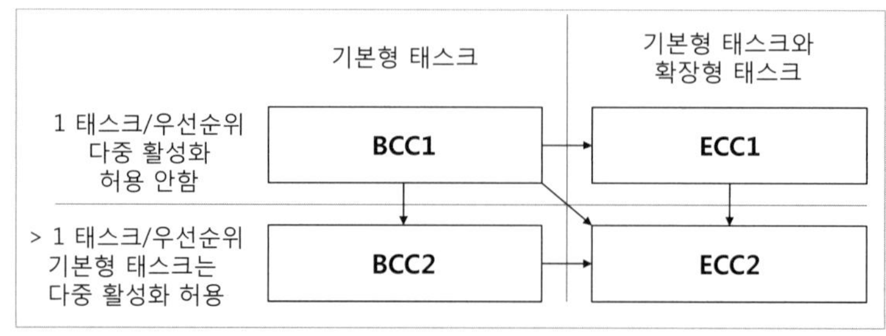

그림 7-5 CC의 상위 호환성

코드 7-6~8은 기본형 태스크를 사용해 태스크를 구현한 예제다. 코드 7-6은 OIL 파일 내에서 태스크 객체를 설정한 예제다. 예제에서는 2개의 태스크를 선언했다. InputKey 태스크는 기본형 태스크로 설정했으며, 스케줄러에 의해 선점이 되지 않게 했다. 아울러 우선순위에 0을 할당함으로 모든 태스크 가운데 우선순위가 가장 낮은 태스크로 설정했다. 활성화를 요청할 수 있는 태스크의 개수는 1개며, AUTOSTART를 TRUE로 설정함으로써 OS가 웨이크업될 때 자동으로 실행되게 했다.

ProcessKey 태스크도 기본형 태스크로 설정했다. 이 태스크는 스케줄러가 선점할 수 있게 설정했으며, 우선순위를 2로 할당함으로써 InputKey 태스크보다 우선순위가 높다. 아울러 동시에 실행되는 태스크의 개수는 1개고, AUTOSTART를 FASLE로 설정함으로써 OS가 웨이크업될 때 자동으로 실행되지 않는다.

코드 7-6 태스크 객체를 설정하는 OIL 파일

```
//TASK 설정
TASK InputKey {
        TYPE=BASIC; // 벤더에서 추가한 속성, OSEK/VDX의 표준 속성이 아님
        SCHEDULE = NON;
        PRIORITY = 0;
        ACTIVATION = 1;
        AUTOSTART = TRUE;
};
TASK ProcessKey {
        TYPE=BASIC; // 벤더에서 추가한 속성, OSEK/VDX의 표준 속성이 아님
        SCHEDULE = FULL;
        PRIORITY = 2;
        ACTIVATION = 1;
        AUTOSTART = FALSE;
};
```

코드 7-7은 InputKey 태스크의 구현체다. 태스크를 사용하려면 TASK() 매크로를 사용해야 한다. 예제는 while(1)를 사용했으므로 무한 루프로 실행된다. 따라서 이 태스크보다 우선순위가 낮게 설정된 태스크가 실행되기 위해 이 태스크의 우선순위는 가장 낮게 설정돼야 한다. 코드는 사용자가 키를 입력했는지 검사해 키 입력 상태^{keySate}가 FALSE이고, 키값이 0이 아니라면

ProcessKey 태스크를 호출해 입력한 키를 처리한다. ProcessKey 태스크를 호출하려고 ActivateTask API를 호출했다. ActivateTask에서 사용하는 입력변수는 OIL에서 설정한 태스크 객체의 ID다. OS 커널은 ActivateTask로 입력받은 태스크의 첫 번째 코드부터 실행한다.

OIL 설정에서 InputKey 태스크를 자동 시작하게 설정했으므로 OS가 구동되면 태스크는 자동 실행된다. 아울러 InputKey 태스크를 비선점형으로 설정했으므로 스케줄러를 호출해서 제어권을 넘기지 않는다면 ProcessKey는 실행되

코드 7-7 기본형 태스크를 사용해 키 입력을 처리하는 태스크 예제

```
static UINT8 keyValue;

TASK(InputKey)
{
        UINT32 delayTimer;
        BOOLEAN keyState = FALSE;

        while(1){
                keyValue = GetInputKey();

                if(keyState == FALSE){
                        if(keyValue != 0 ){
                                keyState = TRUE;
                                ActivateTask(ProcessKey);
                        }
                }
                else{
                        if(keyValue == 0 ){
                                keyState = FALSE;
                          }

                }

                for(delaytimer = 1000; delayTimer > 0; delayTimer--){
                        Schedule();
                }
        }
}
```

지 않는다. ProcessKey 태스크의 우선순위가 InputKey보다 높지만 자동실행을 설정하지 않았으므로 ProcessKey는 실행되지 않는다. 따라서 ProcessKey를 실행하기 위해 스케줄러를 호출해야 한다. Schedule API를 호출하면 스케줄러를 호출할 수 있다. 코드 7-7에서 굵게 표시된 줄에서 Schedule API를 호출한다. Schedule API는 우선순위가 높은 태스크 가운데 ready 상태에 있는지 확인한다. 스케줄러가 이런 태스크를 발견하면 해당 태스크에게 실행권한을 넘긴다.

코드 7-8은 InputKey에 의해 호출되는 ProcessKey 태스크의 예제다. 이 태스크는 입력된 키값에 따라서 cruise_mode 변수에 값을 할당한다. 이 태스크는 처리를 완료하고 스케줄러에게 실행권한을 넘기려고 TerminateTask API를 호출한다. TerminateTask API가 호출되면, 이 API를 호출한 태스크는 running 상태에서 suspended 상태로 전환된다. 아울러 이 태스크에 할당된 내부 자원resource이 해제된다. TerminateTask를 호출하기 전에 이 태스크가 선점하고 있던 자원을 해제해 주어야 한다. 자원을 해제하지 않을 경우 문제가 발생할 수 있다.

TerminateTask가 호출되면 ProcessKey 태스크는 suspended 상태로 전환되고, InputKey 태스크가 실행돼 앞서 설명한 작업이 다시 수행된다. 태스크 실행과 관련해 ChainTask API가 있다. ChainTask API도 입력받은 TASK ID의 태스크를 실행하도록 하는데, ActivateTask와 TerminateTask를 각각 실행한 것과 동일하다. 적절하게 태스크 간 스케줄링이 발생하려면 반드시 모든 태스크는 TerminateTask나 ChainTask를 호출하면서 종료해야 한다. 이 API를 사용하지 않고 태스크를 종료하면 문제가 발생할 수 있다.

```c
static UINT8 cruise_mode;

TASK(ProcessKey)
{
        switch(keyValue){
                case 1:
                        cruise_mode = NONE;
                        break;
                case 2:
                        cruise_mode = SET;
                        break;
                case 3:
                        cruise_mode = CANCEL;
                        break;
                case 4:
                        cruise_mode = RESUE;
                        break;
                default:
                        cruise_mode = NOT_DEF;
        }

        TerminateTask();
}
```

07 6 ISR

OSEK/VDX OS에서 인터럽트[ISR, Interrupt Service Routine]를 처리하는 함수는 두 분류로 나뉜다(그림 7-6 참조). ISR 분류1[ISR Category1]은 운영체제가 제공하는 서비스를 사용하지 않는 ISR이다. ISR이 처리된 후에 인터럽트가 발생했던 명령어부터 다시 실행된다. 말하자면 ISR 분류1은 태스크 관리에 영향을 주지 않는다. 따라서 ISR 분류1은 오버헤드가 거의 없다. ISR 분류2[ISR Category2]는 운영체제가 제공해주는 ISR 프레임을 사용해서 ISR을 처리한다.

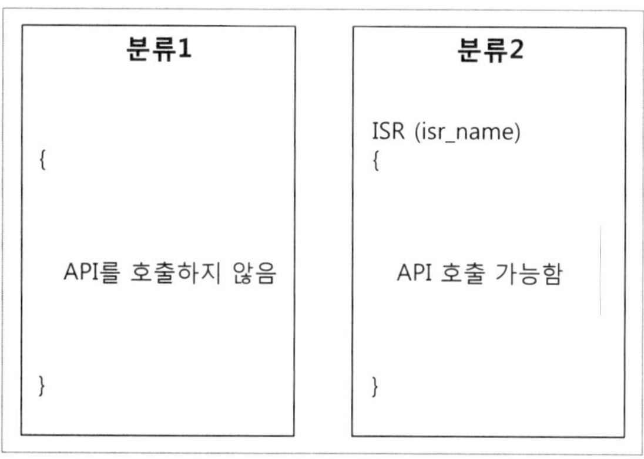

그림 7-6 ISR 분류

모든 인터럽트는 태스크보다 우선순위가 높으므로 인터럽트 처리는 시스템이 태스크에 실행 권을 넘겨주기 전에 종료돼야 한다. 그림 7-7은 ISR 분류2의 인터럽트가 분류1의 ISR를 인터럽트하는 것을 보여준다. 분류2의 인터럽트가 종료되면 분류1의 인터럽트가 중단지점부터 다시 실행된다. 하지만 분류2의 인터럽트에서 처리된 태스크 활성화나 이벤트 설정은 분류1의 인터럽트가 종료돼도 호출되지 않는다. 앞서 설명했듯이 분류1의 인터럽트는 운영체제의 통제를 받지 않으므로 인터럽트가 종료돼도 재스케줄링^{rescheduling}이 일어날 가능성이 없다. 따라서 분류2의 인터럽트 안에서 호출된 OS 관련 서비스들이 다음번 스케줄링 포인트까지 지연된다. 그래서 이런 문제를 피하려면 규칙을 세워서 처리해야 한다. 이런 규칙의 간단한 예로는 분류1의 인터럽트가 분류2의 인터럽트보다 하드웨어 우선순위가 높거나 같게 하는 것이다.

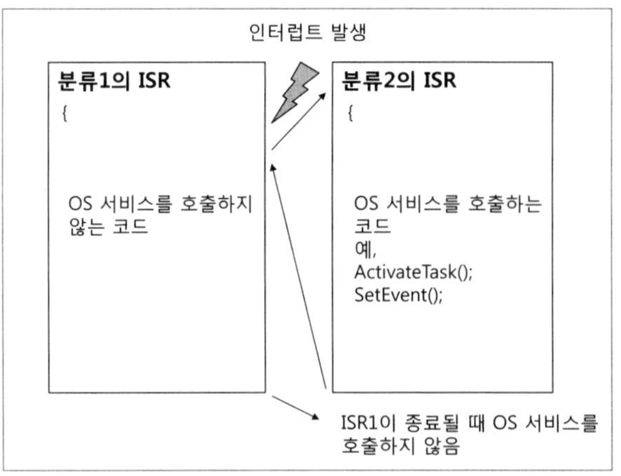

그림 7-7 중첩된 인터럽트

OSEK/VDX OS는 ISR에 진입했을 때 다른 인터럽트가 발생하지 않게 하는 함수도 제공한다. 인터럽트 발생을 막는 함수로는 DisableAllInterrupts, SuspendAllInterrupts, SuspendOSInterrupts가 있다. 인터럽트를 다시 활성화하는 함수로는 EnableAllInterrupts, ResumeAllInterrupts, ResumeOSInterrupts가 있다. DisableAllInterrupts 함수는 EnableAllInterrupts와 한 쌍으로 사용해야 한다. 마찬가지로 SuspendAllInterrupts는 ResumeAllInterrupts와, SuspendOSInterrupts는 ResumeOSInterrupts와 한 쌍으로 사용해야 한다.

07 **7** 훅

OSEK/VDX OS는 에러 발생, OS 초기화, OS 종료 시, 디버깅 시에 사용자가 필요한 작업을 할 수 있게 훅[hook] 메커니즘을 제공한다. OIL 파일을 설정해 사용하려는 훅을 등록할 수 있다. 코드 7-9는 사용하려는 훅을 설정하는 OIL 설정 파일을 보여준다. STARTUPHOOK, ERRORHOOK, PRETASKHOOK, POSTASKHOOK을 설정할 수 있다. 훅을 사용하려면 표준 속성값을 TRUE로 설정한다. 코드 7-9에서는 OS 시작 · OS 종료 · OS 에러가 발생했을 때, 훅 메커니즘을 사용하도록 설정했다. 표 7-4는 OSEK/VDX에서 제공하는 훅과 훅 호출 요건을 만족할 때 호출되는 훅 루틴이다.

코드 7-9 훅을 설정하는 OIL 파일

```
OS ExampleOS {
  STATUS = STANDARD;
  STARTUPHOOK = TRUE;
  ERRORHOOK = TRUE;
  SHUTDOWNHOOK = TRUE;
  PRETASKHOOK = FALSE;
  POSTTASKHOOK = FALSE;
    USEGETSERVICEID = FALSE;
    USEPARAMETERACCESS = FALSE;
    USERESSCHEDULER = TRUE;
};
```

표 7-4 설정 가능한 훅과 훅 루틴

훅 이름	훅 루틴

OS 스타트업 시(STARTUPHOOK)	void StartupHook(void)
	{
	  //초기화 관련 코드
	}

OS 종료 시(SHUTDOWNHOOK)	void ShutdownHook(void)
	{
	  //종료 관련 코드
	}

에러 발생 시(ERRORHOOK)	Void ErrorHook (StatusType error)
	{
	  //에러 처리 관련 코드
	}

태스크 호출 전(PRETASKHOOK)	void PreTaskHook(void)
	{
	  //디버깅 관련 코드
	}

태스크 호출 후(POSTTASKHOOK)	void PostTaskHook (void)
	{
	  //디버깅 관련 코드
	}

OSEK/VDX는 우선순위 기반의 선점형 스케줄러를 사용한다(그림 7-8). 우선순위는 0~16까지를 부여해 사용하며 숫자가 높을수록 우선순위가 높다. 즉 1의 값을 가진 태스크가 2의 값을 가진 태스크보다 우선순위가 낮다. 스케줄러를 구현하기 위해 우선순위마다 태스크를 보관하는 큐가 있다. 이 큐는 FIFO형으로서 먼저 입력된 태스크를 우선적으로 처리한다.

그림 7-8을 보면 우선순위 3의 대기 큐에는 3개의 태스크가 있고, 우선순위 2와 1에는 1개의 태스크가, 우선순위 0의 큐에는 2개의 태스크가 대기하고 있다. 우선순위가 높은 태스크 위주로 처리되므로 3번 우선순위 큐에 있는 3개의 태스크가 모두 running이나 ready 상태로 바뀌거나 종료돼서 큐에서 제거되지 않는다면, 우선순위 2의 큐에 있는 태스크는 처리되지 않는다. 같은 우선순위의 태스크라도 선점된 태스크를 가장 오래된 태스크로 가정하고 waiting 상태의 태스크를 최신 태스크로 간주한다.

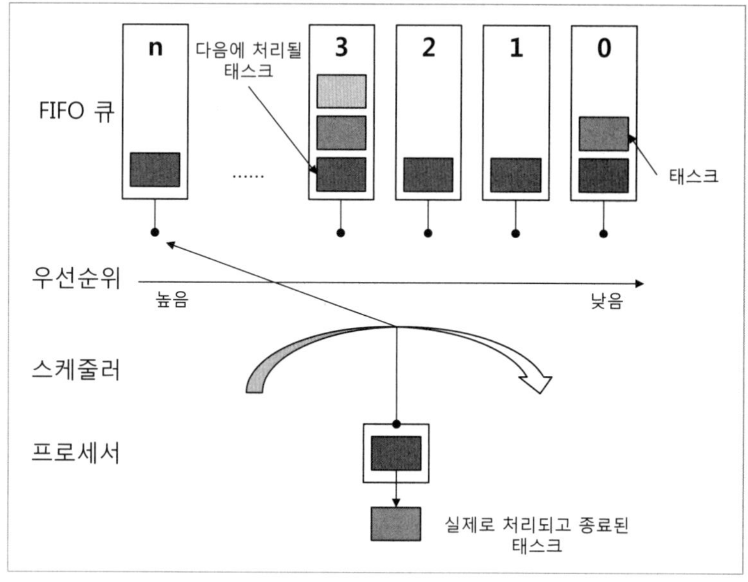

그림 7-8 FIFO 큐를 사용하는 스케줄러

다른 실시간 OS와 달리, OSEK/VDX OS에는 타이머라는 개념이 없다. 대신에 알람을 사용해 동일한 속도로 회전하는 축에 장착된 인코더에서 주기적으로 값을 읽거나, 일정한 주기로 실행돼야 하는 응용프로그램을 구동한다. OSEK/VDX OS는 카운터를 사용해 알람을 발생한다. 즉 알람과 관련된 카운터가 증가해 미리 설정된 값에 도달하면 알람이 발생[trigger]한다.

우선 카운터에 대해 살펴보자. OSEK/VDX OS에서는 카운터와 관련된 표준 API를 제공하지 않는다. 이것은 카운터와 관련된 구현은 OS를 만드는 벤더에게 맡긴다는 뜻이다. 카운터와 관련돼 사용해야 하는 API는 벤더에서 제공하는 문서를 확인하자. 여기서는 카운터와 관련해 OIL을 설정하는 방법으로 살펴본다. 코드 7-10은 카운터와 관련된 OIL 설정이다.

코드 7-10 카운터 설정 OIL

```
// 카운터 설정
COUNTER Timer1 {
  MINCYCLE = 16;
  MAXALLOWEDVALUE = 359;
  TICKSPERBASE = 1;
};

COUNTER SystemCounter{    //벤더에서 구현한 시스템 카운터
  MINCYCLE = 1;
  MAXALLOWEDVALUE = 65535;
  TICKSPERBASE = 1000000;
};
```

Timer1은 일반적인 카운터를 나타낸다. MAXALLOWEDVALUE는 카운터의 최댓값이다. 카운터가 이 값에 도달하면 다음 카운터는 0으로 설정된다. 이 예세를 휠의 회전을 나타내는 카운터라고 하자. 이 카운터는 1도 돌아갈 때마다 1씩 증가한다면(0부터 시작함), 359가 최댓값이 된다. 카운터가 359가 되면, 다

음번 카운터는 0이 된다. OSEK/VDX OS에서는, TICKSPERBASE란 카운터가 1이 증가하는 데 필요한 틱이라고 다소 모호하게 정의한다. 따라서 이것은 어떤 OS를 사용하느냐에 따라 달라진다. 예제에서는 TICKSPERBASE를 1로 설정했으므로, 카운터 1이 증가하려면 틱이 1이 돼야 한다. MINCYCLE은 주기적인 알람을 발생시키는 카운터를 정의한다. 예제에서 MINCYCLE를 16으로 설정함으로써 카운터가 16번 증가할 때 알람을 발생시킬 수 있다.

OSEK/VDX OS는 최소 하나의 카운터를 제공하는데, 흔히 시스템 카운터라고 한다. 시스템 카운터는 소프트웨어 타이머나 하드웨어 타이머를 사용해 구현할 수 있다. 즉 구현에 따라서 달라진다는 뜻이다. 예제에서 SystemCounter가 시스템 카운터에 해당한다. TICKSPERBASE에 1000000이 설정돼 있는데, OSEK/VDX OS에서는 TICKSPERBASE 단위를 1나노초로 정의한다. 따라서 예제에서는 1밀리초(=100,000나노초)가 지나면 카운터를 1증가시킨다. 예로 제시한 OS에서는 시스템 카운터로 16비트 변수를 사용하므로 MAXALLOWEDVALUE를 65535로 설정했으며, MINCYCLE이 1이므로 카운터가 1 증가할 때마다 주기적으로 알람을 발생시킬 수 있다.

시스템 카운터의 경우 OS가 TICKSPERBASE의 값에 따라서 카운터를 알아서 증가시킨다. 하지만 사용자가 설정한 카운터의 경우에는 카운터를 사용자가 올려야 할 때도 있다. 앞서 설명했듯이 OSEK/VDX OS는 카운터에 관해 표준 API를 제공하지 않으므로 카운터를 증가시키는 API는 사용하는 OS마다 다르다. 따라서 코드 7-10의 경우에 IncrCounter라는 함수가 있다고 가정해보자. Timer1은 휠이 1도 회전할 때마다 카운터를 증가시킨다. 따라서 휠이 1도 회전할 때마다 호출되는 ISR에 IncrCounter(Timer1); 이라는 코드를 넣어줌으로써 카운터를 증가시킬 수 있다. 아울러 현재 카운터의 값을 가져오는 API도 존재할 수 있다. 앞의 코드에서는 GetCounterValue(Timer1)를 호출함으로써 현재 Timer1의 카운터 값을 확인할 수 있다.

지금부터 정의된 카운터를 이용해 알람을 사용하는 방법을 알아보자. 알람은 카운터가 지정된 값에 도달했을 때, 태스크의 활성화·이벤트 설정·알람 콜백 루틴을 호출할 수 있다. 어떤 카운터를 사용할지, 카운터가 설정된 값에 도달했을 때 어떤 액션을 취할지는 OIL을 사용해 설정한다. 코드 7-7을 알람을 사용하는 방식으로 변경해보자. 코드 7-11은 코드 7-7의 알람 사용을 위한 OIL 설정을 나타낸다.

코드 7-11 알람 설정 OIL

```
//알람 설정
ALARM WakeInputKey {
  COUNTER = SystemCounter;
  ACTION = ACTIVATETASK {
    TASK = InputKey;
  };
  AUTOSTART = TRUE {
     ALARMTIME = 50;
     CYCLETIME = 10;
     APPMODE = NORMAL_OP;
  };
};

ALARM WakeTaskA {
  COUNTER = Timer1;
  ACTION = ACTIVATETASK {
    TASK = TaskA;
  };
  AUTOSTART = FALSE;
};
```

WakeInputKey는 알람 설정이다. COUNTER를 SystemCounter로 설정함으로써, WakeInputKey는 시스템 카운터를 사용해 알람을 설정했다. ACTION에는 크게 ACTIVATETASK, SETEVENT, ALARMCALLBACK을 지정할 수 있다. 예제에서는 ACTION에 ACTIVATETASK를 설정해 카운터가 지정된 값에 도달했을 때 태스크를 활성화하게 했다. ACTION을 ACTIVATETASK로 설정한 경우, 하위 표준 속성인 TASK에 활성화할 태스크를 지정해야 한다. 여기서는 InputKey를 지정함으로써 코드 6에서 작성한 InputKey 태스크가 실행되게 설정한다.

AUTOSTART 표준 속성은 응용프로그램 모드에 따라서 OS가 스타트업될 때 알람을 자동 실행할지를 지정한다. 예제에서는 AUTOSTART를 TRUE로 지정함으로써 자동시작을 사용했다. 자동 시작을 사용하지 않는다면 FALSE로 지정한다. AUTOSTART를 TRUE로 지정한 경우, ALARMTIME, CYCLETIME, APPMODE라는 3개의 하위 속성도 지정해야 한다. ALARMTIME은 최초로 알람이 호출되는 시간을 지정한다. ALARMTIME을 50으로 지정했으므로 InputKey 태스크는 OS가 시작하고 나서 50밀리초가 지난 후 최초로 호출된다(1ms마다 카운터가 증가하는 시스템 카운터를 사용하기 때문이다). CYCLETIME은 최초 호출 후 알람이 반복 호출될 주기를 지정한다. CYCLETIME을 10으로 지정했으므로 InputKey 태스크는 10밀리초마다 반복된다. APPMODE는 알람이 사용된 응용프로그램 모드를 지정한다. 여기서는 NORMAL_OP로 지정했으므로 정상 동작일 때만 WakeInputKey 알람을 자동 시작한다. 즉 FACTORY_TEST나 FLASH_DOWN에서는 알람이 자동 시작하지 않는다(응용프로그램 모드는 코드 7-3을 참조한다).

지금까지 알람을 설정했으므로 InputTask가 WakeInputKey 알람을 사용하게 수정해보자. 코드 7-12는 코드 7-7을 수정한 것이다. 코드 7-7은 while(1) 문을 사용해 무한 루프를 돌면서 Schedule 표준 API로 태스크 간 전환을 했다. 수정된 코드는 WakeInputKey을 사용해 태스크가 10ms마다 호출됨으로 무한루프를 돌면서 Schedule API를 호출할 필요가 없어졌으므로 스케줄링 관련 코드를 삭제했다. 무한루프를 돌지 않으므로 태스크를 명시적으로 종료할 필요가 있다. 따라서 코드 마지막에 태스크를 종료하는 TerminateTask 표준 API를 삽입했다.

```c
TASK(InputKey)
{
        UINT32 delayTimer;
        BOOLEAN keyState = FALSE;


        keyValue = GetInputKey();


        if(keyState == FALSE){
                if(keyValue != 0 ){
                        keyState = TRUE;
                        ActivateTask(ProcessKey);
                }
        }
        else{
                if(keyValue == 0 ){
                        keyState = FALSE;
                }
        }

        TerminateTask();
}
```

OIL 설정에서 알람이 자동 시작하게 설정하지 않았을 때는 코드상에서 알람을 설정해 줘야 한다. 알람을 설정하는 표준 API로는 `SetRelAlarm`, `SetAbsAlarm`이 있으며, 설정된 알람을 해제하는 표준 API는 `CancelAlarm`이 있다. 코드 7-13은 이상의 표준 API를 사용한 예제다. `SetRelAlarm`은 알람 시작을 상대적으로 설정한다. <increment>는 0 이상의 값을 가진다. 알람을 설정한 순간의 카운터에서 <increment>만큼의 카운터가 지났을 때 알람을 설정한다. <cycle>은 반복주기를 나타내며, 0으로 설정하면 알람을 반복하지 않는다. <increment>가 아주 작아서 `SetRelAlarm`을 설정한 순간이미 카운터가 설정한 값을 지났을 때는 알람에서 지정한 액션이 수행된다.

SetAbsAlarm은 알람 시작을 절대적으로 설정한다. <start>는 0 이상의 값을 가진다. 카운터가 <start>에 아주 가깝게 근접했을 때 알람이 설정된다. 알람을 설정했을 때 카운터가 이미 <start>보다 크다면 다음번 카운터에 시작된다. SetAbsAlarm에서도 <cycle>을 사용해 반복을 설정할 수 있으며, 0으로 설정한 경우 반복하지 않는다. CancelAlarm은 현재 설정된 알람을 해제한다.

코드 7-13 알람과 관련된 기타 표준 API

```
//상대 시간으로 알람을 설정함
// StatusType SetRelAlarm ( AlarmType <AlarmID>,
      TickType <increment>,  TickType <cycle> )
SetRelAlarm (WakeTaskA, 10, 10);

…


//설정된 알람을 취소함
CancelAlarm(WakeTaskA);

…


//절대시간으로 알람을 설정함
// StatusType SetAbsAlarm ( AlarmType <AlarmID>,
      TickType <start>,  TickType <cycle> )
SetAbsAlarm (WakeTaskA, 20, 10);
```


07 10 이벤트

OSEK/VDX에서 제공하는 이벤트 메커니즘을 사용해 태스크 간 작업을 동기화할 수 있다. 이벤트를 사용하려면 우선 확장형 태스크를 사용해야 한다. 이벤트를 사용해 태스크 간 동기화를 하려면 다른 태스크에서 작업을 처리하는 동안 작업을 요청하는 태스크는 대기해야 하므로, 반드시 waiting 상태를 사용해야 한다. 따라서 waiting 상태를 제공하는 확장형 태스크에서만 이벤트 메커니즘을 사용할 수 있다.

그림 7-9는 waiting 상태의 태스크가 어떻게 ready 상태의 태스크로 전이
하는지를 보여준다. 확장형 태스크 T1에서 작업을 처리하려면 확장형 태스크
T2에서 필요한 작업을 처리해 줘야 한다고 해보자. 태스크 T1은 WaitEvent
를 실행해 waiting 상태로 전이해 태스크 T2의 작업이 끝나기를 기다린다.
태스크 T2는 태스크 T1에서 필요한 작업을 끝내고 SetEvent API를 호출해
작업이 끝났다는 것을 알린다. SetEvent가 호출되면 스케줄러가 실행되면서,
태스크 T1이 waiting 상태에서 ready 상태로 바뀐다. 즉 태스크 T1의 우선
순위가 더 높으므로 태스크 T1이 태스크 T2를 선점하는 셈이다. 태스크 T1이
실행되면 이벤트를 해지하고 작업을 처리한다. 그러다 다시 태스크 T2의 작업
이 필요하면 WaitEvent를 실행해서 waiting 상태로 전이한다.

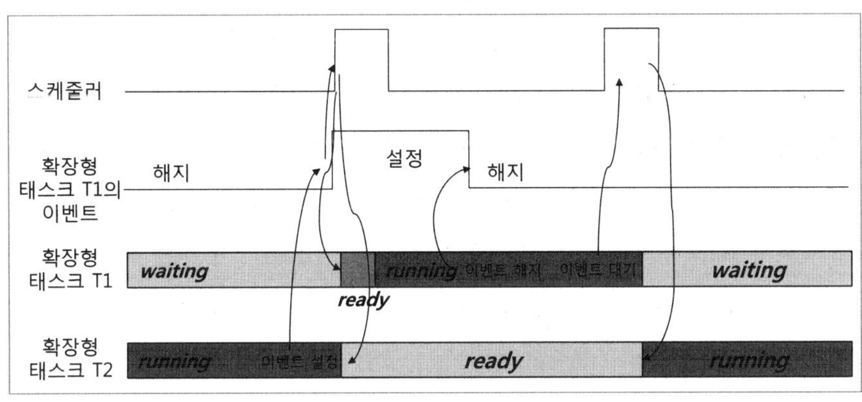

그림 7-9 이벤트 타이밍 차트

코드 7-14는 OIL에서 이벤트를 설정하는 예제다. OIL에서 사용하는 이벤트
객체는 마스크로 표현된다. 태스크가 WaitEvent 표준 API를 사용해 수신할
이벤트를 설정할 때, 다수 이벤트를 설정할 수 있다. 마스크는 이벤트를 다수
설정할 때 마스크 비트로 사용될 수 있다. 마스크는 MASK 표준 속성에 0x01과
같은 값을 지정해 사용자가 직접 설정하거나 AUTO를 지정해서 자동으로 할당
받을 수도 있다.

```
//이벤트 설정
EVENT event1 {
  MASK = 0x01;
};
EVENT event2 {
  MASK = AUTO;
};
EVENT event3 {
  MASK = AUTO;
};
```

코드 7-15는 `SetEvent`, `WaitEvent`, `GetEvent`, `ClearEvent` 표준 API를 사용해서 이벤트를 활용하는 방법을 보여준다. 태스크 안에서 특정 이벤트를 대기해야 하는 경우, `WaintEvent`를 사용한다. `WaitEvent`에 대기해야 하는 하나의 이벤트만 입력하거나 여러 개의 입력을 기다려야 하는 경우에는 | 연산자를 사용해 대기해야 하는 이벤트를 복수로 지정할 수 있다. 다수 이벤트를 대기하는 경우, 이벤트가 발생했을 때 어떤 이벤트가 발생했는지 확인할 필요가 있다. 이때는 `GetEvent`를 사용하면 현재 발생한 이벤트의 종류를 알아낼 수 있다. 이벤트를 대기할 필요가 없어졌으면 `ClearEvent`를 사용해 설정한 이벤트를 해지할 수 있다. `WaitEvent`와 마찬가지로 | 연산자를 사용해서 복수의 이벤트를 해지할 수도 있다. `SetEvent`를 사용하면 이벤트를 기다리는 다른 태스크에 이벤트가 발생했다는 것을 알릴 수 있다.

코드 7-15 이벤트를 사용하는 태스크

```c
TASK(TaskA)
{
  EventMaskType eventMask;
  …


  //event1, event2, event3 가운데 하나가 발생할 때까지 기다림
  //StatusType WaitEvent ( EventMaskType <Mask> )
  WaitEvent (event1 | evetn2 | event3);


  //이벤트가 발생했을 때 어떤 이벤트가 발생했는지 가져옴
  //StatusType GetEvent (  TaskType <TaskID>,
      EventMaskRefType <Event> )
  GetEvent(TaskA, (EventMaskRefType)& eventMask);


  //event1 이벤트가 발생했는지 검사
  If((eventMask & event1) != 0 )
  {
    …
  }


  ….


  //이벤트를 해지함
  // StatusType ClearEvent ( EventMaskType <Mask> )
        ClearEvent(event1 | evetn2 | event3);


}


TASK(TaskB)
{
  …

  //이벤트를 설정함
  //StatusType SetEvent (  TaskType <TaskID>,
      EventMaskType <Mask> )
  SetEvent(TaskA, event1 );
  ...
}
```

대개의 멀티태스킹·멀티프로세스 OS는 태스크 간에 자원을 공유하는 방법을 제공한다. OSEK/VDX OS도 PCP^Priority Ceiling Protocol라는 방법을 사용해 태스크 간 자원을 공유하게 한다. PCP에 대해 살펴보기 전에, 태스크들이 자원을 공유하다가 발생하는 우선순위 역전^priority inversion 문제를 간단하게 살펴보자. 우선순위 역전이란 우선순위가 낮은 태스크가 공유자원을 점유함으로써 우선순위가 낮은 태스크가 우선순위가 더 높은 태스크를 선점하는 상태다. 그림 7-10은 우선순위 역전이 발생하는 경우를 정리한 것이다.

그림 7-10에서 A, B, C는 태스크이고 R은 태스크들이 공유하는 자원이다. 우선순위는 C가 가장 높고 A가 가장 낮다.

Time	suspended	waiting	ready	running	unlocked	locked
1	B C			A	R	
2	B C			A		R
3	B	C	A			R
4	B	C		A		R
5		C	A	B		R
6	B	C		A		R
7	B		A	C	R	
8	B C			A	R	

그림 7-10 우선순위 역전 예제

Time1: 태스크 A가 실행된다.

Time2: 태스크 A가 실행되면서 자원 R을 잠근다.

Time3: 태스크 C가 활성화되면서 태스크 A를 선점한다. 태스크 C가 자원 R을 선점하려고 한다. 하지만 A가 이미 자원을 선점했으므로 태스크 C는 대기상태로 들어간다. 이것은 확장형 태스크에서 다룬 waiting 상태와 비슷하다.

Time4: 태스크 A가 선점됐던 지점부터 다시 실행된다.

Time5: 태스크 B가 활성화돼서 태스크 A를 선점한다. 이 지점에서 우선순위 역전이 발생한다. 태스크 C는 사용하려는 자원이 잠겼으므로 태스크 B가 완료될 때까지 기다려야 한다. 즉 태스크 A가 자원 때문에 태스크 C를 선점하는 것은 문제없다. 하지만 자원과 상관없는 태스크 B가 우선선위가 더 높은 태스크 C를 선점하는 우선순위 역전 현상이 발생한 것이다.

Time6: 태스크 B가 끝나고 태스크 A가 다시 실행된다.

Time7: 태스크 A가 자원 잠금을 해제한다. 이때 태스크 C가 태스크 A를 다시 선점하고 나서 작업을 끝낸다.

Time8: 태스크 C는 작업을 완료하고 종료한다. 태스크 A가 다시 실행된다.

우선순위 역전이 발생하면 우선순위가 높아서 우선적으로 처리돼야 하는 태스크의 수행 시간이 비결정적으로 바뀐다. 우선순위 역전은 우선순위가 높은 태스크의 실행시간을 보증할 수 없다는 문제가 있지만, 실행되는 태스크는 어떻게든지 종료된다. 하지만 자원 공유 문제 때문에 발생할 수 있는 데드락은 시스템을 정지시킨다. OSKE/VDX OS는 자원을 공유하면서 발생할 수 있는 우선순위 역전이나 데드락을 방지하려고 PCP를 사용한다.

PCP란 자원에 우선순위를 부여하고 이 자원을 점유하려는 태스크에 자원에 할당된 우선순위와 동일한 우선순위를 자원을 점유하는 동안에만 부여함으로써 우선순위 역전과 데드락을 막는 방법이다. PCP의 작동원리를 간단하게 살펴보자. 어떤 태스크의 우선순위가 5이고 사용하려는 자원의 우선순위가 7일 때, 이 태스크가 자원을 사용하고자 점유하려면 태스크의 우선순위를 7로 올린다. 자원을 다 사용하고 나서 점유를 해제하면 태스크의 우선순위를 원래대로 돌려놓는다. 즉 우선순위 5로 돌린다. 사용하려는 자원보다 우선순위가 높은 태스크는 태스크의 우선순위를 그대로 둔다. 예를 들어서 태스크의 우선순

위가 8이고 자원의 우선순위가 7이라면, 태스크가 자원을 점유할 때 태스크의
우선순위를 8로 유지한다.

예제를 통해 PCP 작동 방식을 다시 살펴보자. 그림 7-11에서 태스크 T0
의 우선순위가 가장 높고 태스크 T4의 우선순위가 가장 낮다. 태스크 T4가
running 상태일 때 자원을 사용한다고 하자. 자원의 우선순위인 ceiling 우선
순위가 태스크의 우선순위보다 높으므로, 이 자원을 점유할 때 태스크 T4의
우선순위가 일시적으로 높아진다. 태스크 T4보다 우선순위가 높은 태스크 T1
이 자원을 점유하려고 하지만 태스크 T4의 우선순위가 더 높으므로, 태스크
T1은 T4가 자원의 사용을 해지할 때까지 기다린다.

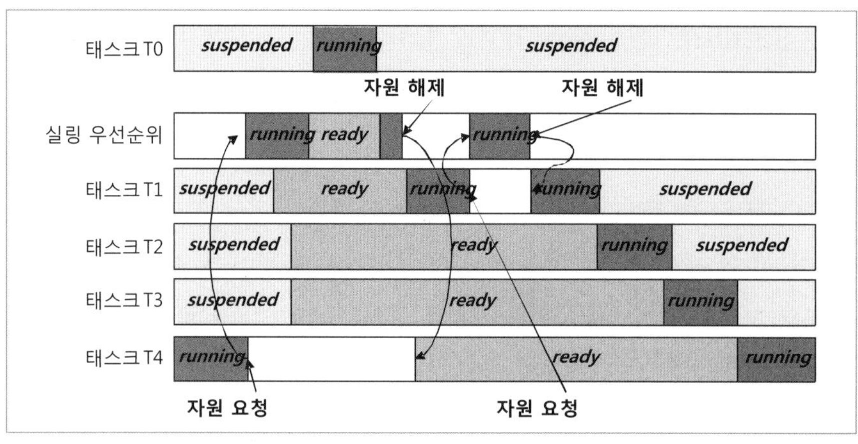

그림 7-11 PCP를 사용한 데드락 방지 예제

코드 7-16은 PCP를 사용해 관리할 자원을 지정하는 OIL 설정 파일이
다. 자원 설정에서 사용하는 표준 속성으로는 RESOURCEPROPERTY가 있다.
RESOURCEPROPERTY 속성은 STANDARD, LINKED, INTERNAL 값 중에 하나를 가
질 수 있다. STANDARD는 표준 자원을 의미하며, 일반적으로 응용프로그램에
서 사용하는 자원을 이것으로 지정한다. INTERNAL은 응용프로그램에서 사용
할 수 없는 내부 자원을 뜻한다. LINKED는 STANDARD나 INTERNAL과 연계된

자원을 의미한다.

코드 7-16 자원을 설정하는 OIL

```
RESOURCE MsgAccess
{
    RESOURCEPROPERTY = STANDARD;
};
```

코드 7-17은 자원을 사용하는 예제다. GetResource, ReleaseResource를 사용해 자원 잠금과 잠금 해제를 수행한다. 공유자원이 시작하는 부분에 GetResource로 자원을 잠그고 자원 사용이 끝났을 때 ReleaseResource를 호출한다. GetResource로 자원을 잠그고 나서 ReleaseResource로 자원을 해제하기 전까지, WaitEvent, TerminateTask, ChainTask, Schedule과 같은 API를 호출해 스케줄링을 시도하면 안 된다. 자원을 잠그고 사용하는 도중에 스케줄링과 관련된 API를 호출하면 OS가 정상 동작하지 않기 때문이다.

코드 7-17 자원 사용을 보여주는 예제

```
TASK(TaskA)
{

  …

  //자원을 잠금
  // StatusType GetResource ( ResourceType <ResID> )
  GetResource(MsgAccess);


  …

  //자원 잠금을 해제함
  // StatusType ReleaseResource ( ResourceType <ResID> )
  ReleaseResource(MsgAccess);


}
```

OSEK/VDX OS에는 내부 자원이 있다. 내부 자원은 자원이지만 사용자에게 보이지 않으므로 `GetResource`나 `ReleaseResource`를 사용해 잠금과 해제를 할 수 없다. 내부 자원은 태스크에만 할당된다. 코드 7-16에서 `RESOURCEPROPERTY` 속성에 `INTERNAL`을 지정하면 해당 자원을 내부자원으로 설정할 수 있다. 그러고 나서 태스크를 설정하는 OIL에서 내부자원으로 선언한 자원을 사용하겠다고 지정하면, 해당 태스크에 내부자원이 할당된다(코드 7-2 참조). 내부자원 선언과 태스크 할당은 시스템 생성 단계에서 모두 끝나므로 내부자원 사용과 관련된 코드는 작성하지 않는다.

내부자원이 할당된 태스크가 어떻게 동작하는지 알아보자. 내부자원이 할당된 태스크가 `running` 상태가 되면, 이 태스크에 할당된 내부자원이 자동으로 할당된다. 단 동일한 자원이 다른 태스크에 의해 선점된 경우를 제외한다. 결과적으로 일반적인 자원을 잠글 때처럼 내부자원을 잠근 태스크의 우선순위가 자동으로 Ceiling 우선순위가 된다. 자원을 점유한 태스크가 리스케줄링될 때 할당된 자원의 점유가 해제된다. 같은 내부자원을 공유하는 태스크들 사이에는 `running` 상태에 진입한 순간 Ceiling 우선순위가 부여되므로 동일한 우선순위가 부여되는 셈이다. 따라서 내부자원을 사용하면 우선순위가 다른 태스크들 사이에 동일한 우선순위를 부여해 일종의 태스크 그룹을 형성해 사용할 수 있다.

 메시지

OSEK/VDX COM은 차량용 제어 소프트웨어 간 통신에 사용할 수 있게 정의됐으므로 ECU 내에서 실행되는 ASW 통신이나 서로 다른 ECU에서 실행되는 ASW 통신에 모두 사용할 수 있다. 하지만 OSEK/VDX OS는 같은 ECU에서 실행되는 ASW 간 통신이 가능하게 OSEK/VDX COM이 최소 사양만을 구현하도록 정의했다. 이 기준은 OSEK/VDX COM의 CCCA^{Communication Conformance Classes A}에 해당한다.

애플리케이션 종류에 따라 통신에 필요한 요구사항과 수준이 다르다. OSEK/VDX에서 CC를 정의해 사용하는 것처럼 이런 애플리케이션의 특성을 반영하도록 OSEK/VDX COM에서는 CCC를 정의한다. OSEK/VDX COM에서 CCC를 정의해 사용하는 주요 목적은 동일한 CCC를 기반으로 만들어진 다른 OSEK/VDX COM 구현체로 쉽게 포팅하기 위해서다. CCC는 CCCA, CCCB, CCC0, CCC1로 나뉜다.

CCCA는 ECU 내부 통신을 지원하는 최소한의 기능을 정의한다. 따라서 CCCA로 구현된 애플리케이션은 OSEK/VDX COM을 사용해 다른 제어기와 통신할 수 없다. 큐를 사용하지 않는 메시지^{unqueued message}를 반드시 지원해야 한다. 커널을 가볍게 구현하기 위해 메시지 상태 정보를 제공하지 않아도 된다. CCCA에서 제공되는 서비스는 `StartCOM`, `StopCOM`, `GetComApplicationMode`, `InitMessage`, `SendMessage`, `ReceiveMessage`, `ComErrorGetServiceId` API와 `COMError_Name1_Name2` 매크로가 있다.

CCCA에서 구현돼 사용되는 API를 간단하게 살펴보자. `StartCOM`은 COM을 초기화한다. 그리고 `StopCOM`은 COM 작동을 정지하고 COM이 사용하는 자원을 반환한다. `GetComApplicationMode`는 현재 적용중인 COM 모드를 반환하는데, COM 모드에 따라서 ASW를 작성하는 데 사용한다. `InitMessage`는 메시지를 초기화하고, `SendMessage`는 메시지를 송신하며, `ReceiveMessage`는 메시지를 수신한다. `ComErrorGetServiceId`는 에러가 발생한 서비스의 ID를 반환한다. `COMError_Name1_Name2`는 COMErrorHook에서 COM 서비스에 사용된 매개변수를 호출하기 위해 사용하는 매크로다. 예를 들어서 `COMError_SendMessage_DataRef`라는 매크로를 호출하면 `SendMessage` API의 `DataRef` 값에 접근할 수 있다.

CCCB도 CCCA와 마찬가지로 내부 통신만 가능하고 ECU 간 외부통신은 지원하지 않는다. 메시지 상태 정보 제공^{message status information}과 큐를 사용하는 메시지를 지원하는 것을 제외하고 CCCA와 동일하다. CCC0은 ECU 내부 외부 통신을 지원하는 최소 사양이다. 바이트 순서 변환byte order conversion, 직접 전송 방식direct transmission mode을 제외하고 CCCA와 동일하다. CCC1은 OSEK/VDX COM에서 정의한 모든 기능을 제공한다.

그림 7-12는 OSEK/VDX COM이 작동하는 방식을 간략하게 나타낸 것이다. OSEK/VDX COM은 상호작용 계층으로 구현된다. ASW 간에 주고받는 메시지와 메시지의 속성은 OIL을 사용해 설정한다. 따라서 소프트웨어 동작 중에 새로운 메시지를 추가할 수 없으며, 오로지 시스템 설계 시에만 메시지를 추가/삭제하거나 수정할 수 있다. 같은 ECU 내에서 실행되는 ASW 간에 메시지를 주고받을 수 있으며, 다른 제어기에서 실행되는 ASW 간에 메시지를 주고 받을 수 있다.

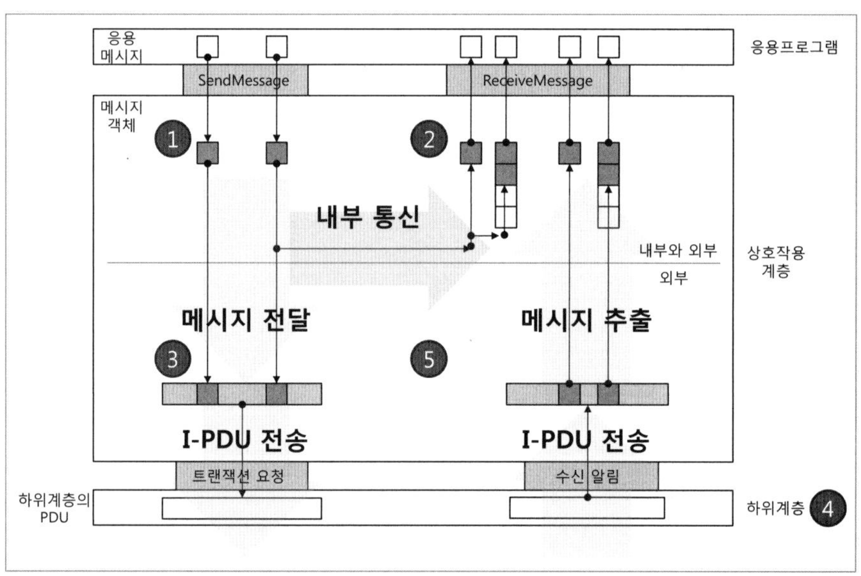

그림 7-12 OSEK COM 작동원리

OSEK/VDX COM의 동작방식을 간단하게 살펴보자. OSEK/VDX COM을 사용하면 제어기 내 ASW 간 통신과 서로 다른 제어기에 있는 ASW 간 통신이 모두 가능하다. 우선 제어기 내의 ASW 간 통신 방법을 알아보자. 메시지를 송신하는 ASW는 SendMessage API를 호출해 메시지를 보낸다(1). SendMessage를 통해 전달받은 메시지는 메시지 객체^{Message Object}에 저장된다. 수신하는 ASW에선 ReceiveMessage를 호출해 메시지 객체에 저장된 메시지를 수신한다(2).

이번에는 서로 다른 제어기에 있는 ASW 간 통신을 살펴보자. 제어기 내 통신과 마찬가지로 메시지를 보내는 ASW에서 SendMessage를 호출해 메시지를 전송한다(1). 이렇게 전송된 메시지는 메시지 객체로 저장된다. 타 제어기에 있는 ASW에 메시지를 전송해야 하므로, 이 메시지 객체를 네트워크 전송에 적합한 형태로 변형한다(3). 이것을 I-PDU^{Interaction layer Protocol Data Units}라고 한다. I-PDU에는 한 개 이상의 메시지가 실릴 수 있다. I-PDU로 변형된 메시지를 물리적인 네트워크를 통해 수신 측에 전달한다(4). I-PDU를 수신한 제어기에서는 I-PDU에서 메시지 객체를 추출한다(5). 이렇게 추출된 메시지는 수신 ASW에서 ReceiveMessage API를 호출해 수신 측 ASW에 전달한다(2). 실제 동작 메커니즘은 이것보다 복잡하다. 상세한 메커니즘은 OSEK/VDX COM 표준을 참조하자.

▌ 참고도서와 문헌, 인터넷 자료

■ 참고도서

Programming in the OSEK/VDX Environment. Joseph Lemieux, CMP, 2001

■ 참고문헌

OSEK/VDX Binding Specification version 1.4.2(국제표준)

OSEK/VDX Communication version 3.0.3(국제표준)

OSEK/VDX Operating System version 2.2.3(국제표준)

OSEK/VDX System Generation OIL:OSEK Implementation Language version 2.5(국제표준)

8
CAN

이번 장에서는 자동차 ECU 간 통신에서 사용하고 있는 여러 차량용 네트워크 방식 가운데 주요 네트워크인 CAN[Controller Area Network]을 살펴본다.

 초기 차량 네트워크

소비자 요구사항이 다양해지면서 다양한 편의 사양을 갖춘 차량이 필요해졌다. 이런 요구를 구현하기 위해 자동차의 다양한 부품을 제어하는 전자제어장치가 더 많이 필요해졌다. 하지만 전자제어장치 하나에서 차량에 필요한 모든 기능을 수행할 수 없었기 때문에 여러 개의 전자제어장치를 장착해 소비자가 원하는 기능을 구현했다. 아울러 여러 개의 전자제어장치 위에 기능이 분산됐기 때문에, 소비자가 원하는 기능을 구현하려면 이런 분산된 기능들 간의 정보교환이 필요했다.

1960년대 후반부터 차량에 장착되기 시작한 제어기들은 어떻게 데이터를 교환했는지 살펴보자. 통신에서 데이터를 송수신하는 방법에 따라 직렬[Serial] 통신과 병렬[Parallel] 통신으로 구분할 수 있다. 병렬통신은 여러 개의 병렬 채널 위로 동시에 여러 개의 데이터 신호를 보내는 방법이다. 직렬통신은 하나의 채널 위에 데이터를 차례로 보내는 방법이다. 따라서 병렬통신 채널과 직렬통신 채널의 기본적인 차이는 물리 계층과 전송에 쓰이는 선의 개수로 볼 수 있다.

병렬통신은 여러 개의 선을 사용하고 여기에 접지를 위한 선을 추가한다. 병렬통신의 예로는 컴퓨터 주변 기기용 버스로 사용되는 ISA[Industry Standard Architecture][1], ATA[Advanced Technology Attachment][2] 등이 있다. 직렬통신은 버스를 통해 한 번에 하나의 비트 단위로 데이터를 전송하는 과정을 말한다. 집적회로[IC]들의 핀이 많아질수록 직접회로의 제조 비용이 비싸지므로 집적회로들의 핀 수를

---

1 ISA는 IBM의 1, 2세대 PC를 위해 개발된 표준 인터페이스다. 최대 전송속도는 3.97Mbps다.

2 ATA는 개인용 컴퓨터 안에서 기억장치를 연결하는 표준 인터페이스다. SATA(Serial-ATA)가 도입되기 전까지 사용된 PATA(Parallel-ATA)를 흔히 ATA라 한다.

줄이려고 속도가 중요하지 않은 시스템에서 직렬 버스를 사용해 데이터를 전송한다. 직렬 버스의 예로는 I²C^{Inter-Integrated Circuit}[3], SPI^{Serial Parallel Interface}[4], UART^{Universal Asynchronous Receiver/Transmitter}[5] 등이 있다.

병렬통신은 동시에 여러 비트를 전송해 직렬통신보다 속도가 빠르고 추가적인 변환로직이 필요 없다는 장점이 있지만, 직렬통신보다 선로 길이에 제한이 따르며 가격이 비싸다는 단점이 있다. 직렬통신과 병렬통신의 장단점은 표 8-1과 같다. 차량에 네트워크가 도입되는 초창기에는 구현비용이 저렴하고 네트워크 속도가 빠를 필요가 없었기 때문에 직렬통신을 사용했다.

표 8-1 직렬통신과 병렬통신

	직렬통신	병렬통신
설명	· 한 번에 한 비트씩 전송	· 동시에 여러 비트를 전송
장점	· 병렬통신 소자보다 가격이 저렴함 · 장거리 전송 가능	· 전송속도가 직렬통신에 비해서 빠름 추가 변환로직 필요 없음
단점	· 저속, 추가 변환로직 필요	· 통신거리의 제한 · 구현의 어려움 · 직렬통신 소자에 비해 가격이 비쌈

직렬통신은 한 번에 한 비트씩 전송하므로 어느 시점에서 데이터가 시작하고 송수신에 얼마나 걸리는지 정해져 있어야 한다. 따라서 직렬통신은 데이터 시작방법에 따라 두 가지 전송방식으로 나눌 수 있다. 전송할 데이터에 데이터 시작과 끝을 알려줄 목적으로 시작비트와 정지비트를 추가해 전송하는 비동기 직렬통신과 송수신기 사이에 제어 신호^{clock}가 있어서 데이터의 시작과 끝을 지시하는 동기 직렬통신으로 구분한다. 비동기 직렬통신과 동기 직렬통신은 표 8-2와 같이 종류 및 장단점을 비교할 수 있다. 1980년대까지 차량용 통

---

3 I²C(아이스퀘어씨)는 필립스에서 개발한 직렬통신 버스로, 빠른 속도를 요구하지 않는 간단하고 저비용의 주변 장치 간 통신에 적합해 소자 주변기기 저속 통신에 사용되고 있다.

4 SPI는 모토로라에서 개발한 직렬통신 버스로, 소자 간 통신에 I²C와 함께 널리 사용되는 버스다. I²C보다 라인 수가 많은 단점을 갖고 있지만 속도 면에서 우월하다.

5 UART는 RS-232, RS-422, RS-485 같은 통신 표준이 결합된 비동기 직렬통신 방식을 사용하는 IC 또는 IC 일부를 지칭한다.

신으로 저속, 저가의 직렬통신인 I²C, D²B⁶등을 사용했다.

표8-2 비동기 직렬통신과 동기 직렬통신 비교

	비동기 직렬통신	동기 직렬통신
설명	데이터 처음과 끝에 시작, 정지 신호를 삽입해 데이터 송수신	디바이스 사이에 동기를 취하고 타이밍에 따라 데이터 송수신
종류	UART(RS232:20Kbps)	I²C(100Kbps), SPI(20Mbps)
장점	송수신 시 IDLE 신호 필요 없음	데이터 전송 속도가 빠름
단점	동기 통신에 비해 느림	동기를 유지하기 위해 IDLE 신호 필요

08 2 CAN 탄생배경

데이터 교환이 필요한 차량용 제어기가 늘어나면서 차량용 제어기를 연결하는 케이블도 늘어났다. 케이블과 커넥터가 늘어나자 차량이 무거워졌으며 자동차의 중요한 성능 지표인 연비에도 영향을 미치게 됐다. 또한 차량용 제어기 간 연결이 복잡해지면서 고장요소가 늘어났고, 자동차 생산과정에서 네트워크 작업이 많아졌기 때문에 생산성도 떨어졌다. 1990년대 초까지 전자제어장치 간 정보교환은 제어기 사이에 통신 케이블을 일대일로 연결해 이뤄졌다. 이러한 방법을 사용할 때 n개의 전자제어장치가 있다면 최대 $_nC_2$개의 통신채널이 필요하다.

차량 내부의 복잡한 배선작업에서 생기는 문제를 해결하고자 차량 내부의 모든 통신을 단일 네트워크상에서 구동하는 통신 방식이 필요해졌다. 최대 자동차 부품업체인 로버트보쉬의 주도로 이런 문제점을 극복하고자 새로운 다중접속 통신 프로토콜이 정의됐다. 이것이 오늘날 널리 사용되는 CAN^{Controller Area Network}이다. 로버트보쉬에서 당시 국제 표준이 아니지만 최초의 CAN 프로토콜 문서를 1992년에 발표했다.

---

6 D²B(Domestic Digital Bus, IEC 61030)는 1980년대 필립스에서 개발한 애플리케이션용 저속 다중 마스터 직렬통신 버스 표준이다.

로버트보쉬가 발행한 문서에는 데이터링크 계층과 물리 계층 일부[PLS, Physical Layer Signaling]만이 기술됐고 OSI 모델 7계층 중 네트워크 계층(Layer 3)부터 애플리케이션 계층까지 언급하지 않았는데, 그 이유는 칩 생산업체들이 자신들의 설계대로 칩을 생산할 수 있도록 하기 위해서였다. CAN은 1990년 초에 벤츠 차량에 최초로 적용됐으며, 1993년 ISO 표준화 과정을 거치면서 저속 통신용 CAN(ISO 11519, 후에 ISO 11898-3으로 대체됨)과 고속 통신용 CAN(ISO 11898)으로 분리됐다. 오늘날에는 CAN이 차량용 시스템 안에서 가장 많이 사용되고 있다 (연간 약 4억 개의 CAN 노드가 거래되고 있는 것으로 추정된다).

08 3 기본개념

CAN이 나오기 전의 직렬통신은 특정 노드[7]에 메시지를 전달하는 방식으로 통신했으며, 일반적인 직렬통신의 네트워크 토폴러지[Network Topology8]는 그림 8-1과 같았다. 즉 제어기와 제어기 간 일대일 통신만이 가능했다.

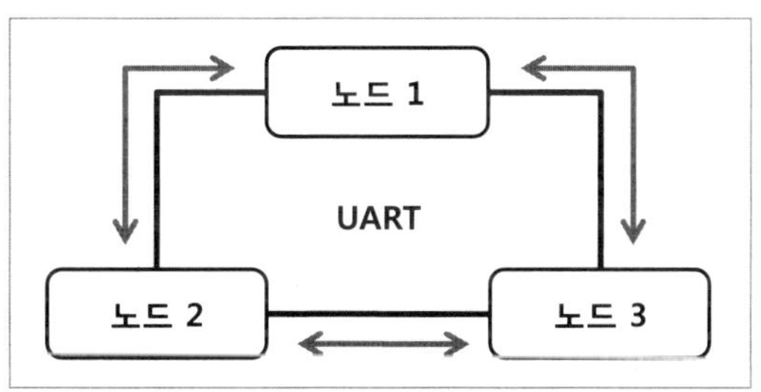

그림 8-1 일반적인 직렬통신(일대일 방식)

하지만 기존의 직렬통신과 달리 CAN을 이용한 메시지 전송은, TV나 라디오 방송국에서 시청자나 청취자에게 전파를 송출하는 것처럼 송신하는 노드에서 토폴러지에 연결된 모든 노드에 메시지를 전달한다. 메시지를 송신하는 노

---

7 네트워크에서 노드는 연결점을 의미하며, 데이터 재분배점 또는 끝섬을 말할 때도 있다.
8 네트워크 구조 내에서 네트워크 노드와 노드의 물리적 구성을 말한다.

드는 목적지의 주소 대신 메시지 식별자[Message Identifier]를 함께 송신한다. 표준 CAN에서는 11비트 길이의 식별자를 사용하고, 확장 CAN에서는 29비트 길이의 식별자를 사용한다. CAN 2.0A는 표준 CAN을 위한 규격이며, CAN 2.0B는 확장 CAN을 위한 규격이지만 11비트 길이의 식별자도 지원한다. 표준 CAN의 토폴러지는 하나의 네트워크에 이론상 최대 2,032개($2^{11}-2^4$ = 2,032, 미정의 4비트 제외)까지 제어기를 달 수 있고, 확장 CAN에서 최대 512만 개 이상의 제어기를 연결할 수 있다(그림 8-2 참조). 따라서 표준 CAN에서 최대 2,032개를 넘는 제어기 간 통신이 필요하다면, 네트워크 사이에 게이트웨이를 설치해 통신해야 한다(그림 8-3 참조).

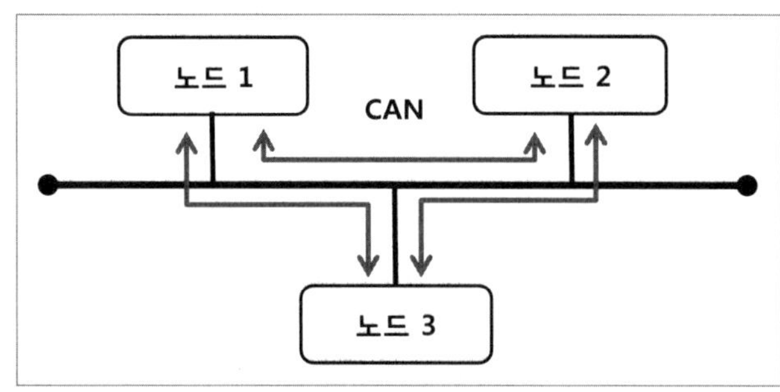

그림 8-2 CAN 네트워크 토폴러지(멀티마스터[9] 방식)

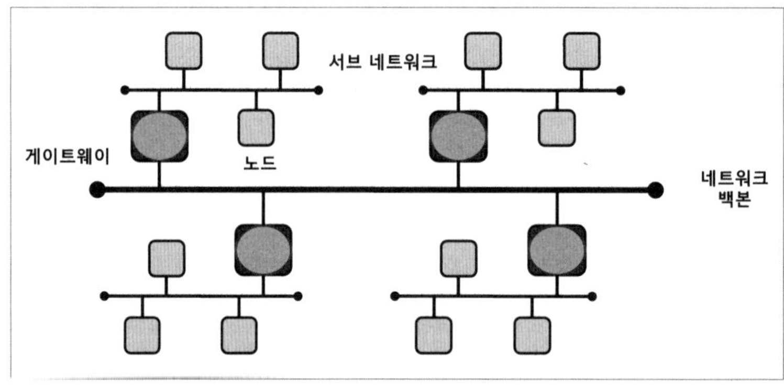

그림 8-3 CAN 네트워크 간 토폴러지

---

9 멀티마스터란 한 개의 버스에 여러 개의 마스터가 있는 방식을 말하며, 모든 마스터가 버스에 접근을 시도하면 버스 제어권을 이관하거나 버스 상태를 확인하는 것과 같은 중재 로직이 필요하다.

CAN 통신 프로토콜은 CAN 버스에서 노드 간 데이터 전달 방법을 나타내고 있다. OSI 7498 모델 표준 7계층 중 CAN 표준에서는 오직 물리 계층과 데이터링크 계층만을 정의한다. OSI 모델로 바라본 CAN 구조는 표 8-3과 같다.

표 8-3 OSI 계층 구조로 본 CAN 구조

계층	OSI 모델	설명	CAN 표준과 관련 있는 하위층
7	애플리케이션	작동중인 사용자 프로그램	없음
6	프리젠테이션	데이터 포맷 규정	
5	세션	메시지 데이터의 순차 처리 기술	
4	전송	메시지와 패킷 간 변환 작업 (재전송, 오류 복구)	
3	네트워크	데이터 전송 방법 (라우팅, 어드레싱)	
2	데이터 링크	데이터 비트 정렬과 패킷 조직 (체크섬, 프레이밍)	LLC
			MAC
1	물리	신호 해석과 물리적 특징 기술	PLS
			PMA
			MDI

OSI 모델의 데이터링크 계층은 LLC^{Logic Link Control} 하위층, MAC^{Medium Access Control} 하위층으로 구성됐지만, CAN 표준에서는 MAC 하위층만 정의하고 있다. OSI 모델의 물리 계층은 PLS^{Physical Signaling} 하위층, PMA^{Physical Medium Attachment} 하위층, MDI^{Medium Dependant Interface} 하위층으로 구성됐지만, CAN 표준에서는 오직 PLS 하위층만을 정의하고 있나(그림 8-4 참조).

표준	OSI 모델		구현
사용자 정의	애플리케이션 계층		소프트웨어, 보드 레벨
	...		
		LLC	
CAN 표준 정의	데이터링크 계층	**MAC**	온칩 하드웨어
	물리 계층	**PLS**	
		PMA	
ISO 표준 범위		MDI	오프칩 하드웨어
	TM(Transmission medium)		

그림 8-4 CAN 표준 물리 계층과 데이터링크 계층

데이터링크 계층의 LLC는 OSI 모델에서 정의된 바와 같이 메시지 필터링, 오버로드 알림, 에러 복구 처리 등을 다루며 CAN 표준에서는 추가로 정의하지 않는다. MAC은 CAN 통신의 핵심 부분으로 상위 LLC층으로 메시지를 전달하기 위해 하위 물리 계층에서 메시지를 수집하고, 하위 물리 계층으로 메시지를 전달하기 위해 상위 LLC에서 메시지를 수신한다. MAC에서 처리하는 일은 아래와 같다.

- 메시지 프레이밍Framing
- 버스 중재arbitration
- 인식Acknowledgement 전송
- 에러 검출
- 에러 신호 전송

CAN 표준에 정의된 물리 계층의 PLS는 CAN 버스에 신호를 전달하기 위한 비트 표현 방식, 전송 전압 레벨, 통신 선로, 전송 속도에 관해 규정하고 있다. 하지만 PMA, MDI에 관해서는 규정하고 있지 않다. CAN 표준에서는 CAN 신호 전달 매체로 광섬유의 꼬임쌍선twisted pair cable 등을 규정하지만 보편적으로 꼬임쌍선을 사용한다. CAN 신호는 CAN_H(또는 CAN High)와 CAN_L(또는 CAN Low)

이라는 꼬인 두 개의 선에 차동신호^{Differential Signal} 방식으로 신호를 전달한다('종단자 역할과 물리적 신호 특성' 박스 참조). 정지 상태^{Recessive}에서 CAN_H와 CAN_L이 2.5V이고 두 신호의 차는 0V일 때, 이는 디지털 '1'(Recessive Bit)로 표시된다. CAN_H와 CAN_L 신호가 각각 3.5V와 1.5V이고 신호 차가 0.9V 이상일 때, 디지털 '0'(Dominant Bit)을 표시한다. 자세한 사항은 그림 8-5를 참조하기 바란다.

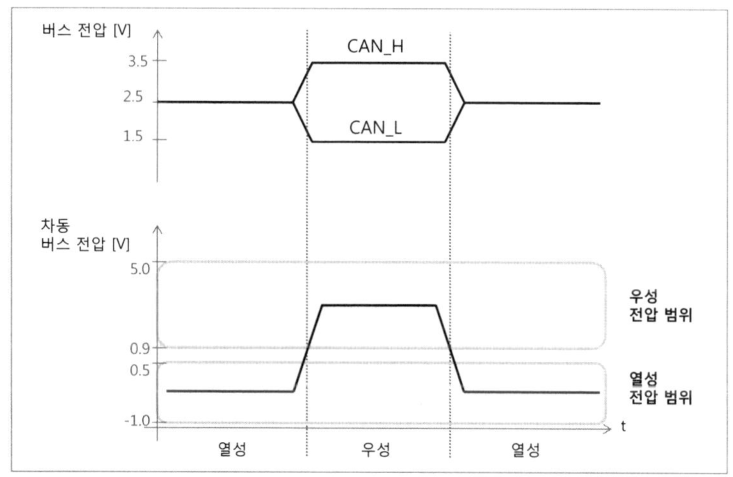

그림 8-5 물리 계층의 CAN 신호

종단자 역할과 물리적 신호 특성

■ 종단자

CAN 토폴러지를 구성할 때는 그림 A처럼 CAN_H 신호를 같은 선으로 묶고 CAN_L 신호를 같은 선으로 묶은 뒤 선로가 끝나는 지점에 종단자(Terminator)를 설치한다. 종단자를 설치하는 이유는, 송신단에서 전송된 신호가 수신단에 모두 전달되지 못하고 반사돼 송신단에 되돌아오는 신호를 제거하기 위해서다.

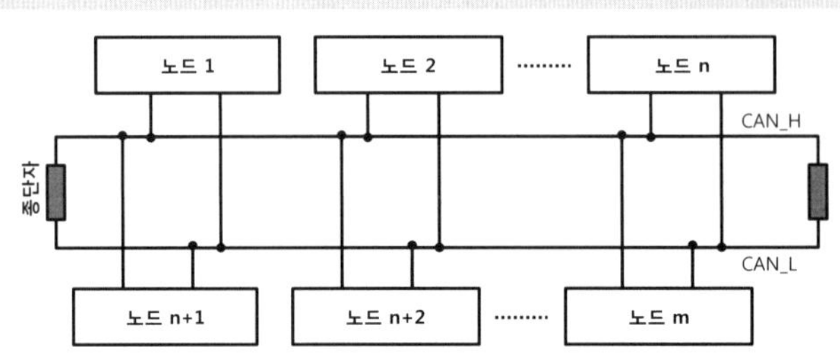

그림 A CAN 선로상 종단저항

■ 물리적 신호특성

직렬 신호를 보내는 방식으로 단일종단신호(Single-ended Signal)와 차동신호(Differential Signal) 방식이 있다. 단일종단신호 방식은 각 선로에 기준 전압을 스윙하는 신호를 실어 전송하는 방식으로, 선로 구성이 간단하고 가격이 싸다는 장점이 있다. 하지만 각 선로에 실리는 주변 노이즈에 취약해 그림 B와 같이 선로 길이가 길어질수록 신호의 강도가 약해져 신호 전달거리가 짧다는 단점이 있다(예, RS232, I^2C). 전압을 높여 신호 전달 거리를 연장할 수도 있지만 전력 소모가 높아지는 문제가 발생한다.

차동신호 방식은 단일종단신호 방식보다 구성이 복잡하지만 전송 신호를 그림 B와 같이 각기 다른 위상(Phase)으로 전송해 케이블에 유입되는 주변 노이즈 때문에 원거리에서 신호의 강도가 약해져도 수신 측에서 기준전압(Reference Voltage)을 기준으로 신호를 취득한다. 따라서 저전압을 이용해도 노이즈에 강하다는 장점이 있다. 다시 설명하면 수신 측에서 기준전압을 기준으로 High 라인의 신호와 Low 라인의 동상 신호를 제거(디지털 '0')하고, 다른 위상의 신호만 데이터로 취하기(디지털 '1') 때문에 원거리 통신에서도 신호 손실이 적다. 이와 같이 차동신호는 노이즈에 강하기 때문에 체크섬(Checksum, 신호전달 과정에서 발생한 오류를 검사하는 과정의 하나로 여러 가지의 체크섬 계산법이 있다)이나 패리티 비트(Parity bit, 신호전달 과정에서 발생한 오류를 검사하기 위해 추가된 비트, 홀수(odd) 패리티와 짝수(even) 패리티 방식이 있다)를 추가할 필요가 없어 소프트웨어로 제어가 쉽고 저전압을 이용해서도 먼 거리까지 신호를 전달할 수 있다. 대표적인 예로 USB, 이더넷, 최근 HDD 연결에 사용되는 SATA 등이 있다.

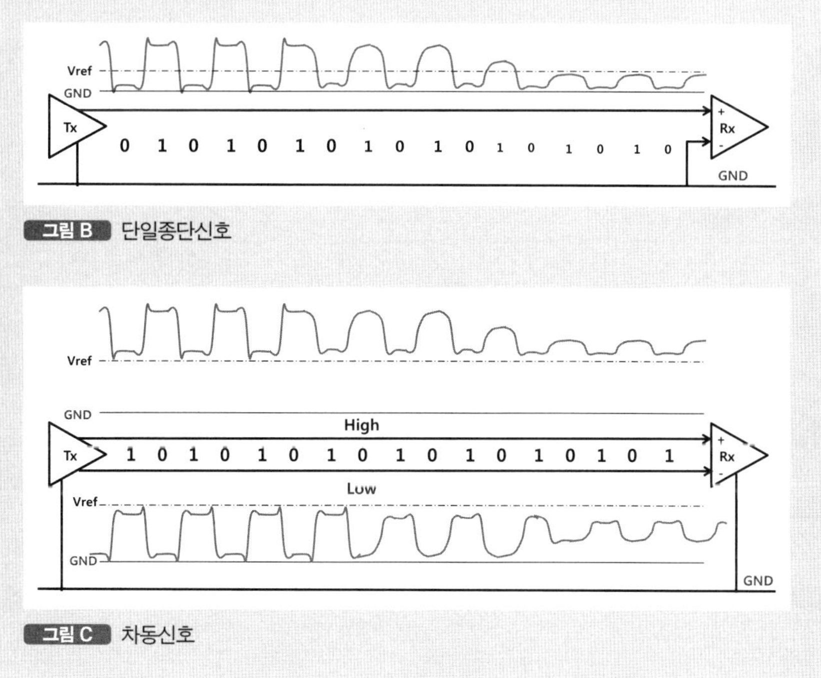

그림 B 단일종단신호

그림 C 차동신호

 ## 4 통신 방식

CAN 통신이 이뤄지는 통신 방법에 대해 알아보자. CAN 네트워크 토폴러지는 그림 8-2에서 설명한 바와 같이 멀티마스터 방식이다. 따라서 네트워크 토폴러지에 연결된 모든 노드는 버스가 자유로워지자마자[Bus Idle State] 메시지 전송을 시작할 수 있다. 이것은 하나 이상의 노드에서 동시에 메시지 전송을 시작할 수 있기 때문에, 메시지 충돌을 방지하는 버스 중재가 필요하다는 뜻이다. 만약 버스 중재가 없다면 다수의 CAN 노드에서 메시지를 전송할 수 있기 때문

에 모든 메시지는 버스상에서 서로 충돌해 수신된 데이터는 알 수 없는 데이
터가 될 것이다. 이러한 문제를 피하려고 CAN은 충돌 회피 방식을 사용하고
있다('통신에서 충돌 회피 방식' 박스 참조). 이 방식을 사용하면 단 한 개의 노드만
메시지를 계속 전송할 수 있다.

CAN에서 사용하는 버스 중재는 메시지에 우선순위를 부여해 충돌을 방지하
는 방식이다. 즉 CAN 비트 가운데서 우성비트[Dominant bit(0)]는 열성비트[Recessive
bit(1)]보다 우선순위가 높기 때문에 메시지 식별자가 가장 작은 메시지가 우선
순위를 가진다. CAN은 식별자 우선 순위 방식으로 매체 접근 제어를 구현하
며, 이를 엄밀하게 이야기하면 CSMA/CA라고 한다('통신에서 충돌 회피 방식' 박스
참조).

그림 8-6은 CAN 버스 중재에 사용되는 원리를 보여준다. 각 노드는 중재 단
계 동안 버스에 있는 신호 비트를 관찰해 우성 비트의 메시지가 검출되면 즉
시 전송처리를 중단하고 임의의 시간 동안 대기한다. 그리고 우선순위가 더
높은 노드만이 메시지를 전송한다. 그림 8-6의 중재 과정을 자세히 살펴보자.
그림 8-6은, 메시지 식별자가 0x328(Bin: 1100101000b)인 노드 A, 메시지 식별자
가 0x387(Bin : 1110000111b)인 노드 B, 메시지 식별자가 0x327(Bin : 1100100111b)
인 노드 C까지 총 3개의 노드가 데이터를 전송하려고 동시에 SOF[10]와 메시지
식별자를 식별자 비트 10부터 비트 0까지 차례로 버스에 올리고 있는 상황을
설명한다.

SOF가 끝나는 ①지점부터 버스 중재를 시작한다. ②지점에서 노드 B는 자신
의 열성 비트 대신 버스가 우성 비트를 보여주는 것을 탐지하고 메시지 전송
을 중단하고 중재를 멈춘다. 동일하게 메시지 전송 중단이 ③지점에서 노드A
에 발생한다. 중재 구간의 마지막에서는 오직 노드 C만 메시지를 계속 전송한

---

10 SOF(Start of Frame)란 메시지 프레임 시작 위치를 표시하는 1비트 메시지다(기본값: 0). 이외 CAN 프레임 구조에
　　대해서는 다음 절에서 자세히 설명한다.

다. 메시지를 수신한 노드는 수신된 메시지 식별자를 검토해 메시지를 무시하거나 저장한다. 메시지 수신 후 확인응답 신호를 전송하거나 메시지를 검토해 오류가 검출되면 오류응답 신호를 전송한다.

통신에서 충돌 회피 방식

다중 접속 프로토콜의 채널 접근 방식과 매체 접근 제어 형태는 CDMA, TDMA 같은 채널 기반 방식과 ALOHA, CSMA 같은 패킷 기반 방식으로 나눌 수 있다. 이외에도 여러 가지의 매체 접근 방식이 있지만, CSMA/CD와 CAN에서 사용하는 충돌 처리 방식인 CSMA/CA는 OSI 모델 일곱 계층 중 데이터 링크 계층의 일부인 매체 접근 제어 층에서 사용하는 자료 전송 방식이다. 각각을 설명하면 다음과 같다.

■ CSMA/CD: 반송파 방식

CSMA/CD(Carrier Sense Multiple Access with Collision Detection)는 동시에 여러 매체가 선로에 접근을 시도할 때 반송파(Carrier Frequency)를 이용해 충돌을 검출하는 매체 접근 방식으로, 유선 이더넷 LAN(IEEE 802.3)이 대표적인 예이다. 매체 접근 절차를 살펴보면 아래와 같다.

(1) 선로가 대기(Idle) 상태면 전송을 시작한다.

(2) 선로가 사용중(Busy)이면 선로가 대기상태가 될 때까지 선로를 계속 감시한다.

(3) 전송중 충돌이 감지되면 데이터 전송을 멈추고 정체신호(jamming signal)를 보낸 후 전송을 완전히 중단한다.

(4) 임의의 시간을 대기한 후 (1)단계로부터 다시 전송을 시도한다.

비교적 저렴한 가격으로 네트워크를 구성할 수 있다는 장점이 있지만, 노드 수가 많아지고 노드에서 전송하는 데이터 양이 증가하면 패킷 충돌이 잦아져서 데이터 손실이 증가하는 단점이 있다.

■ CSMA/CA: 예비신호 방식

CSMA/CA(Carrier Sense Multiple Access with Collision Avoidance)는 매체 접근 방식이 CSMA/CD와 유사하지만, CSMA/CA는 충돌을 검출해 전송을 중단하는 것이 아니라 충돌을 미리 감지해 전송을 중단하는 방식이다. 무선 LAN(IEEE 802.11)과 CAN이 대표적인 사용 예다. CSMA/CA의 매체 접근 절차는 CAN 버스 중재 방식과 동일하며, 간략하게 설명하면 아래와 같다.

(1) 선로에 다른 노드의 데이터 송신 여부 확인을 위해 반송파를 감지한다.

(2) 다른 노드가 송신중이라면 임의의 시간을 대기한다.

(3) 재반송파를 감지해 다른 반송파가 없는지를 확인한다.

(4) 반송파가 감지되지 않으면 데이터 전송을 시작한다.

데이터를 전송하기 전에 예비신호를 보내기 때문에 충돌이 전혀 발생하지 않는 장점
이 있지만, 네트워크 접근 빈도가 증가하고 네트워크가 복잡해지면 예비신호 때문에
네트워크가 느려지는 단점이 따른다.

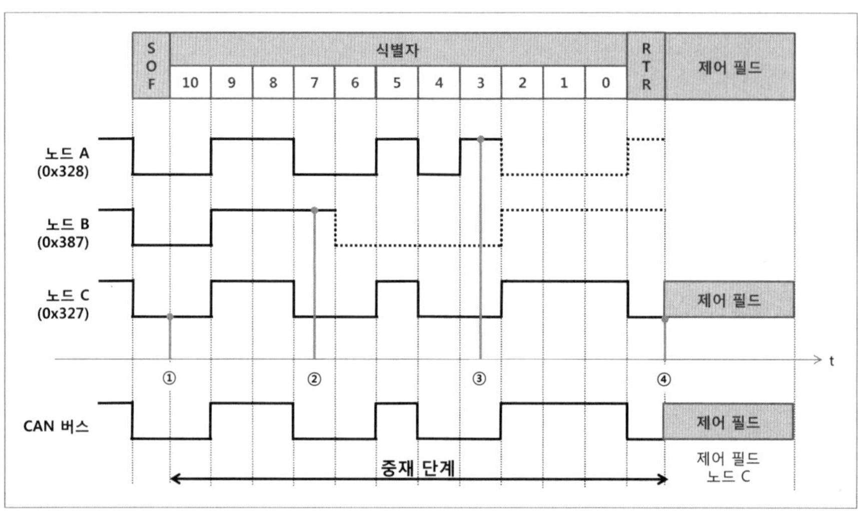

그림 8-6 CAN 버스 중재

 메시지 구조

8.4절에서 설명한 바와 같이 CAN에서는 유선 LAN(IEEE 802.3) 등에서 사용
하는 것과 같은 주소 지정 개념을 사용하지 않고, 메시지 구분을 위한 고유
한 식별자를 네트워크의 모든 노드에 동시에 전송한다. 각 노드는 이 식별자
를 통해 해당 메시지를 처리할 것인지를 결정하며, 식별자 우선순위에 따라
버스 접근 순서를 정한다. 충돌이 감지됐을 때 CAN은 전송이 중단되는 유선

LAN 전송방식과는 달리, CSMA/CA 방식을 사용하면 중단 없이 데이터를 전송할 수 있다. 지금부터는 CAN 표준에서 정의하는 CAN 메시지 프레임 구조에 대해 설명한다.

[8.5.1] 메시지 프레임 구조

CAN의 메시지 프레임[11]은 표 8-4와 같이 4가지 종류로 구분할 수 있다.

표 **8-4** CAN 메시지 프레임 종류

프레임	설명
데이터 프레임	일반적으로 전송되는 데이터 메시지
원격 프레임	특정 메시지 식별자의 데이터 요청 메시지
오류 프레임	오류를 판단한 노드가 전송하는 메시지
오버로드 프레임	버스 안정화가 필요할 때 전송하는 메시지

[8.5.2] 데이터 프레임

표준 CAN(CAN 2.0A) 데이터 프레임 구조는 그림 8-7과 같고, 확장 CAN(CAN 2.0B) 데이터 프레임 구조는 그림 8-8과 같다. 그림 8-7과 그림 8-8에서 각 필드의 숫자는 비트 단위 길이를 나타낸다.

---

11 프레임(Frame)이란 하나의 메시지를 이루는 필드 또는 비트들의 집합을 의미한다.

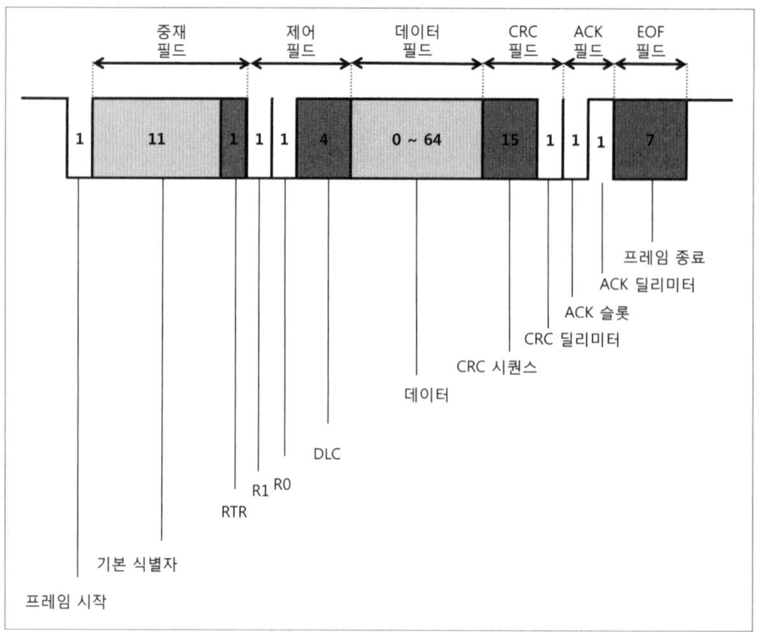

그림 8-7 표준 CAN 메시지 프레임의 구조

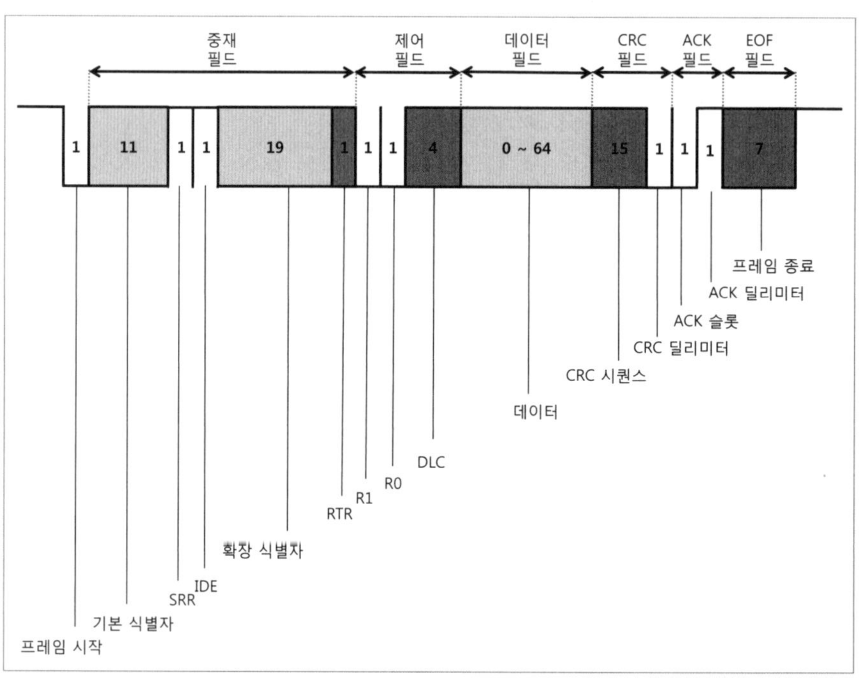

그림 8-8 확장 CAN 메시지 프레임의 구조

데이터 프레임의 각 필드를 살펴보자.

■ 프레임 시작 필드(SOF, Start Of Frame): 1비트
메시지 프레임의 시작을 표시하려고 프레임의 첫 번째 필드에서 항상 디지털
'0'으로 시작한다.

■ 중재필드(Arbitration Field): 12비트(표준 CAN), 32비트(확장 CAN)
- 기본 메시지 식별자(11비트): 8.4에서 설명한 버스 중재를 위한 필드로, 표준
  CAN과 확장 CAN 모두 11비트로 구성됐다.

- SRR^{Substitute Remote Request}(1비트): 확장 CAN에만 있는 필드로, 표준 데이터 프레
  임과 확장 데이터 프레임을 중재해야 할 때에 대비하려고 항상 디지털 '1'
  을 전송한다. 만약 표준 CAN과 확장 CAN 데이터 프레임의 기본 식별자가
  같다면, 표준 CAN 데이터 프레임이 우선순위가 높아서 확장 CAN 프레임은
  버스 중재권을 싱실한다. 그림 8-9는 표준 CAN과 확장 CAN의 기본 식별자
  가 0x647로 같아서 중재하지 못했을 때, 뒤따르는 표준 CAN의 RTR 비트(데
  이터 프레임이면 디지털 '0')와 확장 CAN의 SRR 비트(항상 디지털 '1')에 의해 중재
  가 이뤄지는 과정을 보여준다.

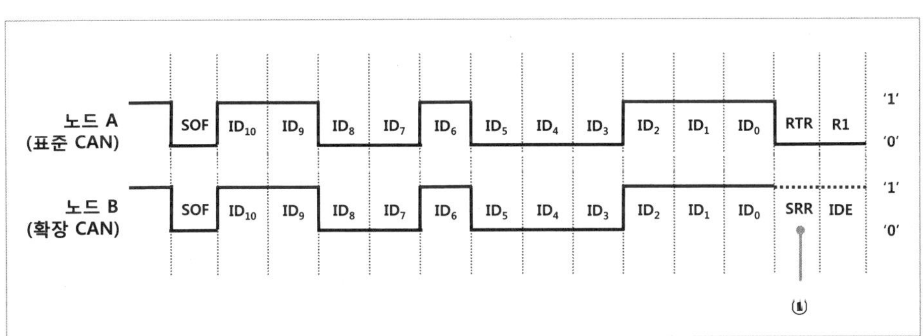

그림 8-9 기본 프레임과 확장 프레임 간 중재

- IDE$^{\text{Identifier Extension}}$(1비트): 확장 CAN에만 있는 필드로, 확장 식별자가 있음을 알려준다.

- 확장 메시지 식별자(18비트): 확장 CAN의 추가 메시지 식별자다.

- 원격 전송 요구$^{\text{RTR, Remote Transmission Request}}$(1비트): RTR이 디지털 '0'이면 현재 메시지가 데이터 프레임을 의미하고, 디지털 '1'이면 데이터가 없는 원격 프레임을 의미한다(그림 8-10 참조).

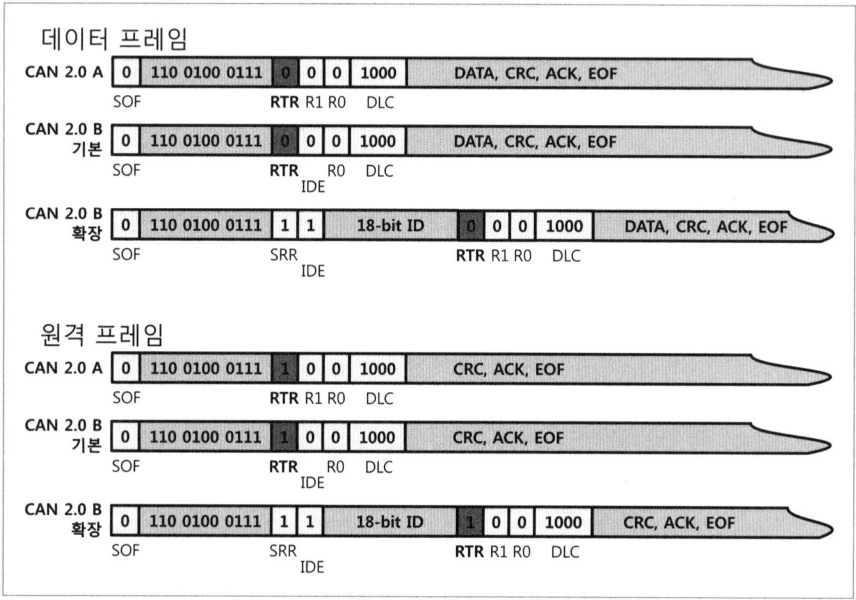

그림 8-10 원격 전송 요구 비트에 따른 데이터 프레임과 원격 프레임 구분

■ 제어 필드(Control Field): 6비트
- R1, R0: 향후 사용할 목적으로 예약된 비트로 디지털 '0'으로 전송한다.

- 데이터 길이 코드$^{\text{DLC, Data Length Code}}$: 데이터 필드에 존재하는 데이터 바이트 수를 알려주는 필드다.

■ 데이터 필드: 0~64비트

전송할 데이터가 위치하는 필드로, 0바이트에서 최대 8바이트 데이터로 구성
된다. 상위 비트^{MSB, Most Significant Bit}가 먼저 송신된다.

CRC 연산

표준 CAN 식별자가 0x003이고 길이 1바이트 데이터 0x5B(01011011b)로 구성된
CRC 필드 전까지의 데이터 프레임 구조는 그림 A와 같다.

- SOF : 0b
- ID : 000 0000 0011b (0x003)
- RTR : 0b
- R1,R0 : 00b
- Data : 0101 1011b (0x5B)

그림 A 데이터 프레임의 예

CRC 연산 다항식은 아래 수식 g(X)와 같다.

$$g(X) = X^{15} + X^{14} + X^{10} + X^8 + X^7 + X^4 + X^3 + 1$$

$$g(X) = 1100\ 0101\ 1001\ 1001b$$

그림 A의 데이터 프레임을 CRC 연산 다항식 g(X)의 차수(15)에 1을 더한 수(16)만
큼 왼쪽으로 이동(Left Shift)해 다항식으로 표현하면 아래 수식 f(X)와 같이 표현할
수 있다.

$$f(X) = X^{31} + X^{30} + X^{23} + X^{21} + X^{19} + X^{18} + X^{16} + X^{15}$$

$$f(X) = 1100\ 0000\ 1010\ 1101\ 1000\ 0000\ 0000\ 0000b$$

데이터 프레임 다항식 f(X)는 CRC 연산 다항식 g(X)와 캐리(Carry)가 없는
Modulo-2 연산(Exclusive OR, $\oplus$)을 수행해 CRC 코드 r(X)를 생성한다. CRC 연산
이 수행된 후 CRC 값은 그림 B와 같다.

$$r(X) = f(X) \oplus g(X)$$

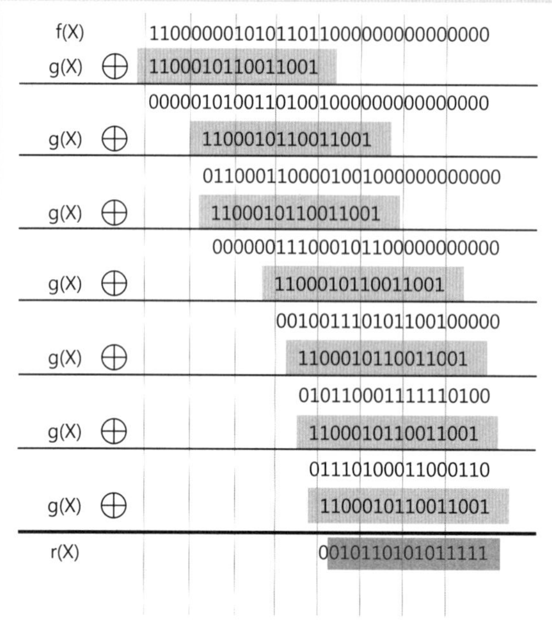

그림 B 생성된 CRC 값

그림 A의 데이터 프레임에 CRC 연산 결과를 추가한 데이터 프레임 구조는 그림 C와 같다.

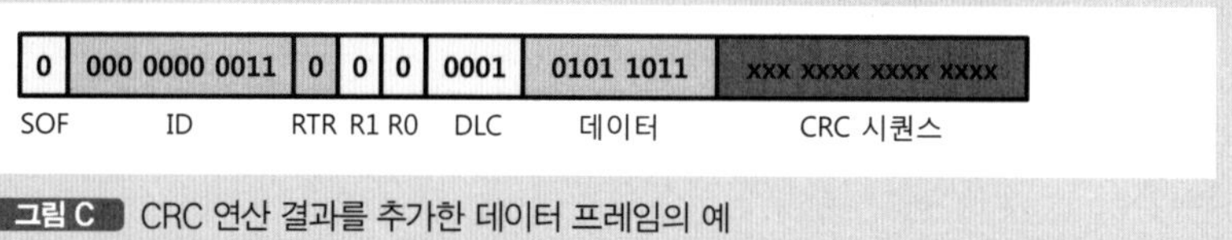

그림 C CRC 연산 결과를 추가한 데이터 프레임의 예

■ CRC 필드(Cyclic Redundancy Code Field): 16비트
통신 오류를 판별할 목적으로 송신기에서 전송한 CRC 값이 담겨있는 CRC 시퀀스 영역과 CRC 필드 경계를 알려주는 CRC 딜리미터^{Delimiter}로 구성됐다.

- CRC 시퀀스(15비트): SOF에서 데이터 필드 끝까지 CRC 연산을 수행한 후 15비트 CRC 값을 전송한다. 전송된 CRC 시퀀스 데이터는 수신기에서 연산한 CRC 값과 비교해 통신 오류를 판별한다. CAN에서 CRC 연산을 수행하는 과정은 앞의 'CRC 연산' 박스를 참고하기 바란다.

- CRC 딜리미터(1비트): CRC 필드의 경계를 알려주며 항상 디지털 '1'이다.

■ 인식필드: 2비트
데이터가 오류 없이 수신됐음을 송신기에 알리기 위한 ACK 슬롯과 ACK 딜리미터로 구성됐다.

- ACK 슬롯(1비트) : CRC 필드를 포함해 인식필드 이전의 메시지는 전송 오류 없이 정확하게 수신돼 데이터가 유효함을 송신기에 알려주기 위한 타임슬롯이다. 송신기는 이 슬롯에 디지털 '0'을 전송하며, 오류 없이 메시지를 수신한 수신기는 디지털 '0'을 '1'로 대체해 송신기에 전송한다.

- ACK 딜리미터(1비트) : ACK 필드의 경계를 알려주며 항상 디지털 '1'이다.

■ 프레임 종료필드(EOF, End of Frame Field): 7비트
데이터 프레임의 끝을 알려주는 필드로 모두 디지털 '1'로 구성된다.

■ 중단필드(Intermission Field): 3비트 이상
데이터프레임과 프레임 사이의 메시지가 없는 대기 상태를 알리기 위한 필드로 3비트 이상의 디지털 '1'로 구성된다.

[8.5.3] 원격 프레임

원격 프레임은 표 8-4에서 언급했듯이 특정 노드(보통 수신기가 송신기에게)에 데이터를 요청할 때 사용한다. 원격 프레임과 데이터 프레임의 메시지 구조는 데이터 필드를 제외하고 거의 유사하다. 중재 필드의 원격 전송요구RTR 비트에 의해 그림 8-11과 같이 원격 프레임과 데이터 프레임이 구분된다. 특정 노드에 데이터를 요청하는 원격 프레임은 그림 8-11과 같이 데이터 필드가 존재하지 않는다.

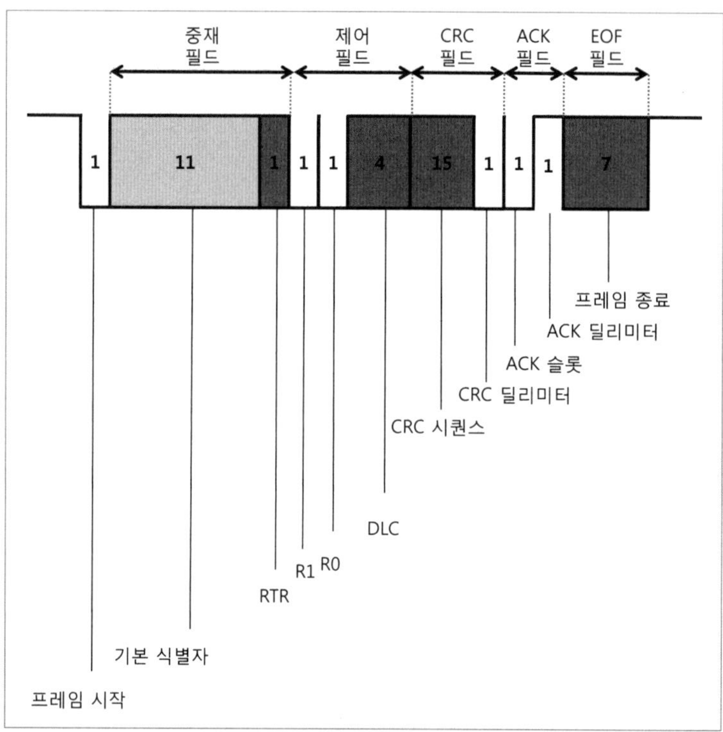

그림 8-11 원격 프레임

[8.5.4] 오류 프레임

오류 프레임은 현재 송신 프레임의 오류 상황을 공지할 목적으로 사용하며, 수신기에서 감지한 오류를 프레임 비트 삽입 규칙('비트 삽입' 박스 참조)을 손상시켜 현재 버스에 접근한 모든 노드에 전송한다. 따라서 현재 전송중인 장치는 에러 때문에 현재의 프레임 전송이 실패했음을 인식하고 즉시 전송을 중지하고 재전송 기회를 기다린다.

먼저 CAN 메시지에서 검출하는 에러의 종류와 특성을 정리하면 다음과 같다.

- 비트 오류^{Bit Error}: 송신기에서 판별하는 오류 사항으로 선로를 검사해 전송한 메시지의 비트 레벨과 선로의 레벨이 다를 때는 비트 오류로 판별한다.
- 삽입 오류^{Stuff Error}: 연속해서 5개 이상의 동일한 극성으로 이뤄진 데이터가 전송되면 삽입 오류로 판별한다.
- 인식 오류: ACK 슬롯 동안 수신기기 디지털 '1'을 전송하지 않고, 선로에 수신 노드가 접속돼 있지 않을 때(선로가 끊겼을 때)는 오류로 판별한다.
- CRC 오류: 송신기에서 전송한 CRC 시퀀스와 수신기에서 연산한 CRC 결과가 일치하지 않을 때 CRC 오류로 판별한다.
- 포맷 오류: 각 필드의 경계 비트가 디지털 '1'이 아닐 때 오류로 판별한다.

비트 삽입

비트 인코딩 방식은 여러 가지가 있지만, 대표적으로 그림 A와 같이 NRZ(Non-Return to Zero) 인코딩과 맨체스터(Manchester) 인코딩 방식이 있다. NRZ 인코딩은 1비트 동안은 같은 극성을 유지해 비트 레벨을 나타내지만, 맨체스터 인코딩은 1비트 동안 극성을 반전시켜 비트 레벨을 표기한다.

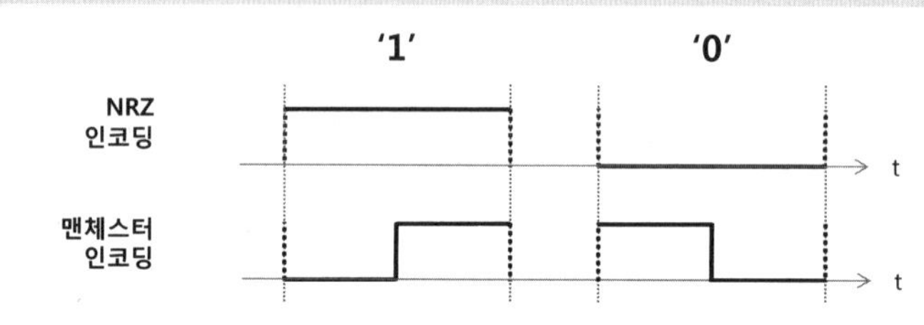

그림 A 비트 인코딩

NRZ 방식으로 인코딩하는 비동기 통신에서는 바이트 단위 시작과 정지 비트를 이용해 메시지 동기를 잡을 수 있다. 하지만 NRZ 인코딩 방식을 사용하는 CAN은 바이트 단위 시작/정지 비트가 없어서 여러 바이트가 연속해서 이어지면, 수신 측에서는 비트의 경계를 알 수 없으므로 오차가 누적될 수 있다.

이에 대한 대책으로 CAN에서는 5 비트 동안 같은 극성이 유지되면 반대 극성 1 비트(Stuff Bit)를 추가해 송신하고, 수신 장치는 이를 고려해 원래대로 복원하는 대안을 사용하고 있다. 송수신할 때 삽입 비트의 추가와 제거에 대한 순서는 그림 B와 같다.

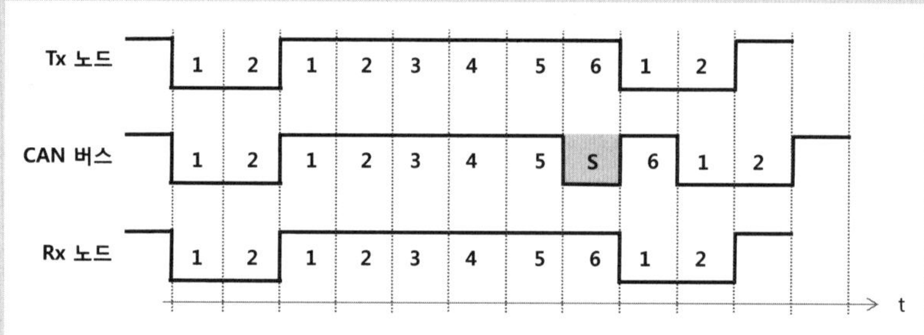

그림 B 삽입 비트 송수신의 예

CAN 송신기와 수신기에서 검출하는 오류를 구별하면 그림 8-12와 같다.

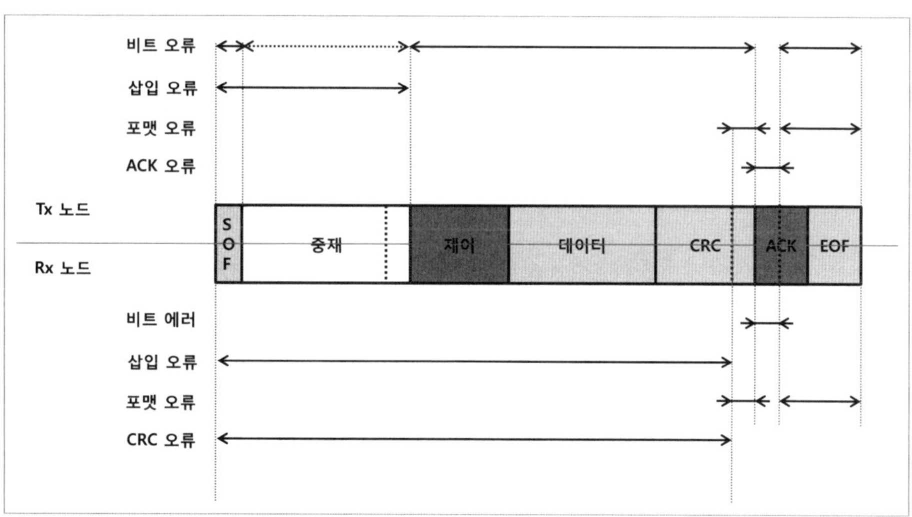

그림 8-12 송수신기에서 검출하는 오류

비트 오류, 삽입 오류, 포맷 오류, ACK 오류는 오류가 발견되면 바로 오류 프레임을 전송하지만, CRC 오류는 다른 노드들이 ACK를 받을 때까지 대기할 목적으로 EOF의 첫 번째 비트가 수신되면 오류 프레임을 전송한다.

그림 8-12에서 설명한 오류를 검출한 수신기는 그림 8-13과 같은 구조의 오류 프레임을 전송한다.

- 오류 플래그(6~12비트): 오류를 감지한 노드는 6비트 길이의 디지털 '0'을 전송한다. 전송된 오류 플래그는 다른 노드에게 삽입 오류^{Stuff Error}로 판별돼 6비트 길이의 디지털 '0'을 중첩해 전송한다.
- 오류 딜리미터(8비트): 오류 프레임 정계 신호로 항상 디지털 '1'을 전송한다.

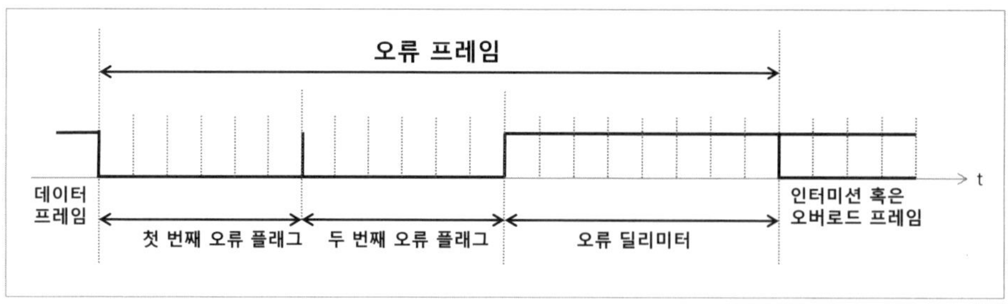

그림 8-13 오류 프레임 구조

메시지 오류를 판별할 때마다 오류 프레임을 전송하면 전체 통신망에 영향을 주기 때문에 CAN에서는 송신 오류 카운터[TEC, Transmit Error Counter]와 수신 오류 카운터[REC, Receive Error Counter]를 사용해 그림 8-14와 같이 오류 상태처리[Error Handling]를 하도록 한다.

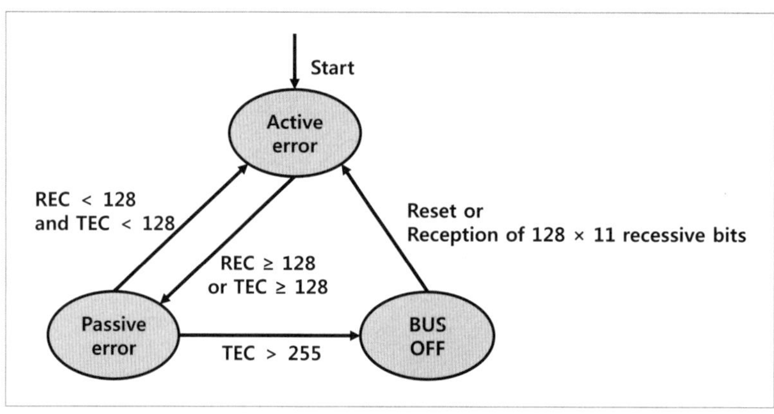

그림 8-14 오류 상태 처리

송신 오류 카운터와 수신 오류 카운터는 에러가 검출되면 1씩 증가하고, 에러 없이 성공하면 1씩 감소한다. 이들 에러 카운터 수에 따라 아래와 같이 노드 상태가 달라진다.

- 오류 활성화(TEC 〈 128 and REC 〈 128): 오류 활성화[Active Error] 상태는 초기

에러 검출 상태로 오류 플래그^{Error Flag}(6비트 디지털 '0')를 전송할 수 있다.

- 오류 비활성화(TEC≥128 or REC≥128): 에러 카운터 값이 128이상이면 오류 비활성화^{Passive Error} 상태가 된다. 즉 오류 플래그(6비트 디지털 '0')를 보내지 못하고, 패시브 오류 플래그(6비트 디지털 '1')를 보낸다. 전체 통신망에 주는 영향을 줄이기 위한 목적으로 오류 프레임을 발생하는 권리를 제한시키고, 연속적인 두 개의 오류 메시지 전송을 차단하기 위해서 부가적인 지연 시간을 갖도록 한다. 즉 에러 발생이 많은 노드의 전송 횟수를 제한한다.

- 버스 오프(TEC > 255): 만일 송신 에러 카운터가 255를 넘으면 버스 오프 BUSOFF 상태가 돼 이 노드에 대해 CAN에서 접속을 끊어버린다. 이 버스 오프 상태에서 벗어나려면, 소프트웨어 리셋을 발생시키거나 부가적인 대기 시간(11 비트 디지털 '1'이 128번 발생하는 시간)이 필요하다.

[8.5.5] 오버로드 프레임

표 8-4에서 설명했듯이 오버로드 프레임^{Overload Frame}은 버스 상태를 안정시킬 목적으로 전송되는 프레임이다.

오버로드 프레임을 전송하는 상황은 아래와 같다.

- 이전 메시지 처리를 마치지 못해 다음 데이터 · 원격 프레임 사이에 지연이 필요할 때
- 프레임 간 중단 필드의 1, 2비트가 디지털 '0'일 때
- 에러 경계비트 또는 오버로드 경계비트의 마지막 비트가 디지털 '0'일 때

오버로드 프레임 구조는 그림 8-15와 같다.

- 오버로드 플래그(6~12비트): 버스를 안정시키기 위해 오류 프레임과 같은 6비트 길이의 디지털 '0'을 전송한다. 전송된 오버로드 플래그는 다른 노드에게 삽입오류로 판별되면 6비트 길이의 디지털 '0'을 중첩해

전송한다.

- 오버로드 딜리미터(8비트): 오버로드 프레임 경계신호로 항상 디지털 '1'을 전송한다.

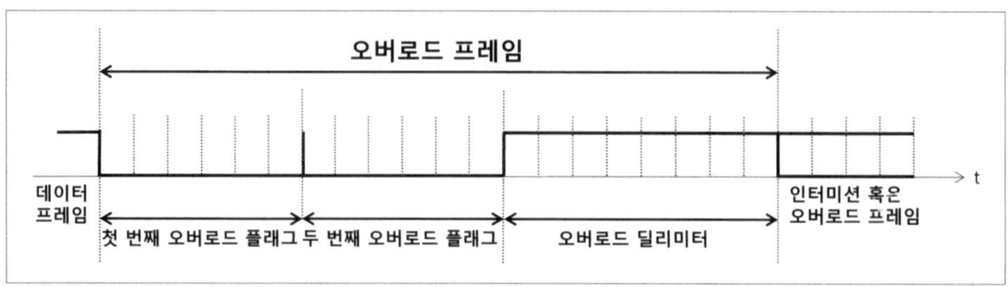

그림 8-15 오버로드 프레임

이상으로 CAN 메시지 구조에 대한 설명을 마치고 메시지 타이밍에 대해 설명한다.

08 6 메시지 비트타임 세그먼트와 재동기화

CAN은 1Kbps에서 1Mbps 사이의 비트 전송 속도를 지원한다. 비트타임의 타이밍 매개변수로는 각 노드의 발진기$^{f_{osc}}$에서 생성하는 주기정보를 이용한다(이 주기정보는 노드마다 약간의 차이가 있다). 각 노드의 주파수는 서로 일치하지 않을 뿐만 아니라 발진기 주파수가 안정적이지 않아 발진기 오차^{df}가 발생하지만, CAN은 비트타임 재동기화$^{Re-Synchronization}$ 방법으로 이 문제를 해결한다. 이 절에서는 CAN 비트타임 세그먼트와 재동기화 방법을 알아보자.

앞에서 설명한 주파수 문제와 발진기 오차 때문에 노드들이 프레임의 시작 위치를 찾지 못하는 문제가 생긴다. CAN과 같이 별도의 클록 라인이 존재하지 않는 비동기 통신 방식에서 비트의 시작위치를 찾는 것은 중요한 문제나. CAN에서는 이러한 문제를 해결할 목적으로 각 노드 스스로 비트타임을 계산할 수 있는 자원을 정의하고 있다. CAN 표준에서 정의한 자원은 그림 8-16과 같이 4개의 세그먼트로 구분했다.

- 동기화 세그먼트^{Synchronization Segment}: 항상 1 Time Quanta임
- 전파 세그먼트^{Propagation Segment}: 전파 지연 시간을 상쇄할 목적으로 구성된 세그먼트
- 페이즈 버퍼 세그먼트 1^{Phase Buffer Segment 1}: 재동기화를 위한 세그먼트 1
- 페이즈 버퍼 세그먼트 2^{Phase Buffer Segment 2}: 재동기화를 위한 세그먼트 2

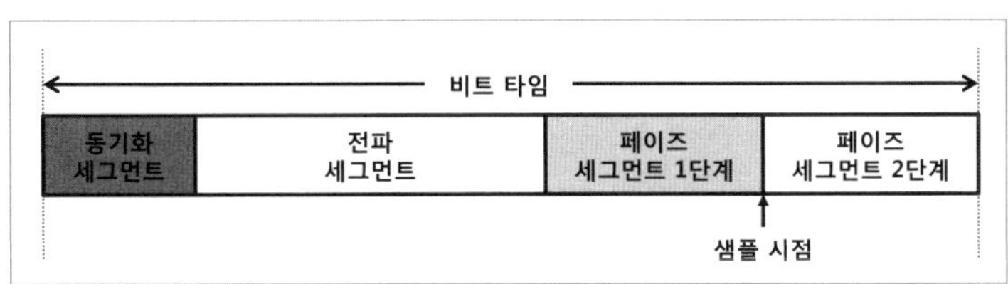

그림 8-16 비트 타이밍 세그먼트

CAN 비트타임의 기본 단위인 Time Quanta^{Tq}의 길이는 CAN 제어기의 시스템 주파수^{fsys}와 BRP^{Baud Rate Prescaler}로 결정한다.

$$T_q = BRP/fsys \rightarrow F_q = fsys/BRP$$

CAN 표준은 CAN 버스에 연결된 개별 노드의 발진 주파수 변동이나 비트타임의 길이 변화로 비트 취득 위치를 찾지 못하면, 페이즈 세그먼트 1과 페이즈 세그먼트 2의 값을 가변함으로써 비트 시자 위치를 다시 찾을 수 있는 재동기화 방법을 정의하고 있다.

재동기화 방법을 사용하기 위해서는 동기 활동 영역과 한계를 구분해야 한다. 동기 활동 영역 최댓값을 RJW^{Resynchronization Jump Width}라 하고, 1~4 사이의 정수값을 허용한다(여기서 정수 1은 1 time quanta다).

이상으로 CAN 메시지 타임 세그먼트와 비트 재동기회에 대한 설명을 미치고

각 노드 간 전달할 메시지를 설계하는 방법, 간략한 하드웨어 구성, CAN 드라이버 제어 소프트웨어 구현에 대해 알아보자.

구현

이번에는 CAN 네트워크를 구현하는 데 필요한 기반 지식(메시지 설계, 하드웨어, 소프트웨어)을 알아보자.

[8.7.1] 메시지 설계

CAN 메시지를 살펴보자. 쉽게 이해할 수 있도록 3개의 노드 사이에서 CAN 메시지를 주고 받는 것을 소개한다. 노드 1~3 사이에는 표 8-5와 같은 정보를 주고 받아야 한다.

표 8-5 CAN 네트워크 전달 정보

정보	송신 노드	수신 노드	메시지 전송 주기(ms)
자동차 속도	노드 1	노드 2	10
배터리 전압	노드 2	노드 3	100
모터 속도	노드 3	노드 1	10
모터 전류	노드 3	노드 1	10

이상의 정보를 주고받으려면 송신 노드에서 수신 노드로 각 정보를 실어서 전달할 메시지를 정의해야 한다. 자동차 속도 정보는 MSG1로, 배터리는 전압은 MSG2로, 모터 속도와 모터 전류는 MSG3에 싣는 것으로 정의하겠다. 노드 사이에 주고받는 메시지를 표로 표시하면 다음과 같다.

표 8-6 CAN 전달 메시지

Tx \ Rx	노드 1	노드 2	노드 3
노드 1		MSG1(자동차 속도)	
노드 2			MSG2(배터리 전압)
노드 3	MSG3(모터 속도, 전류)		

정보를 전달할 메시지를 설정했다면, 다음으로 메시지의 ID를 부여해야 한다. 메시지 ID는 앞서 설명했듯이 CAN 네트워크상에 유일해야 한다. 메시지의 우선순위는 메시지 ID가 낮을수록 높다. 따라서 3개의 메시지의 우선순위와 CAN 네트워크에 할당된 ID를 고려해 각 메시지의 ID를 결정해야 한다.

메시지의 우선순위는 시스템 엔지니어링을 통해 자동차 속도, 모터 속도 및 전류, 배터리 전압으로 분석됐다. 따라서 메시지 ID를 각각 0x101, 0x102, 0x103으로 부여했다(CAN 네트워크상에 다른 메시지는 없다고 가정한다).

각 메시지 ID에 실린 메시지 상세 정보는 다음과 같다.

표 8-7 CAN 전달 메시지의 상세 정보

메시지	메시지 ID	정보이름	물리량	범위	스케일
MSG1	0x101	자동차 속도	속도(Km/h)	0~200	1
MSG2	0x103	배터리 전압	전압(V)	0~20	0.5
MSG3	0x102	모터 속도	회전 속도(RPM)	0~6000	50
		모터 전류	전류(A)	0~20	0.1

자동차 속도 정보를 1Km/h 단위로 0Km/h~200Km/h까지 표현하는 데 필요한 최소 비트수(n)를 알아내기 위해서는 최댓값인 200Km/h보다 큰 값을 표현할 수 있는 비트수가 필요하다. 이는 일반적으로 아래와 같이 표기할 수 있다.

$$2^n \geq 200 \ \text{(식 8-1)}$$

위 관계를 수식으로 표현하면 아래와 같다.

$$a^n = b \rightarrow n = \log_a(b) \ \text{(식 8-2)}$$

식 8-1을 식 8-2에 대입하면 아래와 같다.

$$n \geq \log_2(200) \rightarrow n \geq 7.6438$$

따라서 n은 7.6438보다 큰 정수 '8'을 얻을 수 있고, 정수 200을 표현할 수 있는 최소 비트수는 8비트임을 알 수 있다.

이상을 식 8-2를 이용해 필요한 비트를 계산하면 표 8-8과 같은 결과를 얻을 수 있다.

표 8-8 메시지별 필요한 비트 수

메시지	정보 이름	필요한 비트
MSG1	자동차 속도	8
MSG2	배터리 전압	7
MSG3	모터 속도	7
	모터 전류	8

앞서 할당한 메시지 ID, 정보마다 필요한 비트 수를 기반으로 메시지별로 정보를 할당한다. 즉 메시지 ID가 0x101인 MSG1에 담기는 자동차 속도 정보는 총 8 bit가 필요하므로 그림 8-27과 같이 CAN 메시지의 비트가 할당된다. 메시지 ID가 0x103인 MSG3에는 모터 속도와 모터 전류 정보가 각각 7 비트, 8 비트씩 필요하므로 그림 8-18과 같이 CAN 메시지의 비트가 할당된다.

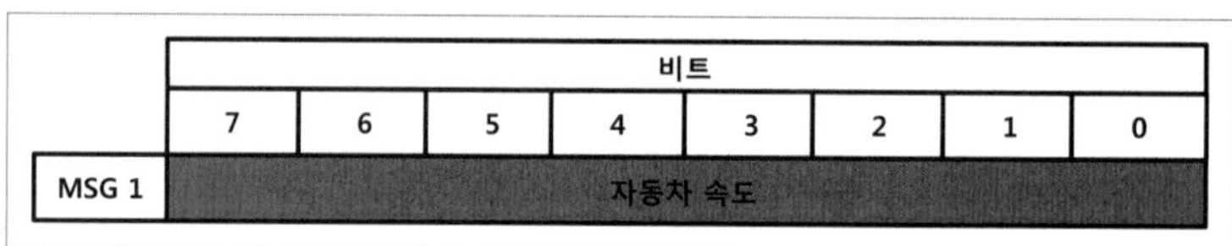

그림 8-17 MSG1 비트 할당

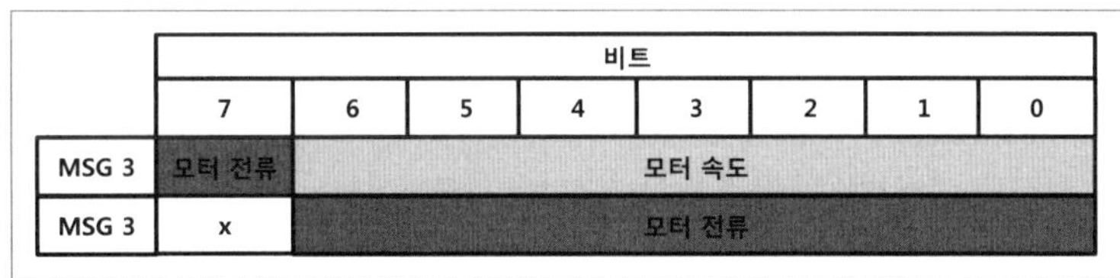

<table>
<tr><td rowspan="2"></td><td colspan="8" style="text-align:center">비트</td></tr>
<tr><td>7</td><td>6</td><td>5</td><td>4</td><td>3</td><td>2</td><td>1</td><td>0</td></tr>
<tr><td>MSG 3</td><td>모터 전류</td><td colspan="7" style="text-align:center">모터 속도</td></tr>
<tr><td>MSG 3</td><td>x</td><td colspan="7" style="text-align:center">모터 전류</td></tr>
</table>

그림 8-18 MSG3 비트 할당

[8.7.2] 하드웨어

CAN이 개발된 초창기에는 통신을 위한 복잡한 회로를 구성해야 했다. 하지만 반도체 기술이 발전하면서 기존 복잡한 회로를 제어기 내부에 실장하게 되면서 그림 8-19와 같이 간단한 회로 구성을 통해서 CAN 통신이 가능한 회로를 구성할 수 있게 됐다. 현재 자동차용 반도체로 많이 사용되고 있는 PowerPC와 인피니온의 칩에는 CAN 드라이버 모듈이 탑재돼 있다.

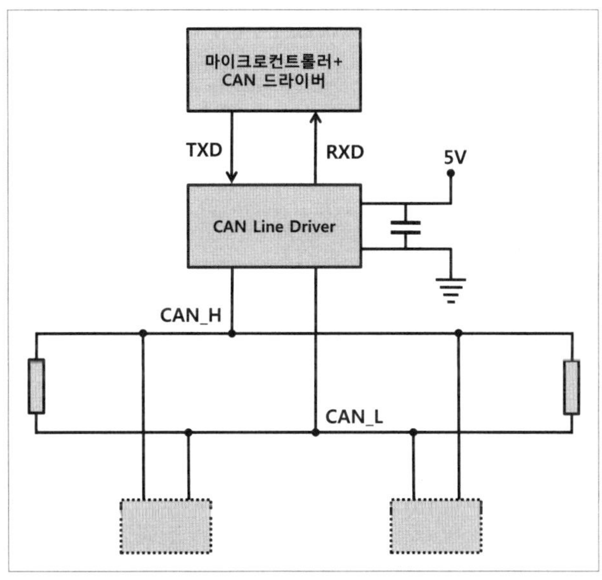

그림 8-19 CAN 주변 회로

CAN 라인 드라이버는 마이크로 컨트롤러에 내장된 CAN 드라이버 모듈과 CAN 버스싱에서 동작하는 전기 신호의 차이를 보상할 목적으로 사용한다.

[8.7.3] 소프트웨어

CAN 소프트웨어의 구조는 일반적으로 그림 8-20과 같이 구성한다. BSW, ASW(서비스)로 구성된다. 지금부터는 MCAL의 주요 코드를 사용해 설명하겠다. HAL^Hardware Abstraction Layer과 애플리케이션의 설명을 제외한 이유는 다음과 같다. HAL에서의 역할은 MCAL을 이용하는 애플리케이션에 MCAL의 인터페이스를 제공하고, CAN 메시지를 사용해 전송하는 정보를 CAN 메시지 포맷에 맞도록 설정하는 등의 역할을 한다. 일종의 서비스 루틴을 제공하는 것이기 때문에 개발 환경에 맞는 형태로 구축하는 것이 일반적이다. 애플리케이션은 HAL에서 제공하는 CAN 송수신 API를 호출하는 형태로 구축하기 때문에 이것 또한 개발환경에 맞춰서 구축한다.

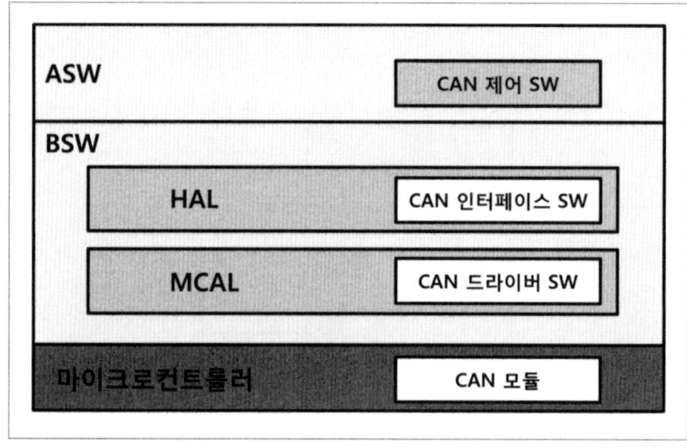

그림 8-20 CAN 소프트웨어 구조

8.7.3.1 MCAL 개발

CAN 소프트웨어의 MCAL 구성은 일반적으로 컨트롤러 칩에 의존적이다. 즉 칩 제조사에서 제공하는 레퍼런스 가이드를 참조해 CAN과 관련된 레지스터를 설정해야 한다. 여기서는 대표적인 칩 세트인 프리스케일^freescale의 MPC555x CAN 모듈 A를 이용해 핵심적인 부분만 설명하겠다. 설정과 관련된 레지스터에 대한 설명은 표 8-9와 'CAN 설정 관련 레지스터' 박스를 참고하기 바란다.

표 8-9 MPC555x CAN 관련 레지스터

레지스터 이름	설명	사이즈(바이트)
SIU_PCR	IO 패드 제어 레지스터	2
CAN_MCR	CAN 모듈 구성 레지스터	4
CAN_CR	CAN 제어 레지스터	4
CAN_MB0~63	CAN 메시지 버퍼(64개)	16 / MB

CAN 설정 관련 레지스터

1. SIU_PCR 레지스터(GPIO 포트 설정)

IO 핀 설정 레지스터로 CAN과 관련해서는 아래와 같이 구성됐다.

	0	1	2	3	4	5	6	7	8	9	10	11	12	13	14	15
R	0	0	0	0	0	PA	OBE[1]	IBE[2]	0	0	ODE	HYS	SRC		WPE	WPS
W																
RESET:	0	0	0	0	0	0	0	0	0	0	0	0	0	0	1	1

- PA(Pin Assignment): IO 핀(Pin)의 GPIO 및 특수 기능을 설정(CAN 기능 선택)
- OBE(Output Buffer Enable): IO 핀의 출력 버퍼 활성화(Tx일 때만 활성화)
- IBE(Input Buffer Enable): IO 핀의 입력 버퍼 활성화(Rx일 때만 활성화)
- ODE(Open Drain output Enable): 오픈 드레인(Open Drain) 모드 활성화(비활성화면 push-pull enable)
- HYS(Input Hysteresis): 이력 현상 활성화(비활성화)
- SRC(Slew Rate Control): 신호의 출력 속도 설정(최소 속도 설정)
- WPE(Weak pullup/down enable): 풀업(pull-up), 풀다운(pull-down) 활성화(ODE가 푸시-풀(push-pull)일 때)
- WPS(Weak pullup/down select): 풀업 또는 풀다운 선택(풀업 선택)

2. CAN_MCR 레지스터(Module Configuration)

- MDIS: 모듈 활성화/비활성화 설정
- FRZ: 모듈의 프리즈(Freeze) 모드 활성화/비활성화 설정

- HALT: 모듈의 프리즈 모드 요청

- NOT RDY: 모듈 비활성화, 프리즈 모드 상태 설정

- SOFT RST: CAN 설정 관련 레지스터 리셋

- FRZ ACK: 프리즈 모드 활성화 완료 필드

- MDIS ACK: CAN 모듈 활성화/비활성화 인식 필드

- MAXMB: 최대 사용 메시지의 버퍼 설정 필드

3. CAN_CR 레지스터(Control)

이 레지스터의 타임 세그먼트에 대해서는 8.2.3.2 내용을 참조하기 바란다.

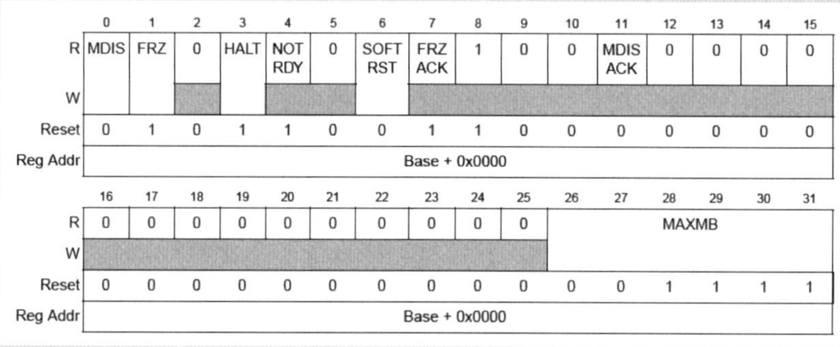

PRESDIV: 프리스켈러 디버전 계수(Prescaler Division Scaler Factor)(최대: 0xFF)

f_{CAN}: CAN 주파수 타임퀀터(Time Quanta)

f_{SYS}: 시스템 주파수(132MHz) 혹은 오실레이터 주파수(8MHz)

$f_{CAN} = f_{SYS} / (PRESDIV+1)$

예, f_{SYS} = 8[MHz], PRESDIV = 0 이면 f_{CAN} = 8[MHz] / (0+1) = 8[MHz]

RJW : Resynchronization Jump Width(최대 : 0x03)

Resync. Jump Width = RJW + 1

예, RJW = 3이면 Resync. Jump Width = 3 + 1 = 4

PSEG1: 페이즈 세그먼트 1

페이즈 세그먼트 1 = (PSEG1 + 1) x 타임퀀타

예, PSEG1 = 3이면 페이즈 세그먼트 1 = (3 + 1) x 125[ns] = 500[ns]

PSEG2: 페이즈 세그먼트 2

    페이즈 세그먼트 2 = (PSEG2 + 1) x 타임퀀타

    예, PSEG2 = 3이면 페이즈 세그먼트 1 = (3 + 1) x 125[ns] = 500[ns]

- BOFF MSK: 버스 오프 인터럽트 활성화/비활성화
- ERR MSK: 에러 인터럽트 활성화/비활성화
- CLK_SRC: 클록 소스 선택(시스템 클록 or 오실게이터 클록)
- LPB: 루프 백(Loop back) 모드 설정
- SMP: 수신 메시지의 샘플 취득 횟수 설정(1 or 3)
- BOFF REC: 버스 오프 후 자동 복구 모드 활성화/비활성화
- TSYN: CAN 모듈 자체 타이머와 수신 메시지 동기화 설정
- LBUF: 전송 우선순위 설정
- LOM: 수신 전송 모드(Listen-Only Mode) 활성화/비활성화
- PROPSEG : 전파 세그먼트(Propagation Segment)

    전파 세그먼트 = (PROPSEG + 1)×Time Quanta

    예, PROPSEG = 6이라면 전파 세그먼트 = (6 + 1)×

    125[ns] = 875[ns]

CR 레지스터를 위 예제와 같이 설정했을 때 샘플 포인트를 계산하면 아래와 같다.

Sync. Seg. = 1

Propagation Seg. = 7

Phase Seg.1 = 4

Phase Seg.2 = 4

All Seg. = 16

샘플 시점(Sample Point)[%] = (동기 세그먼트 + 전파 세그먼트 + 페이즈 세그먼트1) / (전체 세그먼트) × 100 = (12/16) × 100 = 75[%]

4. CAN_MBn 레지스터(메시지 박스 설정)

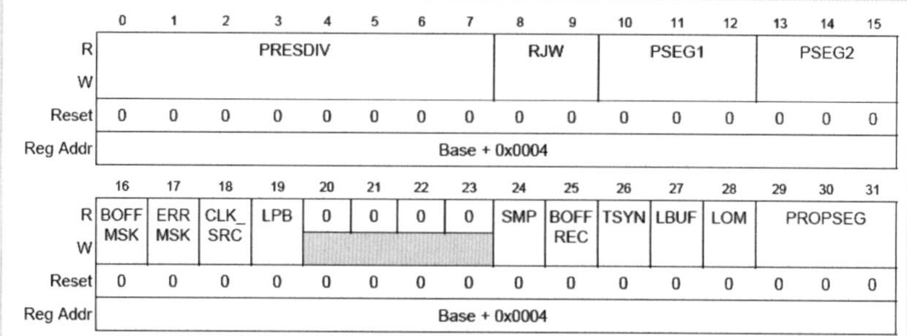

- CODE: 현재 메시지 버퍼의 설정 및 상태를 나타냄(CAN 모듈 자체에서 설정)
- SRR: 확장 CAN 프레임용 연속 전송 상태 설정(열성, 우성)
- IDE: 표준 CAN 또는 확장 CAN 프레임 포맷 선택 설정
- RTR: 데이터 프레임 또는 원격 프레임 선택 설정
- LENGTH: 데이터 사이즈 설정
- TIME STAMP: CAN 버스에 ID 필드부터 타임 카운터 누적 필드
- ID: CAN 프레임 ID 설정
- DATA 0~7: 데이터 필드

우선 'CAN 설정 관련 레지스터' 박스에서 설명한 설정 관련 레지스터의 구조를 아래 코드 8-1과 같이 생성한다.

코드 8-1 레지스터 구조체 선언

```
structSIU_table {
...
union {
        volatile unsigned short R;
        struct {
            volatile unsigned short Reserved:3;
            volatile unsigned short PA:3;
```

```c
                volatile unsigned short OBE:1;
                volatile unsigned short IBE:1;
                volatile unsigned short DSC:2;
                volatile unsigned short ODE:1;
                volatile unsigned short HYS:1;
                volatile unsigned short SRC:2;
                volatile unsigned short WPE:1;
                volatile unsigned short WPS:1;
            } B;
        } PCR[512];
...
};

structFLEXCAN_table {
    union {
        volatile unsigned int R;
        struct {
            volatile unsigned int MDIS:1;
            volatile unsigned int FRZ:1;
            volatile unsigned int Reserved1:1;
            volatile unsigned int HALT:1;
            volatile unsigned int NOTRDY:1;
            volatile unsigned int Reserved2:1;
            volatile unsigned int SOFTRST:1;
            volatile unsigned int FRZACK:1;
            volatile unsigned int Reserved3:1;
            volatile unsigned int Reserved4:1;
            volatile unsigned int Reserved5:1;
            volatile unsigned int MDISACK:1;
            volatile unsigned int Reserved6:1;
            volatile unsigned int Reserved7:1;
            volatile unsigned int Reserved8:12;
            volatile unsigned int MAXMB:6;
        } B;
    } MCR;

    union {
        volatile unsigned int R;
        struct {
            volatile unsigned int PRESDIV:8;
            volatile unsigned int RJW:2;
            volatile unsigned int PSEG1:3;
            volatile unsigned int PSEG2:3;
```

```c
            volatile unsigned int BOFFMSK:1;
            volatile unsigned int ERRMSK:1;
            volatile unsigned int CLKSRC:1;
            volatile unsigned int LPB:1;
            volatile unsigned int Reserved:4;
            volatile unsigned int SMP:1;
            volatile unsigned int BOFFREC:1;
            volatile unsigned int TSYN:1;
            volatile unsigned int LBUF:1;
            volatile unsigned int LOM:1;
            volatile unsigned int PROPSEG:3;
        } B;
    } CR;


    ...


structcanbuf_t {
        union {
            volatile unsigned int R;
            struct {
                volatile unsigned int Reserved1:4;
                volatile unsigned int CODE:4;
                volatile unsigned int Reserved2:1;
                volatile unsigned int SRR:1;
                volatile unsigned int IDE:1;
                volatile unsigned int RTR:1;
                volatile unsigned int LENGTH:4;
                volatile unsigned int TIMESTAMP:16;
            } B;
        } CS;

        union {
            volatile unsigned int R;
            struct {
                volatile unsigned int Reserved:3;
                volatile unsigned int STD_ID:11;
                volatile unsigned int EXT_ID:18;
            } B;
        } ID;

        union {
            volatile unsigned char B[8];
            volatile unsigned short H[4];
```

```
            volatile unsigned int W[2];
            volatile unsigned int R[2];
        } DATA;
    } BUF[64];
};

#define SIU        (*( volatile structSIU_table *)0xC3F90000)
#define CAN_A      (*( volatile structFLEXCAN_table *)0xFFFC0000)
```

흔히 하나의 칩에는 CAN 모듈이 2~3개가 실장돼 있다. 따라서 칩에 탑재된 CAN 모듈 가운데 사용할 CAN 모듈을 선택해 줘야 하고, 물리적인 입출력 라인을 사용하고자 하는 CAN 모듈과 연결하는 작업이 필요하다. 입출력 라인에 연결하려면 SIU_PCR 레지스터를 사용해 설정해야 한다.

표 8-10 MPC555x CAN A 모듈 핀

Signal	Func. Name	SIU PCR No.	Package Pin No.			
			496BGA	416BGA	324BGA	208BGA
CNTxA	CNTXA	83	AF22	AD21	Y17	P12
CNRxA	CNRXA	84	AG22	AE22	AA18	R12

코드 8-2 GPIO 포트 설정

```
SIU_PCR[83].R = 0x0603;              /* CANA_TX */
SIU_PCR[84].R = 0x0503;              /* CANA_RX */
```

컨트롤러 GPIO 핀과 CAN 모듈을 코드 8-2와 같이 연결한 후 CAN 네트워크의 전송속도를 설정하고 모듈을 초기화해야 한다. 즉 CAN은 최소 10Kbps부터 최대 1Mbps까지 전송속도를 선택할 수 있기 때문에, 사용하는 CAN 네트워크의 전송속도에 맞춰 CAN 모듈의 전송속도를 설정해야 한다. 먼저 전송속도, 비트 타이밍을 계산해 설정값을 줘한 후 다음 코드로 CAN 모듈의 전송속

도를 설정한다. 비트 타이밍 계산 과정은 282쪽 박스의 '3. CAN_CR 레지스터
설정' 부분을 참고하기 바란다.

코드 8-3 CAN 모듈 설정

```c
CAN_A.MCR.B.MDIS= 0;                     /* 모듈 비활성화 */
while (CAN_A.MCR.B.MDISACK){}            /* 모듈 비활성화 설정 대기 */

CAN_A.MCR.B.SOFTRST= 1;                  /* CAN A 모듈 리셋 */
while(CAN_A.MCR.B.SOFTRST == 1){}        /* CAN A 모듈 리셋 설정 대기 */

CAN_A.MCR.B.FRZ= 1;                      /* Freeze 모드 활성화 */
CAN_A.MCR.B.HALT= 1;                     /* 모듈 동작 중지 */
while (!CAN_A.MCR.B.FRZACK){}            /* Freeze 모드 설정 대기 */

CAN_A.MCR.B.MAXMB = 63;

CAN_A.CR.B.PRESDIV = 0;        /* 282쪽 박스의 3.CAN-CR 레지스터 참조 */
CAN_A.CR.B.RJW = 1;            /* 282쪽 박스의 3.CAN-CR 레지스터 참조 */
CAN_A.CR.B.PROPSEG = 6;        /* 282쪽 박스의 3.CAN-CR 레지스터 참조 */
CAN_A.CR.B.PSEG1= 3;           /* 282쪽 박스의 3.CAN-CR 레지스터 참조 */
CAN_A.CR.B.PSEG2= 3;           /* 282쪽 박스의 3.CAN-CR 레지스터 참조 */
CAN_A.CR.B.BOFFMSK = 0;        /* 282쪽 박스의 3.CAN-CR 레지스터 참조 */
CAN_A.CR.B.ERRMSK = 0;         /* 282쪽 박스의 3.CAN-CR 레지스터 참조 */
CAN_A.CR.B.CLKSRC = 0;         /* 282쪽 박스의 3.CAN-CR 레지스터 참조 */
CAN_A.CR.B.LPB = 0;            /* 282쪽 박스의 3.CAN-CR 레지스터 참조 */
CAN_A.CR.B.SMP = 1;            /* 282쪽 박스의 3.CAN-CR 레지스터 참조 */
CAN_A.CR.B.BOFFREC = 0;        /* 282쪽 박스의 3.CAN-CR 레지스터 참조 */
CAN_A.CR.B.TSYN = 0;           /* 282쪽 박스의 3.CAN-CR 레지스터 참조 */
CAN_A.CR.B.LBUF = 0;           /* 282쪽 박스의 3.CAN-CR 레지스터 참조 */
CAN_A.CR.B.LOM = 0;            /* 282쪽 박스의 3.CAN-CR 레지스터 참조 */
```

CAN 모듈 버퍼를 다음 코드 8-4와 같이 초기화한다.

코드 8-4 CAN 모듈 버퍼 초기화

```c
for (i=0; i<64; i++)
{
    CAN_A.BUF[i].CS.R = 0x0;            /* Control & Status 초기화 */
    CAN_A.BUF[i].ID.R = 0x0;            /* CAN ID 초기화 */

    for (j=0; j<8; j++)
    {
        CAN_A.BUF[i].DATA.B[j] = 0;  /* 메시지 버퍼 초기화 */
    }
}

CAN_A.IMRH.R      = 0x00000000;   /* Interrupt High Mask 초기화 */
CAN_A.IMRL.R      = 0x00000000;   /* Interrupt Low Mask 초기화 */
CAN_A.RXGMASK.R   = 0x1FFFFFFF;
CAN_A.RX14MASK.R  = 0x1FFFFFFF;
CAN_A.RX15MASK.R  = 0x1FFFFFFF;
```

초기화된 버퍼를 송신이나 수신할 수 있는 버퍼로 설정한다.

코드 8-5 Tx, Rx 설정

```c
#define CAN_A_ISR                       155

void Can_SetBuff(unsigned char Module,  unsigned char BufNum,
unsigned short CanID, unsigned char BufSize, unsigned char Dir,
unsigned IntEnable, unsigned char IntPri)
{
volatile struct FLEXCAN2_tage LCanModule;        /* Local CAN
                                          Structure 변수 선언 */

    if(Module == 0x0)
    {
        LCanModule = CAN_A;                       /* CAN 모듈 A 링크 */
    }
    else
    {
        LCanModule = CAN_B;                       /* CAN 모듈 B 링크 */
    }

LCanModule.BUF[BufNum].ID.B.STD_ID = CanID;    /* CAN ID 설정 */
LCanModule.BUF[BufNum].CS.B.LENGTH = BufSize;  /* 버퍼 사이즈 설정 */
LCanModule.BUF[BufNum].CS.B.CODE = Dir;    /* 송신 or 수신 방향 설정 /

    if(IntEnable)                               /* 만약 인터럽트를 사용한다면 */
    {
        INTC.PSR[BufNum+CAN_A_ISR].B.PRI = IntPri; /* 인터럽트 우선순위
                                               설정 */

        if (BufNum< 32)         /* 메시지 버퍼가 32보다 작다면 */
        {
            LCanModule.IMRL.R |= (0x1 <<BufNum); /* 사용할 버퍼 인터럽트
                                             설정 */
        }
        else                         /* 메시지 버퍼가 32보다 크다면 */
        {
            LCanModule.IMRH.R |= (0x1<<(BufNum-32)); /* 사용할 버퍼
                                              인터럽트 설정 */
        }
    }
}
```

이상으로 CAN 초기화 과정에 대한 설명을 마무리하고 메시지 전송과 수신 구현에 대해 설명한다. CAN 메시지를 송수신하는 방법은 인터럽트 방식과 폴링 방식 모두를 이용할 수 있다. 전송 시 인터럽트 방식을 사용하면 전송 결과를 확인할 수 있으나, 전송 여부를 확인하는 것은 일반적으로 중요하지 않기 때문에 폴링 방식을 사용한다. 코드 8-6의 Can_TransmitMessage 함수와 같이 전송하려는 메시지를 CAN 노드 전송 버퍼에 복사한 후 Control & Status 레지스터의 Message Buffer Code 필드에 전송 코드를 설정하면, 메시지는 CAN 핀을 통해 CAN 버스 위에 정보를 실을 수 있다.

코드 8-6 송신함수 구현

```c
void Can_TransmitMessage(unsigned char Module,  unsigned char
    BufNum, unsigned char *TxData, unsigned char Wait)
{
    int i;
    volatile struct FLEXCAN2_tag *LCanModule;   /* Local CAN
                                        Structure 변수 선언 */

    if(Module == 0x0)
    {
        LCanModule = CAN_A;                     /* CAN 모듈 A 링크 */
    }
    else
    {
        LCanModule = CAN_B;                     /* CAN 모듈 B 링크 */
    }

    if (LCanModule->BUF[BufNum].CS.B.CODE != 8) /* 전송 완료 상태 확인 */
    {
        return;
    }

    for (i=0; i<LCanModule->BUF[BufNum].CS.B.LENGTH; i++)
    {
        LCanModule->BUF[BufNum].DATA.B[i]= TxData[i];/* 전송버퍼에
                                        메시지 복사 */
    }
```

```
        LCanModule->BUF[BufNum].CS.B.CODE = 0xC;   /* 전송코드 설정 :
                                                       메시지 전송 */

        if (Wait)                                 /* 전송 완료 대기 */
        {
            while (LCanModule->BUF[BufNum].CS.B.CODE != 0x8) {}
        }
    }
```

메시지를 수신했을 때는 그 결과를 바로 확인해야 한다. 바로 확인하지 못해서 메시지를 놓칠 때에는 수신 버퍼에 다음에 수신된 메시지가 덮어 써버리는 문제가 일어날 수 있다. 즉 폴링 방식을 사용할 때는 메시지 수신을 바로 확인할 수 없으므로 인터럽트 방식을 사용한다. 인터럽트 방식으로 메시지를 수신할 때는 인터럽트 서비스 루틴 안에 코드 8-7의 Can_ReceiveMessage 함수처럼 수신 버퍼의 데이터를 복사하는 코드를 넣는다.

코드 8-7 수신함수 구현

```
void Can_ReceiveMessage(unsigned char Module, unsigned char BufNum,
    unsigned char *RxData)
{
    int i;
    volatile struct FLEXCAN2_tag *LCanModule;   /* Local CAN
                                                    Structure 변수 선언 */

    if(Module == 0x0)
    {
        LCanModule = CAN_A;                       /* CAN 모듈 A 링크 */
    }
    else
    {
        LCanModule = CAN_B;                       /* CAN 모듈 B 링크 */
    }

    if( (LCanModule->BUF[BufNum].CS.B.CODE != 2)&&(LCanModule-
        >BUF[BufNum].CS.B.CODE != 6) )    /* 수신버퍼가 비어 있다면 */
    {
```

```
        /* 인터럽트 초기화한 후 복귀 */
        if (BufNum< 32)
        {
            LCanModule->IFRL.R = (0x1 <<BufNum);
        }
        else
        {
            LCanModule->IFRH.R = (0x1 << (BufNum-32));
        }
        return;
    }

    for (i=0; i<LCanModule->BUF[BufNum].CS.B.LENGTH; i++)
    {
        RxData[i]=LCanModule->BUF[BufNum].DATA.B[i]; /* 버퍼 데이터를
                                                   수신 버퍼에 복사*/
    }

        LCanModule->BUF[BufNum].CS.B.CODE = 4; /* 버퍼 Empty 설정 */

    /* 인터럽트를 초기화한 후 복귀 */
    if (BufNum< 32)
    {
        LCanModule->IFRL.R = (0x1 <<BufNum);
    }
    else
    {
        LCanModule->IFRH.R = (0x1 << (BufNum-32));
    }
}
```


참고도서와 문헌, 인터넷 자료

■ 참고도서

『GREEN CAR/친환경 자동차의 모든 것』, 국창호 외 3명, GoldenBell, 2010

Automotive Embedded Systems Handbook, Nocolas Navet 외 1명, CRC Press, 2009

Automotive Software Engineering, Jorg Schauffele 외 1명, SAE International, 2005

Multiplexed Networks for Embedded Systems, Dominique Paret, WILEY, 2007

■ 참고문헌

AN2865 MPC5500 & MPC5600 Simple Cookbook Rev.3, Freescale, 2009.09

MPC5553/5554 Microcontroller Reference Manual Rev.4.0, Freescale, 2007.04

The Configuration of the CAN Bit Timing, Florian Hartwich 외 1명, Robert Bosch GmbH

■ 인터넷 자료

ISA 버스 속도: http://goo.gl/fkuiG

9
LIN

이 장에서는 자동차 ECU 간 통신에서 사용하는 LIN^{Local Interconnect Network}을 살펴 보자.

09 1 LIN 탄생 배경

LIN은 모토로라(현 Freescale)가 주도해 1997년에 Rev.0이 처음 소개됐다. 이후 모토로라와 함께 자동차 업체인 아우디, BMW, 다임러 크라이슬러, 볼보가 2000년 컨소시엄을 결성해 사양 표준화와 함께 상용화를 추진했다. 컨소시엄은 LIN 표준을 계속 발전시켜 LIN Rev.2.0을 2003년에 공개했다. 컨소시엄은 이후 새로운 슬레이브 노드 구성, 슬레이브 진단 클래스 등을 추가한 Rev2.1을 발표했고, 그 이후 Rev2.2A까지 발표했다. 하지만 LIN은 ISO 표준에는 등록되지는 않았다.

09 2 개요

[9.2.1] 기본 개념

LIN 프로토콜은 기존 직렬통신보다 우수한 다중 통신 시스템을 구축할 수 있으며, 통신 컨트롤러를 단순화하고 통신 관련 부품을 줄여 통신 네트워크를 저렴한 비용으로 구축하도록 한다. 하지만 그림 9-1과 같이 오직 한 개의 마스터와 여러 개의 슬레이브 노드를 기반으로 LIN 네트워크가 구성되기 때문에 CAN(멀티마스터)보다 기능이 제한적이다.

LIN 네트워크는 마스터에 의해서만 제어되기 때문에 데이터 충돌이나 버스 중재가 필요 없다. 따라서 구현하기가 쉽고, 저가의 8비트 마이크로 컨트롤러와 표준 시리얼 비동기 송수신기^{UART}를 사용해 CAN보다 낮은 비용으로 네트워크를 구성할 수 있다. 하지만 단일선로를 사용하기 때문에 노이즈에 약해

전송 거리가 짧다. 데이터 전송속도 또한 20kbps 이하로 제한적이라는 단점
을 갖고 있다.

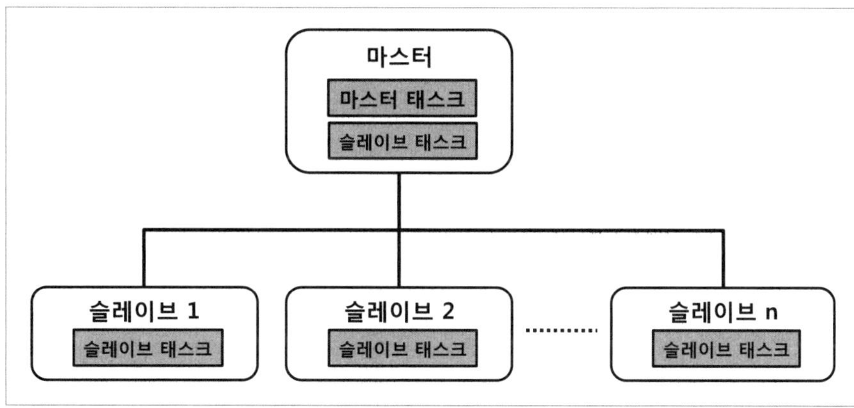

그림 9-1 LIN 네트워크 토폴러지

LIN 컨소시엄에서 공개한 LIN 사양서에 따르면, LIN 구조는 OSI 모델로 바라
봤을 때 표 9-1과 같다.

표 9-1 OSI 계층 구조로 본 LIN 사양서 구조

계층	OSI 모델	설명	LIN 사양서 (Rev1.3)
7	애플리케이션	작동중인 사용자 프로그램	애플리케이션 프로그램의 인터페이스 명세
6	프리젠테이션	데이터 포맷 규정	없음
5	세션	메시지 데이터 순차 처리 기술	없음
4	전송	메시지와 패킷 간 변환 작업 (재전송, 오류복구)	전송 계층 명세(Rev2.0)
3	네트워크	데이터 전송 방법 (라우팅, 어드레싱)	없음
2	데이터 링크	네이터 비트 싱널과 패킷 소직 (체크섬, 프레이밍)	진단 명세
			프로토콜 명세
1	물리	신호 해석 물리적 특징 기술	물리 계층 명세

이외의 사양서로는 다음과 같다.

- 노드 설정 및 식별 명세
- 설정 언어 명세
- 노드 용량 언어 명세

[9.2.2] 적용 분야

앞서 설명한 특징 때문에 LIN은 주로 보디 분야에 활발하게 적용되고 있다. LIN이 적용되는 보디 분야의 전장품은 다음과 같다.

- 미러: 전동 도어, 전동 미러, 눈부심 방지 룸 미러
- 윈도: 끼임 방지 기능을 포함하는 전동 윈도
- 도어: 운전자, 조수석, 승용석의 도어 열림/잠김
- 선루프: 전동 개폐
- 자동 와이퍼: 강우 센서를 사용해 자동으로 와이퍼 작동
- 파워 시트: 운전자를 인식한 자동으로 시트 조절
- 에어컨: 각종 센서를 사용한 에어컨

사양이 고급화되면서 도어 미러에는 모터를 사용한 방향 조정, 조정 위치 기억, 도어 미러 접기 기능, 흐림 방지 히터, 방향 지시등, 눈부심 방지 기능 등이 탑재됐다. 도어 미러의 기능을 제어하는 ECU는 대시 보드 아래에 주로 설치된다. 문제는 도어 미러에 이런 기능들이 추가되면서 도어와 미러 연결 부위로 전선이 통과되지 못하는 경우가 발생했다는 것이다. LIN의 슬레이브 기능이 탑재된 마이컴을 사용해서 센서, 액추에이터와 통합하면 이 문제를 해결할 수 있다. 즉 차량 내에서 도어 미러를 제어하는 제어기와 도어 미러에 탑재되는 제어기(LIN 슬레이브 기능을 포함하는 마이컴 사용)를 LIN으로 연결해, 마스터 노드와 슬레이브 노드로 구성하면 된다. 이렇게 하면 기능이 추가돼도 전선이 늘어나지 않는데, 추가되는 기능에 대한 통신을 LIN을 사용해 해결할 수 있기 때문이다.

LIN은 그림 9-1과 같이 단일 마스터 노드와 하나 또는 그 이상의 슬레이브 노드가 연결되는 토폴러지다. 마스터 노드에는 마스터 태스크와 슬레이브 태스크가 있으며, 슬레이브 노드는 슬레이브 태스크만이 있다. LIN 통신은 전적으로 마스터 노드에 있는 마스터 태스크가 통제한다. 각 노드의 동작은 노드 기능파일[LDF, LIN Description File][1]에 의해 기술되고, 노드 기능 파일에 기술된 대로 동작한다.

일반적으로 마스터 태스크는 메시지 헤더(9.4 메시지 구조 참조)를 전송해서 각 슬레이브 태스크를 관리한다. 슬레이브 태스크는 헤더를 수신하면 ID를 확인한 후 헤더를 수신할지, 메시지 응답(9.4 메시지 구조 참조)을 전송할지 결정한다. 슬레이브 태스크는 응답을 결정한 후 데이터와 체크섬으로 구성된 메시지 응답을 추가하고 프레임을 진송한다.

마스터는 스케줄에 고정된 메시지 프레임 순서를 제어하고, 필요에 따라 프레임 순서를 변경할 수 있다. 프레임은 1바이트가 10비트로 구성되는 UART 8N1코딩[2]으로 인코딩되며 하위 비트[LSB, Low Significant Bit]를 먼저 전송한다.

마스터 노드는 노드기능 파일에 기술된 스케줄 테이블을 사용해서 언제 어떤 프레임을 전송할지 결정한다. 그림 9-2는 스케줄 테이블에 근거해서 마스터에서 전송한 헤더와 슬레이브의 응답으로 LIN 프레임이 만들어지는 과정이다.

---

1 노드 기능파일 : 데이터 전송속도, 마스터 태스크 전송순서, 시간 지연, 각 슬레이브 태스크의 동작과 같이 LIN 노드의 스케줄링 동작을 정의하고 설정하는 파일이다.

2 8N1 인코딩 : 메시지 프레임을 열성 시작비트('1') 1비트, 8비트의 데이터 비트, 1비트 우성 정지 비트('0') 순서로 코딩하는 방식을 의미한다. 인코딩 결과는 바이트당 10비트 스트림으로 구성된다.

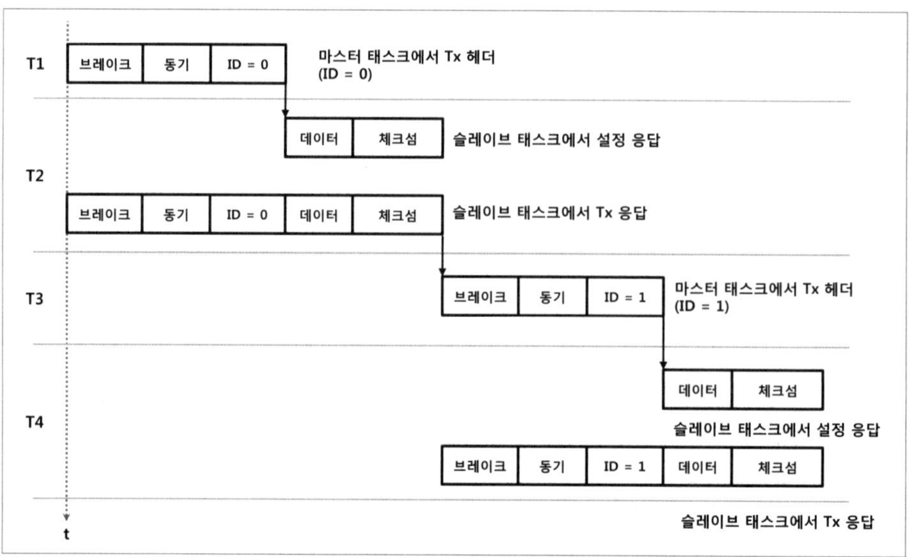

그림 9-2 LIN 통신 순서

그림 9-2의 T1에서 마스터가 전송한 데이터에 관심이 있는 슬레이브는 데이터를 취득하고 응답이 필요하다면, 슬레이브는 T2와 같이 프레임을 구성해서 버스에 프레임을 전송한다. LIN에서는 메시지 ID를 갖지만, CAN과 같은 목적지 주소가 아니라 식별자로 사용된다. LIN에서는 최대 64개의 메시지 ID를 가진다.

[9.3.1] 에러 검출 및 제한

LIN에서는 에러를 감지하려고 프레임 안에서 2가지 에러 검출 기능을 정의한다. 에러 검출 영역은 식별자 영역 끝에 있는 2비트 패리티비트와 프레임 끝에 있는 체크섬 영역이다. 첫 번째 에러가 검출되면 슬레이브 태스크는 다음 헤더가 감지될 때까지 프레임 처리를 중지한다.

[9.3.2] 슬립과 웨이크업

LIN 표준에서는 에너지 사용을 줄이기 위한 메커니즘으로 강제 슬립[go-to-sleep] 명령을 정의한다. 모든 슬레이브는, 마스터가 요청 프레임 식별자 ID 0x3C(60)와 첫 번째 데이터(D0)가 0x00을 보내면 슬립모드로 강제 전환된다. 또 슬레이브는 LIN 버스가 4초 이상 비활성이면 자동으로 슬립 모드로 진입한다.

또한 LIN 표준에서는 웨이크업에 대해서도 정의하고 있다. 웨이크업은 LIN 버스 내 모든 노드(마스터뿐만 아니라 슬레이브도 포함)에 의해 시작될 수 있다. 웨이크업하려면 노드는 LIN 버스에 250us~5ms 사이에 우성비트('0')를 전송해야 한다. 각 슬레이브는 웨이크업 명령을 감지해 100ms 내에 헤더를 처리할 준비를 해야 한다. 마스터는 웨이크업 명령을 수신한 후 100~150ms 내에 헤더를 전송한다. 150ms 내에 마스터가 헤더를 전송하지 않는다면 웨이크업 명령을 전송한 슬레이브는 다시 한번 웨이크업 명령을 전송한다. 최대 3번까지 웨이크업 명령을 전송하고 나서 마스터에서 헤더를 전송하지 않는다면 1.5초를 대기한다. 이후 다시 한번 웨이크업 순서를 반복한다. 이후에도 마스터가 헤더를 전송하지 않는다면 슬립 모드로 진입한다.

09 4 메시지 구조

[9.4.1] 프레임 종류

LIN에서 메시지의 전송의 기본 단위는 프레임이며, 표 9-2와 같이 2가지 종류로 구분할 수 있다.

표 9-2 LIN 프레임의 종류

프레임	설명
메시지 프레임	LIN 통신에서 사용하는 헤더와 응답으로 구성된 프레임
인터프레임	프레임 간 분리를 위한 시간 지연 프레임

[9.4.2] 메시지 프레임

메시지 프레임의 헤더는 프레임의 시작을 파악할 때 사용되는 브레이크 필드와 동기화를 위해 슬레이브 노드에서 사용되는 동기 필드와 식별자[ID]로 구성된다. 메시지 프레임 응답[Response]은 데이터와 체크섬으로 구성되며, 그림 9-3과 같다.

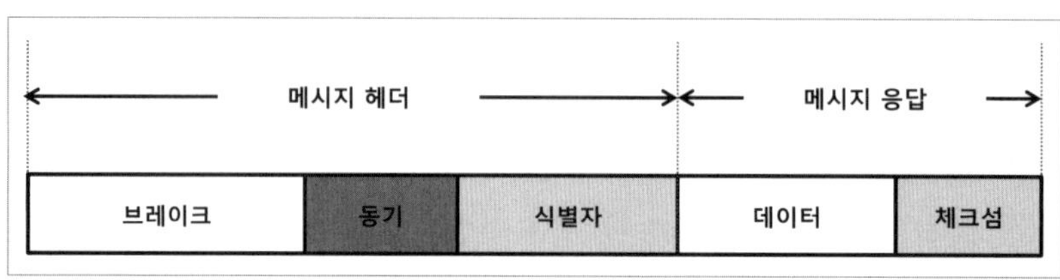

그림 9-3 LIN 메시지 프레임

9.4.2.1 메시지 프레임 헤더

■ 브레이크 필드: 13비트

LIN의 모든 메시지 프레임은 브레이크 필드로 시작한다. 이 영역은 13개의 우성비트[Dominant bit, '0']와 1개의 열성비트[Recessive bit, '1']로 구성돼 있다. 브레이크 필드는 프레임의 시작을 LIN 토폴러지에 연결된 모든 노드에 알리는 역할을 한다.

■ 동기 필드: 8비트

동기 필드는 헤더의 두 번째 필드로, 동기 데이터는 0x55(Hex)로 정해져 있다. 바이너리로 표현하면 01010101_b이다. UART 8N1 방식으로 인코딩되면 열성 시작 비트 ('1')와 우성 정지비트 ('0')를 포함해 이진법 배열로 표기하면 10비트로 1010101010_b 값을 가진다. 이 필드는 슬레이브에서 새로운 프레임의 시작을 검출하고, 식별자 영역의 시작에서 동기화된다. 그리고 자동 속도 감지를 수행하는 슬레이브 디바이스가 데이터 속도를 측정할 수 있고, 버스와 동기화하기 위해 내부 속도를 조정하는 역할을 한다.

■ 식별자 필드: 10비트

식별자 필드는 마스터가 전송하는 헤더의 마지막 필드로 LIN 네트워크상의
각 메시지를 구분하고 어떤 노드가 헤더를 수신하고 전송에 응답해야 할지를
결정한다. 식별자 필드는 ID 인코드에 사용되는 처음 6비트 부분과 2비트의
패리티 비트 부분으로 구성되며, 그림 9-4와 같은 구조다.

- 시작 비트: 1비트(우성 비트)
- 식별자 비트: 6비트(4비트 식별자 + 2비트 데이터 길이)
- 패리티 비트: 2비트
- 정지 비트: 1비트(열성 비트)

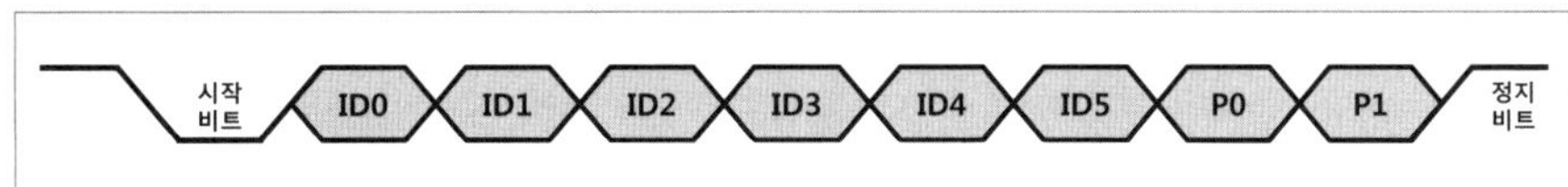

그림 9-4 식별자 필드 구조

헤더를 수신한 모든 슬레이브 태스크는 연속적으로 식별자 필드와 필드 내의
패리티 비트를 검증해 추후 동작을 결정한다. LIN은 총 64개의 식별자를 제공
하며, 식별자 번호별 기능을 정리하면 다음과 같다.

- 0~59(0x00 ~ 0x3B): 데이터 프레임용 식별자
- 60, 61(0x3C, 0x3D): 진단 데이터 프레임용 식별자
- 62(0x3E): 사용자 정의 데이터 프레임용 식별자
- 63(0x3F): 향후 확장 시 사용할 데이터 프레임용 식별자

식별자를 보호하기 위한 패리티 비트 계산은 다음 식과 같이 비트별
Modulo-2 연산(Exclusive OR, $\oplus$)으로 값을 얻는다.

- P0 = ID0 $\oplus$ ID1 $\oplus$ ID2 $\oplus$ ID4
- P1 = ID1 $\oplus$ ID3 $\oplus$ ID4 $\oplus$ ID5

9.4.2.2 메시지 프레임 응답

■ 데이터 필드: 8바이트 이상
데이터 필드는 슬레이브 태스크가 전송하는 메시지 응답의 첫 번째 영역이다.
필드의 크기는 8바이트 이상을 포함할 수 있다.

■ 체크섬 필드: 8비트
패리티 비티와 같이 체크섬 필드는 수신단에서 전송 비트에 오류가 발생했는
지 여부를 판별하는 영역이다. 체크섬 계산 영역은 식별자 필드에서 데이터
필드까지다. LIN에서는 체크섬 계산을 위해 2개의 체크섬 알고리즘을 정의하
고 있다. LIN Rev1.3에서 정의한 일반 체크섬 알고리즘은 데이터 바이트 합으
로 계산하는 방식을 정의하고 있다. LIN Rev2.0에서 정의하는 향상된 체크섬
알고리즘은 데이터 바이트의 모든 값을 더한 후 값이 256(0x100)과 같거나
크면 255(0xFF)를 뺀 값을 체크섬 값으로 정의하고 있다. 따라서 LIN Rev1.3
슬레이브 노드와 통신하려면 일반 체크섬 알고리즘을, LIN Rev2.0 슬레이브
노드와 통신하려면 향상된 체크섬 알고리즘을 각각 사용해 체크섬 값을 계산
해야 한다. 향상된 체크섬 알고리즘을 사용하더라도 식별자 60~63은 LIN 사
양에 상관없이 일반 체크섬 알고리즘을 사용한다.

[9.4.3] 메시지 프레임 타입

LIN은 무조건^{Unconditional}, 이벤트-트리거, 스포라틱, 진단, 사용자 정의와 같이
다섯 가지 프레임 타입을 정의한다. 이중 사용자 정의 프레임은 LIN 표준에 정
의하지 않은 특별한 ID를 할당해 특화한 애플리케이션에서 사용할 목적으로
이용한다. 무조건, 이벤트-트리거, 스포라틱 프레임은 신호를 전송할 목적으
로 사용하며, 식별자 ID는 0~59 범위에 존재한다.

무조건 프레임은 마스터-슬레이브 통신의 일반적인 형태로 항상 헤더와 응답
으로 구성된 프레임 슬롯 안에서 전송한다. 스포라틱 프레임은 프레임을 구성
하는 신호가 최소 한 개라도 업데이트된다면 마스터 노드의 슬레이브 태스크

가 전송하는 프레임이다. 일반적으로 다중 스포라틱 프레임은 동일한 프레임에 할당되며, 스케줄러에 정의된 우선순위에 따라 전송된다.

이벤트 트리거 프레임은 여러 슬레이브 노드의 신호를 수집할 목적으로 마스터가 프레임 응답을 요청하는 데 이용한다. 신호가 갱신될 때 슬레이브는 마스터로 데이터를 전송하기 때문에 대역폭 효율이 높다. 하지만 한 개 이상의 슬레이브가 데이터를 전송한다면 충돌이 발생한다. 충돌이 발생하면 마스터 노드의 슬레이브 태스크는 이를 버스 에러로 보고한다. 그 후 마스터 노드는 무조건 프레임을 사용해 각 슬레이브로부터 응답을 요청해 해결한다.

진단 프레임은 마스터의 요청(ID=60)과 슬레이브 응답용(ID=61)으로 정해진 ID와 데이터 크기가 8바이트로 고정된 데이터를 송수신한다. 그리고 데이터는 LIN 표준에 설명된 진단과 설정 데이터^{configuration data}를 항상 포함한다. 진단 프레임은 에너지 소비 최적화에 편리한 슬립, 웨이크업 명령어도 지원한다.

5 구현

이번에는 LIN 네트워크를 구현하는 데 필요한 기반 지식(메시지 설계, 하드웨어, 소프트웨어)을 알아본다.

[9.5.1] 메시지 설계

LIN 통신은 CAN 통신과 같이 빠른 속도를 요구하지 않고 간단하게 구성할 수 있는 통신에서 사용된다. 자동차에서 LIN 통신은 보디 제어와 관련된 시트 제어, 도어락, 라이트 · 레인 센서 등에 적용되고 있다. 이번 설에서 메시시 설세의 예로서 차량 창문을 제어하는 LIN 메시지 설계에 대해 설명한다. 차량 창문 4개를 슬레이브 노드 1~4까지 4개의 노드로 구성하고, 노드 사이에 표 9-3과 같은 정보를 주고 받아야 한다고 가정하자.

표 9-3 LIN 네트워크 전달 정보

정보	전송 및 응답노드	전송 주기(ms)	지연 시간(ms)
앞 왼쪽 창문 업/다운	슬레이브 노드 1	100	20
앞 오른쪽 창문 업/다운	슬레이브 노드 2	100	20
뒤 왼쪽 창문 업/다운	슬레이브 노드 3	100	20
뒤 오른쪽 창문 업/다운	슬레이브 노드 4	100	40
진단 헤더	마스터 노드	-	-
진단 응답	슬레이브 노드	-	-

LIN ID를 표 9-4와 같이 구성한다고 가정하면, 그림 9-5와 같은 LIN 프레임 타이밍도를 얻을 수 있다.

표 9-4 노드별 프레임 식별자 구성

메시지 이름	ID(0:5)		ID(6:7)		DEC	HEX	사이클 타임(ms)	데이터 길이(바이트)
	DEC	HEX	P0	P1				
슬레이브 노드 1	16	0x10	1	1	208	0xD0	100	2
슬레이브 노드 2	18	0x12	0	0	18	0x12	100	2
슬레이브 노드 3	20	0x14	0	0	20	0x14	100	2
슬레이브 노드 4	22	0x16	1	1	214	0xD6	100	2
마스터 요청	60	0x3C	0	1	188	0xBC	-	8
슬레이브 응답	61	0x3D	1	1	253	0xFD	-	8

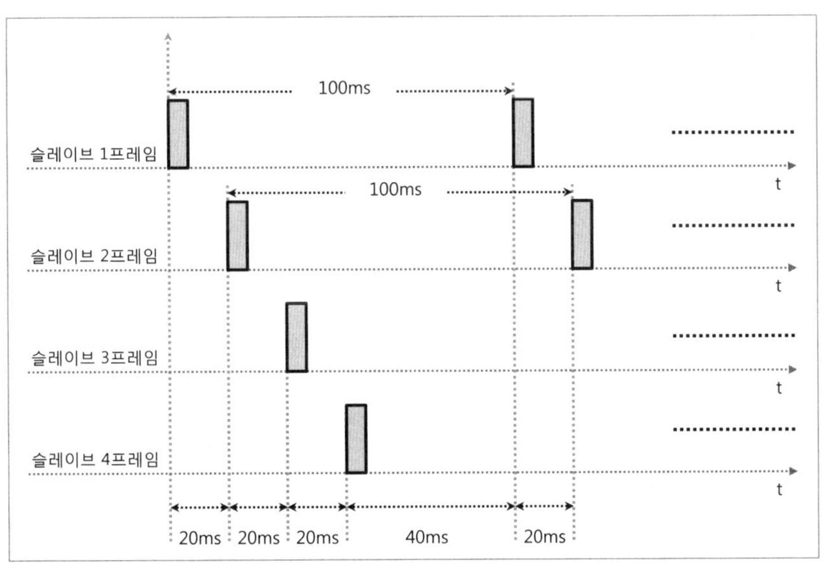

그림 9-5 LIN 프레임 타이밍도

[9.5.2] 하드웨어

LIN 하드웨어는 칩에 내장돼 있으며, 그림 9-6과 같이 간단한 회로를 통해
LIN 통신이 가능한 회로를 제작할 수 있다.

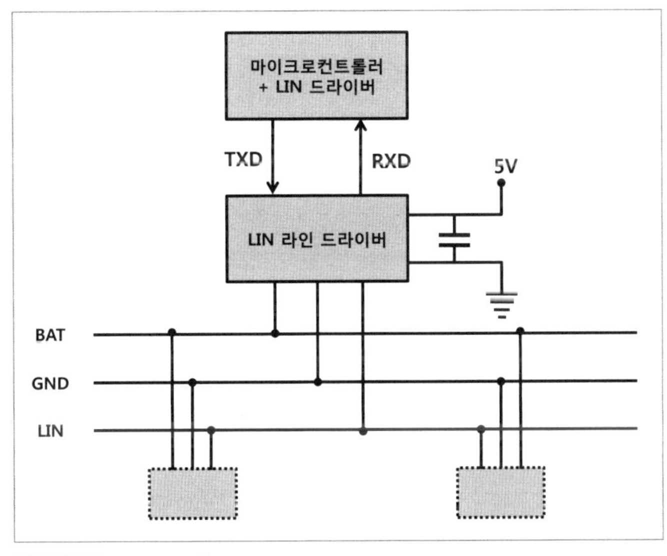

그림 9-6 LIN 주변 회로

[9.5.3] 소프트웨어

LIN 소프트웨어 구조는 CAN 소프트웨어 구조와 유사하며 그림 9-7과 같다.

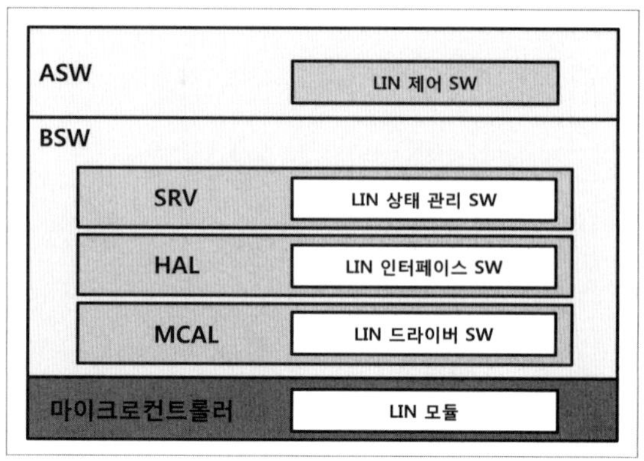

그림 9-7 LIN 소프트웨어 구조

9.5.3.1 MCAL 개발

LIN 소프트웨어의 MCAL은 CAN 소프트웨어와 같이 컨트롤러 칩에 의존적이다. 칩 제조사에서 제공하는 가이드를 참조해 LIN 관련 레지스터를 설정한다. 본 장에서도 프리스케일의 MPC555x 칩세트로 설명하겠다. MPC555x는 eSCI^{Enhanced Serial Communication Interface} 모듈에서 UART와 함께 LIN Rev2.0 표준을 지원하고 있다. 설정과 관련된 레지스터에 대한 설명은 표 9-5와 'LIN 설정 관련 레지스터' 박스를 참고하기 바란다.

표 9-5 MPC555x LIN 관련 레지스터

레지스터 이름	설명	사이즈(바이트)
SIU_PCR	IO 패드 레지스터	2
ESCIx_CR1	eSCI 제어 레지스터 1	4
ESCIx_CR2	eSCI 제어 레지스터 2	2
ESCIx_LTR	LIN 전송 레지스터	4
ESCIx_LRR	LIN 수신 레지스터	4
ESCIx_LCR	LIN 제어 레지스터	4

LIN 설정 관련 레지스터

1. SIU_PCR 레지스터(GPIO 포트 설정)

LIN과 관련한 IO 핀 설정 레지스터는 아래와 같이 구성됐다.

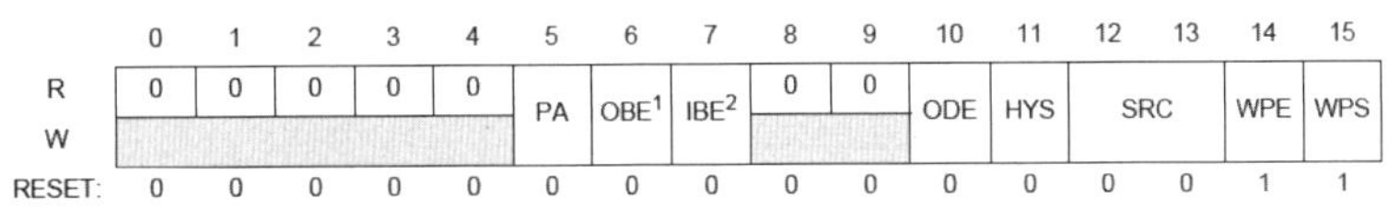

	0	1	2	3	4	5	6	7	8	9	10	11	12	13	14	15
R	0	0	0	0	0	PA	OBE[1]	IBE[2]	0	0	ODE	HYS	SRC		WPE	WPS
W																
RESET:	0	0	0	0	0	0	0	0	0	0	0	0	0	0	1	1

- PA(Pin Assignment): IO 핀의 GPIO 및 특수 기능을 설정(LIN 기능 선택)

- OBE(Output Buffer Enable): IO 핀의 출력 버퍼 활성화

- IBE(Input Buffer Enable): IO 핀의 입력 버퍼 활성화

- ODE(Open Drain output Enable): 오픈 드레인 모드 활성화(비활성화면 push-pull enable)

- HYS(Input Hysteresis): 이력현상 활성화(비활성화)

- SRC(Slew Rate Control): 신호의 출력 속도 설정(최소 속도 설정)

- WPE(Weak pull up/down enable): 풀업, 풀다운 활성화(ODE가 풀다운인 경우)

- WPS(Weak pull up/down select): 풀업 또는 풀다운 선택(풀업 선택)

2. ESCIx_CR1 레지스터(Control 1)

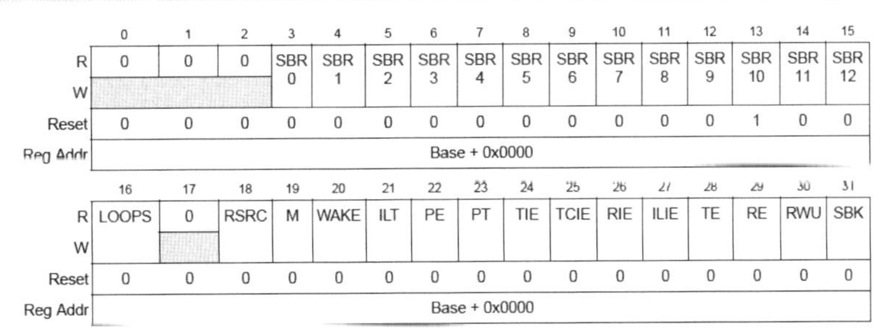

	0	1	2	3	4	5	6	7	8	9	10	11	12	13	14	15
R	0	0	0	SBR 0	SBR 1	SBR 2	SBR 3	SBR 4	SBR 5	SBR 6	SBR 7	SBR 8	SBR 9	SBR 10	SBR 11	SBR 12
W																
Reset	0	0	0	0	0	0	0	0	0	0	0	0	0	1	0	0
Reg Addr	Base + 0x0000															

	16	17	18	19	20	21	22	23	24	25	26	27	28	29	30	31
R	LOOPS	0	RSRC	M	WAKE	ILT	PE	PT	TIE	TCIE	RIE	ILIE	TE	RE	RWU	SBK
W																
Reset	0	0	0	0	0	0	0	0	0	0	0	0	0	0	0	0
Reg Addr	Base + 0x0000															

- SBRn: LIN/SCI 데이터 전송 속도 설정

    만약 19200bps를 설정한다면 다음과 같이 설정하면 된다(시스템 클록: 132MHz)

LIN/SCI 버드 레이트(Baud rate) = (시스템 클록) / (16 x BR)

- BR = (132000000) / (16 x 19200) = 429.6875 → 429 (0x1AD)

- LOOPS: Rx 핀을 연결 해제하고 Tx 출력 버퍼를 Rx 입력 버퍼와 연결하는 모드 설정

- RSRC: 수신 소스 설정(LOOPS 비트와 연동해 동작) → 기본 Rx 입력 버퍼 설정

- M: 데이터 포맷 설정: 0(시작 비트: 1, 데이터 비트: 8, 정지 비트: 1), 1(시작 비트: 1, 데이터 비트: 9, 정지 비트: 1)

- WAKE: 웨이크업 상태 설정(IDLE Line)

- ILT: IDLE 상태 정의(정지 비트 이후 설정)

- PE: 패리티 비트 설정(비활성화)

- PT: 패리티 타입 설정(짝수 또는 홀수)

- TIE: 전송 인터럽트 설정(비활성화)

- TCIE: 전송 완료 인터럽트 설정(비활성화)

- RIE: 수신 인터럽트 설정(비활성화)

- ILIE: 아이들 라인 인터럽트 설정(비활성화)

- TE: 전송 활성화 설정

- RE: 수신 활성화 설정

3. ESClx_CR2 레지스터(Control 2)

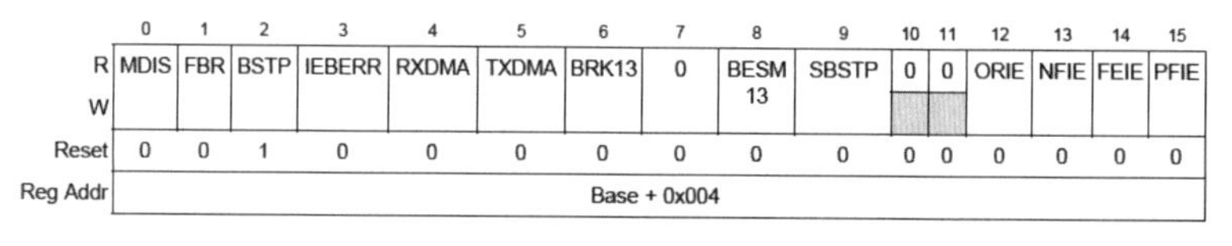

	0	1	2	3	4	5	6	7	8	9	10	11	12	13	14	15
R	MDIS	FBR	BSTP	IEBERR	RXDMA	TXDMA	BRK13	0	BESM13	SBSTP	0	0	ORIE	NFIE	FEIE	PFIE
W																
Reset	0	0	1	0	0	0	0	0	0	0	0	0	0	0	0	0
Reg Addr	Base + 0x004															

- MDIS: 모듈 활성화 설정(0: 활성화, 1: 비활성화)

- FBR: 비트 에러 검출(0: 활성화, 1: 비활성화)

- BSTP: 비트 에러, 버스 에러 시 전송 중지(0: 활성화, 1: 비활성화)

- IEBERR: 비트 에러 인터럽트 활성화(0: 활성화, 1: 비활성화)

- RXDMA: 수신 DMA 활성화(0: 활성화, 1: 비활성화)

- TXDMA: 전송 DMS 활성화(0: 활성화, 1: 비활성화)

- BRK13: 브레이크 필드 전송 길이 설정(0: 10~11, 1: 13~14)

- BESM: FBR이 활성화되면 비트 에러 샘플 모드 활성화(0: CLK9, 1: CLK13)

- SBSTP: 비트 에러 정지(0: 전송 완료 후, 1: 전송 중)

- ORIE: 오버런 에러 인터럽트(0: 활성화, 1: 비활성화)

- NFIE: 노이즈 플래그 인터럽트(0: 활성화, 1: 비활성화)

- FEIE: 프레임 에러 인터럽트(0: 활성화, 1: 비활성화)

- PFIE: 패리티 플래그 인터럽트(0: 활성화, 1: 비활성화)

4. ESCIx_DR 레지스터(데이터 송수신)

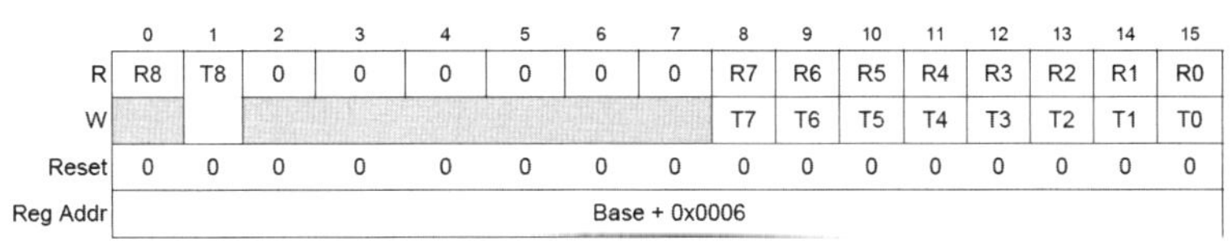

	0	1	2	3	4	5	6	7	8	9	10	11	12	13	14	15
R	R8	T8	0	0	0	0	0	0	R7	R6	R5	R4	R3	R2	R1	R0
W									T7	T6	T5	T4	T3	T2	T1	T0
Reset	0	0	0	0	0	0	0	0	0	0	0	0	0	0	0	0
Reg Addr	Base + 0x0006															

- R8-R0/T8-T0: 수신, 송신 데이터 버퍼

5. ESCIx_LCR 레지스터(LIN Control)

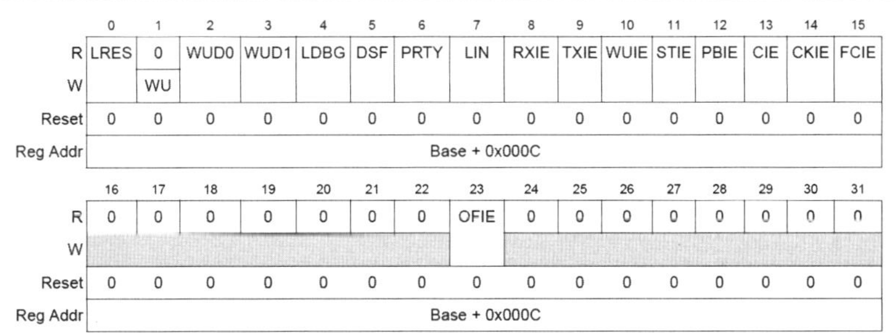

	0	1	2	3	4	5	6	7	8	9	10	11	12	13	14	15
R	LRES	0	WUD0	WUD1	LDBG	DSF	PRTY	LIN	RXIE	TXIE	WUIE	STIE	PBIE	CIE	CKIE	FCIE
W		WU														
Reset	0	0	0	0	0	0	0	0	0	0	0	0	0	0	0	0
Reg Addr	Base + 0x000C															

	16	17	18	19	20	21	22	23	24	25	26	27	28	29	30	31
R	0	0	0	0	0	0	0	OFIE	0	0	0	0	0	0	0	0
W																
Reset	0	0	0	0	0	0	0	0	0	0	0	0	0	0	0	0
Reg Addr	Base + 0x000C															

- LRES: LIN 재동기 설정(0: 초기화, 1: 스타트 상태)

- WU: LIN 버스 웨이크업(0: 비활성화, 1: LIN 웨이크업 신호 생성)

- WUDn: 웨이크업 경계 시간 설정

- LDBG: LIN 디버그 모드 실징

- DSF: 더블 스톱 플래그(0: 활성화, 1: 비활성화)

- PRTY: 패리티 비트 생성(0: 활성화, 1: 비활성화)

- LIN: LIN 모드(0: 활성화, 1: 비활성화)

- RXIE: LIN 수신 인터럽트(0: 활성화, 1: 비활성화)

- TXIE: LIN 송신 인터럽트(0: 활성화, 1: 비활성화)

- WUIE: RX 웨이크업 인터럽트(0: 활성화, 1: 비활성화)

- STIE: 슬레이브 타임아웃 인터럽트(0: 활성화, 1: 비활성화)

- PBIE: 물리적 버스 에러 인터럽트(0: 활성화, 1: 비활성화)

- CIE: CRC 에러 인터럽트(0: 활성화, 1: 비활성화)

- CKIE: 체크섬 에러 인터럽트(0: 활성화, 1: 비활성화)

- FCIE: 송수신 프레임 완료 인터럽트(0: 활성화, 1: 비활성화)

- OFIE: 오버플로우 인터럽트(0: 활성화, 1: 비활성화)

6. ESClx_LTR(LIN 전송)

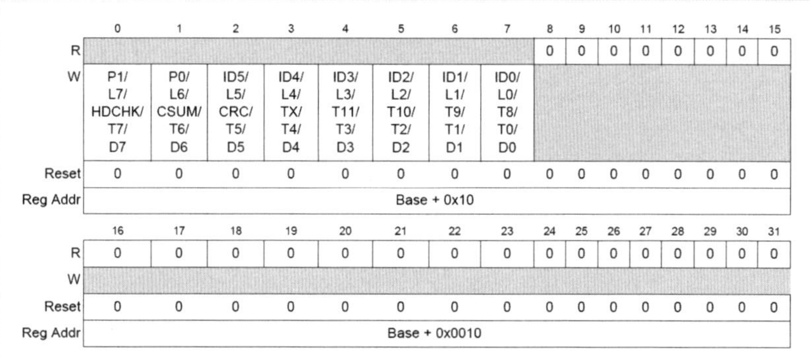

LIN 전송 레지스터는 송신, 수신 프레임에 따라 구성되는 바이트 순서가 다르다. 첫 번째 바이트는 패리티와 아이디로 구성된다. 두 번째 바이트는 데이터 길이를 설정한다. 세 번째 바이트는 체크섬, CRC, 전송 방향과 타임아웃 정보를 설정한다. 네 번째 바이트는 송신 프레임일 때는 데이터가 기재되지만, 수신 프레임일 때는 타임아웃 정보가 기재된다. 마지막 다섯 번째 바이트는 수신 프레임일 때만 데이터 정보가 기재된다.

7. ESCIx_LRR(LIN 수신)

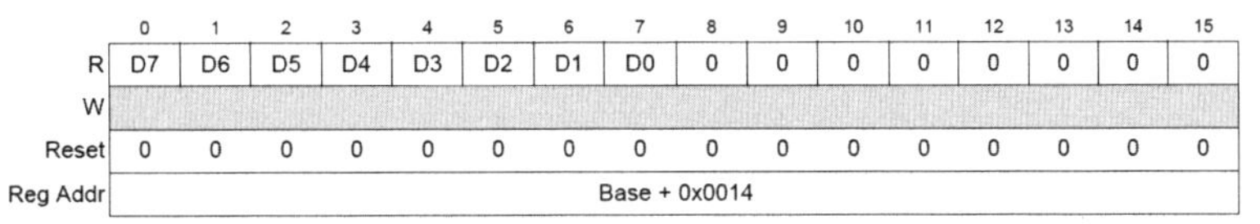

- D7-D0: 수신 프레임의 데이터 비트

참고도서와 문헌, 인터넷 자료

■ 참고도서

『자동차 네트워크 시스템』, Sato Michio, 2010년, BM성안당

Multiplexed Networks for Embedded Systems, Dominique Paret, WILEY, 2007

■ 참고문헌

AN2865 MPC5500 & MPC5600 Simple Cookbook Rev.3, Freescale, September, 2009

LIN Specification Package Rev.2.1, LIN consortium, 2006

MPC5553/5554 Microcontroller Reference Manual Rev.4.0, Freescale, 2007.04

■ 인터넷 자료

LIN 표준: http://goo.gl/QsvK4

10

FlexRay

　　이번 장에서는 고장에 강건한 차량용 통신에 사용되는 대표적인 네트워크인 FlexRay에 대해 살펴본다.

 엑스바이와이어 기술

자동차에 전장장치가 많이 장착됐지만, 자동차의 안전과 직결된 제동장치나 조향장치는 전장장치로 대체되지 못했다. 예를 들어 브레이크의 경우에는 아직도 유압 시스템이 보편적으로 사용된다. 유압식 브레이크 시스템을 사용하는 차량은, 운전자가 브레이크를 밟으면 유압이 전달돼 브레이크 패드가 잠기면서 정지한다(그림 10-1 참조).

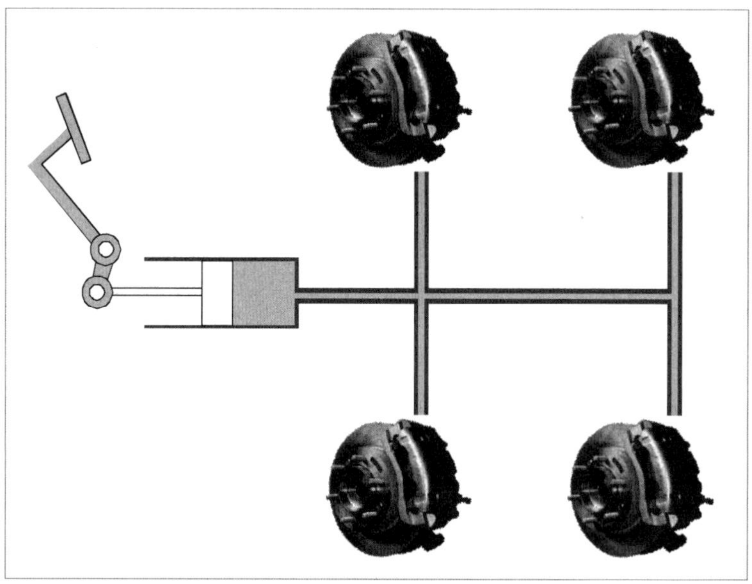

그림 10-1 유압장치를 사용하는 브레이크

최근 들어 전장기술이 발전하면서 안전이 필요한 제동이나 조향에도 전장 시스템이 탑재되고 있다. 앞서 설명한 유압식 브레이크 시스템도 전장 시스템을 사용해 대체할 수 있다. 유압 시스템을 제거하기 위해 다음과 같이 브레이크 시스템을 구성한다. 운전자가 밟은 브레이크 압력을 체크하는 센서를 장착한다. 브레이크 관련 ECU에서는 센서에서 입력된 브레이크 양만큼 감속력을 계산한다. 브레이크 패드에는 유압 부품 대신에 모터가 연결돼, 이 모터가 ECU에서 계산된 제어량을 받아 브레이크 패드를 닫는다(그림 10-2 참조). 이처럼 기계 시스템을 제거하고 센서, ECU, 액추에이터로 대체하는 기술을 엑스바이와이어^{x-by-wire}라고 한다.

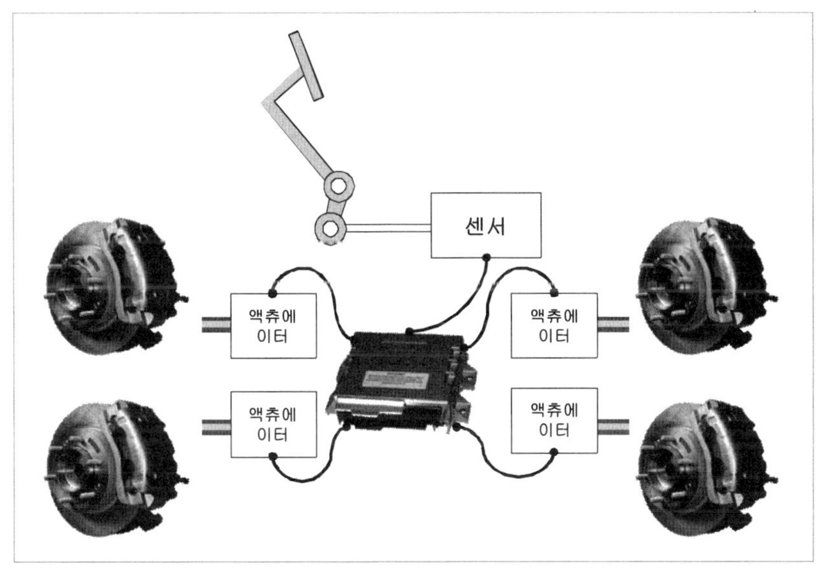

그림 10-2 엑스바이와이어 기술을 사용하는 브레이크

센서 액추에이터

브레이크 시스템을 대체하는 경우 브레이크바이와이어^{brake-by-wire}, 조향 시스템을 대체하는 경우 스티어바이와이어^{steer-by-wire}라고 부른다. 엑스바이와이어 기술이 기계장치와 같은 신뢰성을 확보하려면 센서, ECU, 액추에이터 사이를 연결하는 통신 기술이 고장에 강하고^{fault tolerant}, 정해진 시간 안에 통신을 완료^{deterministic}해야 한다.

고장에 강하다는 것은 어떤 의미일까? 비행기를 예로 들어보자. 엔진 하나짜리 비행기는 엔진이 고장 나면 바로 추락할 수 있다. 이처럼 시스템을 구성하는 부품이 고장 났을 때 시스템도 제 기능을 할 수 없는 고장을 단일 지점 고장이라고 한다. 엔진이 하나인 비행기의 경우, 엔진 고장에 대해서 내고장성 있게 설계되지 않았다. 비행기의 엔진 고장에 대한 내고장성 확보 방법으로 엔진을 하나 더 추가하는 게 있다. 엔진 두 개가 모두 고장 나지 않는 이상 비행기는 날 수 있기 때문이다.

엔진 하나의 고장 확률을 10퍼센트라고 했을 때, 엔진 하나를 단 비행기가 추락할 확률은 엔진이 고장 날 확률이 된다. 하지만 엔진 두 개를 단 비행기는 엔진이 모두 고장 나야만 비행기가 추락할 수 있기 때문에 사고 확률은 1퍼센트가 된다. 즉 두 엔진이 모두 고장 날 확률은 두 엔진이 고장 날 확률을 곱한 값, $0.1 \times 0.1 = 0.01 = 1\%$다. 엔진을 하나 더 장착함으로써 비용이 더 들지만 비행기는 엔진 고장에 대해서 더욱 내고장성 있게 된다.

CAN을 사용해서 브레이크바이와이어 기술을 구현한다면 CAN 통신이 고장 날 때, 엔진 하나짜리 비행기가 겪는 단일 고장 지점이 발생한다. 급제동이 필요한 순간에 CAN 통신이 오작동한다면 큰 사고로 연결될 수 있다. 따라서 엑스바이와이어처럼 안전이 매우 중요한 시스템에서는 통신 오작동이 단일 지점 고장이 되지 않는, 차량용 통신 네트워크가 필요하다.

차량용 네트워크로 가장 많이 사용되는 CAN은 이벤트 발생 시 통신을 하는 메시지 우선순위 기반의 통신 방법이다^{event driven communication}. 따라서 네트워크 구성이 매우 간단하다. 네트워크에 참여하는 노드들이 어떤 방식으로 통신할지를 미리 정하지 않아도 각 노드를 개발할 수 있다. 이렇게 개발된 노드를 CAN에 물렸을 때는 우선순위가 높은 메시지가 먼저 통신하도록 중재된다. 하지만 이런 장점이 반대로 단점으로 작용할 때도 있다. 우선순위가 낮은 메시지는 우선순위가 높은 메시지에 항상 밀리기 때문에, 낮은 우선순위의 메시지

발송은 지연될 가능성이 많다.

CAN을 사용해 브레이크바이와이어를 구현한 경우, 우선순위 때문에 발생하는 메시지 지연은 안전을 위협한다. 극단적으로 제동과 관련된 메시지가 우선순위가 밀려서 전달되지 않는다면, 제동되지 않아서 사고가 발생할 수도 있기 때문이다. 따라서 엑스바이와이어에 사용하는 네트워크는 정해진 시간 내에 메시지 송수신을 보장하는 시간 기반 방식^{time driven communication}이어야 한다.

10 2 FlexRay 탄생

엑스바이와이어에 필요한 차량용 네트워크를 개발하려고 2000년에 GM, BMW 등의 6개 업체가 FlexRay 컨소시엄을 만들었다. 2005년에 FlexRay 프로토콜 2.1 버전이 발표됐다. BMW는 2006년에 출시된 X5 차량의 현가 시스템^{suspension system}에 최초로 FlexRay를 적용했다.

그림 10-3 FlexRay 컨소시엄 로고

FlexRay는 내고장성을 확보하려고 두 개의 채널을 사용해 통신한다(그림 10-4 참조). 두 채널에 동일한 메시지를 전송해 폴트 톨러런스를 확보할 수 있다. 내고장성보다 많은 데이터를 통신하는 게 중요할 때는 채널 A와 채널 B에 서로 다른 메시지를 전송할 수도 있다.

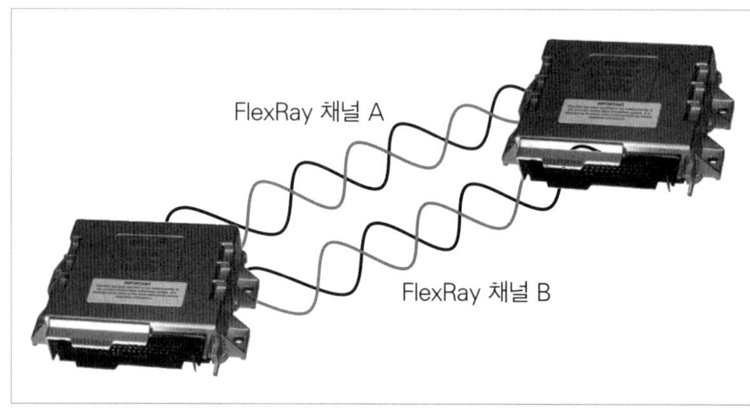

그림 10-4 채널 2개를 사용하는 FlexRay

FlexRay에서 클러스터는 하나 또는 두 개의 채널로 연결된 노드들의 집합이다. 클러스터 안의 모든 노드는 동일한 전역 클록$^{global\ clock}$을 공유한다. 노드는 호스트와 통신 컨트롤러로 구성된다. 호스트는 응용프로그램, 운영체제, 마이크로 컨트롤러를 포함한다.

FlexRay의 포맷은 그림 10-5와 같다. FlexRay 프레임은 크게 헤더, 페이로드, 트레일러[trailer]로 구성된다. 헤더는 통신 컨트롤러가 에러를 탐지할 때 사용하는 프레임 식별자[Frame ID], 페이로드 길이[payload length], 통신 사이클 카운터[communication cycle counter] 등으로 구성된다. 페이로드에는 실제 정보가 담겨 있으며, FlexRay 프레임 하나에는 최소 0에서 최대 254개의 바이트를 담을 수 있다. 트레일러에는 24비트 CRC 데이터를 포함하고 있으며, 헤더에도 해밍 길이[Hamming distance] 6을 갖는 11비트의 CRC가 있다. 표 10-1은 프레임 포맷의 헤더에 대한 상세 정보다.

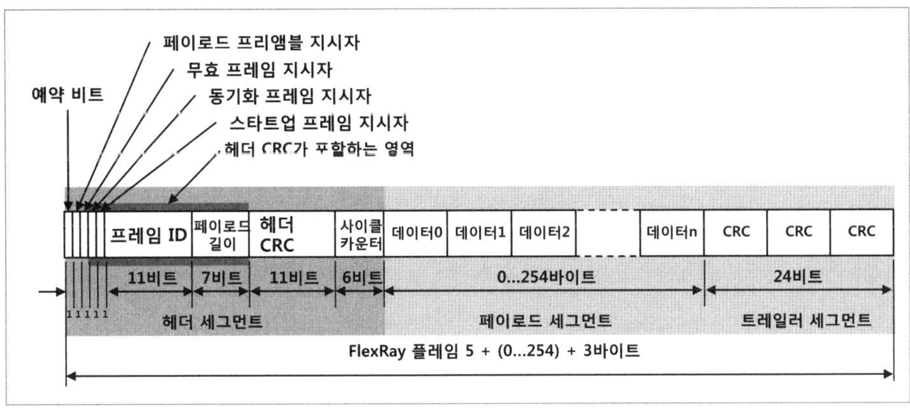

그림 10-5 FlexRay 프레임 포맷

표 10-1 FlexRay 헤더 정보

항목	상세 내용
프레임 시작 시퀀스	시작 비트나 정지 비트 없이 8개의 비트로 값은 0이다.
예약 비트	값은 1이다.

(이어짐)

항목	상세 내용
페이로드 프리앰블* 지시자 (Payload preamble indicator)	송신하는 페이로드(페이로드 세그먼트 영역 내)에 특별한 기능(옵션 벡터)이 포함됐는지를 나타낸다. 이 지시자의 값에 따라서(0 혹은 1) 옵션 벡터가 있거나 없으며, 옵션 벡터의 내용이 달라진다. 이 지시자가 0인 경우 옵션 벡터가 없다. 1인 경우엔, 정적인 영역(static segment)과 동적인 영역(dynamic segment)에 따라서 벡터의 내용이 달라진다(각 영역은 뒤에서 다시 다룬다). 즉 정적인 영역을 보내는 경우 페이로드 맨 앞에 네트워크 관리 벡터가, 동적인 영역을 보낼 땐 페이로드 맨 앞에 메시지 ID가 있다는 것을 뜻한다.
무효 프레임 지시자 (Null frame indicator)	프레임이 사용할 수 있는 데이터를 포함하고 있는지를 나타낸다. 이 값이 1이면 프레임이 유효한 데이터를 포함하고 있다는 것을 나타내고, 0이면 프레임 내 유효한 데이터가 없음을 의미한다.
동기화 프레임 지시자	이 값이 1이면 클록을 동기화하기 위해 보내는 프레임을 나타낸다. 0인 경우 정상적인 프레임을 의미한다.
스타트업 프레임 지시자	이 값이 1이면 FlexRay 스타트업에 이 프레임이 사용된다는 것을 나타낸다. 0인 경우 정상적인 프레임이다.
프레임 식별자	프레임 식별자의 길이는 11비트로, 1과 2047 사이의 값을 가진다. 0 값은 유효하지 않다. 프레임이 정적인 영역에서 사용한 경우, 프레임 식별자는 타임 슬롯의 위치를 나타낸다. 프레임을 동적인 영역에서 사용하는 경우, 메시지의 우선순위를 나타낸다. 값이 작을수록 우선순위가 높다.
페이로드 길이	7비트의 값을 갖기 때문에 값의 범위는 0에서 127이다. 단 페이로드 내 워드 길이가 2바이트이기 때문에 7비트만 사용한다. 따라서 페이로드의 최댓값은 $127 \times 2 = 254$바이트가 된다.
헤더 CRC	해밍 길이(Hamming distance)가 6을 갖는 11비트의 CRC다.
사이클 카운터	6비트 값을 가지며 현재의 통신 사이클을 나타낸다.

* 네트워크 통신에서 두 개 이상의 시스템 간에 전송 타이밍을 동기화하려고 사용하는 신호

10 6 통신 주기

정해진 시간 내에 메시지 전송을 보장하기 위해 FlexRay는 시간분할다중접속 TDMA, Time Division Multiple Access을 사용한다. 즉 FlexRay는 네트워크가 스타트업한 후 종료될 때까지 주기적으로 실행되면서 메시지를 전송한다. FlexRay의 통신 주기 내 통신은 크게 정적인 영역static segment, 동적인 영역dynamic segment, 심벌 윈도, 네트워크 아이들 타임으로 구성된다(그림 10-6 참조). 심벌 윈도는 콜드 스타트 주기처럼 특수한 상황에서 사용되고, 시스템 아이들 타임에서는 로컬 ECU들은 클록 동기화 알고리즘을 수행해 전역변수와 로컬클록을 동기화한다.

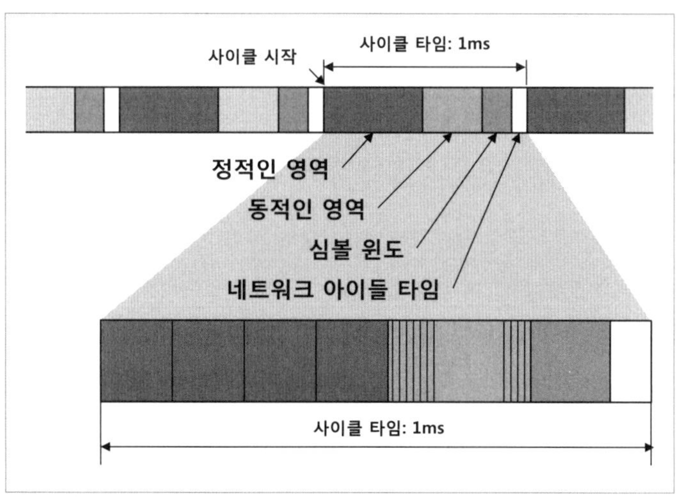

그림 10-6 FlexRay 통신주기

[10.6.1] 클록 동기화

FlexRay와 같은 TDMA 방식의 네트워크에서는 공통으로 사용하는 전역 클록이 있어야만 각 노드가 자신에게 할당된 타임 슬롯에 메시지를 전송할 수 있다. 앞서 설명한 스타트업 단계에서 전역 클록을 동기화한다. 각 노드는 일반적으로 수정 발진자^{Crystal oscillator}를 사용해 로컬 클록을 발생한다. 수정 발진자는 온도나 진동으로 주파수가 조금씩 변하기 때문에 서로 다른 노드의 로컬 클록은 조금씩 차이가 난다. 분산 환경에서 노드의 클록을 완벽하게 동기화할 수 없으므로 로컬 클록은 노드마다 다를 수 있다. 하지만 로컬 클록 사이의 차이는 일정 범위에서 변하고 이 차이는 응용 영역 관점에서 상당히 작다고 가정할 수 있다. 따라서 FlexRay에서는 동기화 알고리즘을 사용해서 로컬 클록과 전역 클록을 동기화에서 사용한다.

FlexRay의 타이밍은 사이클, 매크로틱, 마이크로틱으로 구성된다. 그림 10-7은 각 타이밍과의 관계를 보여준다. 사이클은 다수의 매크로틱으로, 매크로틱은 다시 다수의 마이크로틱으로 구성된다. 클러스터 내에서 하나의 사이클을 구성하는 매크로틱의 개수는 동일하기 때문에, 매크로틱은 모든 노드에서 동기화된다. 하지만 마이크로틱은 로컬 노드에서 생성해서 사용하기 때문에 마이크로틱은 로컬 노드에서만 유효하다. 따라서 매크로틱을 구성하는 마이크로틱의 개수는 노드마다 달라진다. FlexRay에서는 클록 동기화 알고리즘으로 웰치린치 알고리즘^{Welch Lynch Algorithm}을 변형해서 사용한다. 노드에서는 로컬 클록을 전역 클록과 동기화해서 사용하는데, 정적인 영역에서 시간을 측정하고 동적인 영역과 (혹은) 네트워크 아이들 타임에 정정 값^{correction value}을 계산해서 사용한다.

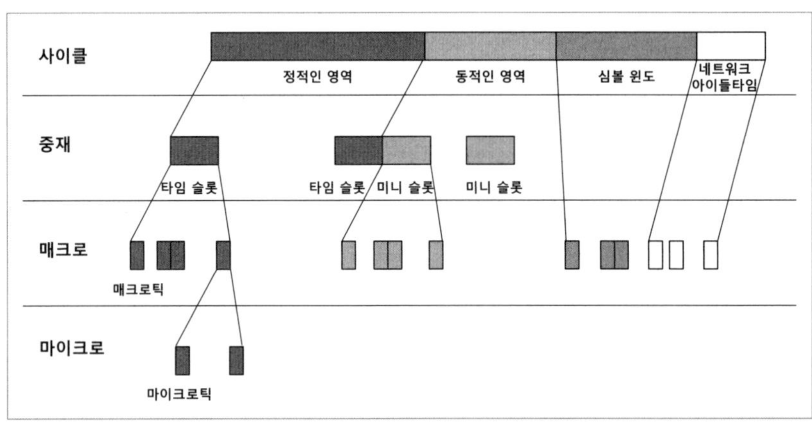

그림 10-7 사이클, 매크로틱, 마이크로틱과의 관계

[10.6.2] 정적인 영역

정적인 영역은 동일한 주기를 갖는 다수의 타임 슬롯으로 구성된다. 그림 10-8은 FlexRay의 정적 세그먼트를 사용해서 통신하는 3개의 ECU를 보여준다. 예를 들어 정적인 영역은 0.6밀리초 동안 실행되고, 정적인 영역을 4개의 타임 슬롯으로 나눈다면, 타임 슬롯에 약 0.15밀리초를 할당한 셈이다. 따라서 3개의 ECU가 충돌을 피해서 FlexRay를 사용해 통신하려면, FlexRay 기반의 네트워크를 설계할 때 ECU별로 어떤 타임슬롯을 사용해서 통신할지 정해

야 한다. 1번 ECU는 타임슬롯 1을 사용해서 통신하고, 2번 ECU는 타임슬롯 2
와 4를, 3번 ECU는 타임슬롯 3으로 통신한다.

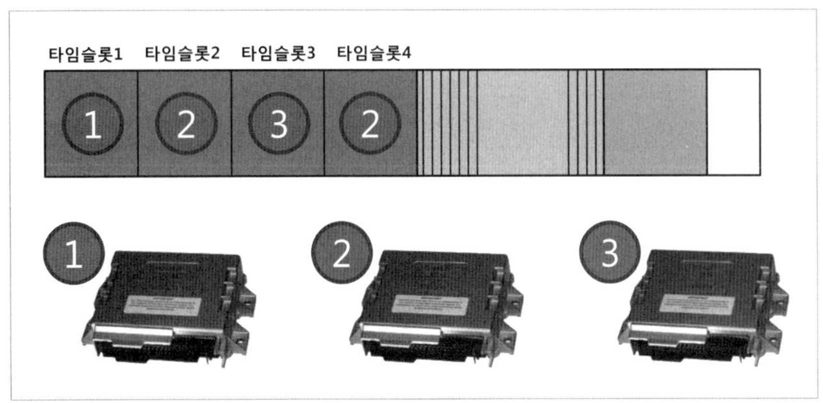

그림 10-8 정적인 세그먼트로 통신하는 ECU 예제

FlexRay는 설계 시 제어기별로 정적인 영역 내에서 사용할 타임슬롯을 지정하
기 때문에 서로 다른 협력업체에서 개발한 시스템을 통합하기가 쉬워진다. 그
림 10-8은 FlexRay 기반의 ECU를 통합하는 예제다. 그림 10-9에서 ECU1과
ECU3의 개발이 끝났지만 ECU2의 개발이 끝나지 않았더라도, ECU별로 타임
슬롯이 할당됐기 때문에 통합하는 데 전혀 문제가 없다(그림 10-9 참조). 아울러
ECU1을 다른 업체에서 개발하더라도 사용하는 타임슬롯이 정해져 있기 때문
에 네트워크 측면에서 통합에 문제가 없다.

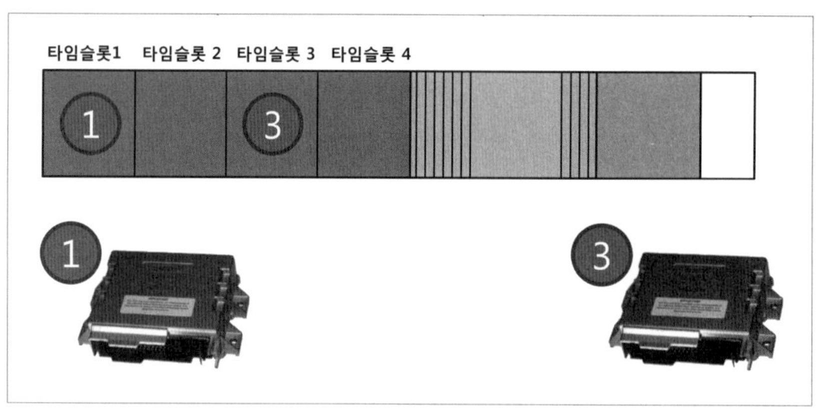

그림 10-9 다른 시스템 개발업체에서 개발한 시스템을 통합하는 예제

[10.6.3] 동적인 영역

FlexRay는 정적인 영역을 사용하기 때문에 정해진 시간 범위에서 통신을 끝낼 수 있다. 물론 통신 지연 때문에 발생할 수 있는 문제 해결 차원에서 시간 기반의 통신을 사용해야 하지만, 때에 따라서는 CAN 통신처럼 이벤트가 발생했을 때 통신해야 할 경우도 있다. 이런 동적인 통신의 필요성을 충족하기 위해 FlexRay는 동적인 영역을 정의해서 사용한다. 정적인 영역을 타임슬롯으로 나눠서 사용하듯이 동적인 영역은 미니슬롯으로 사용한다.

그림 10-10은 미니슬롯을 사용해서 통신하는 예제다. ECU1이 동적인 영역의 미니슬롯을 사용해서 통신하려고 한다. ECU1이 보내려는 데이터가 미니슬롯 하나로 부족한 경우에는 미니슬롯을 확장해서, 즉 연속되는 미니슬롯을 붙여서 사용한다. 동적인 프레임의 페이로드(데이터) 크기는 미리 정해져 있지 않다. 실행되면서 필요한 만큼 할당해서 사용하는 구조다. 만약에 두 개의 ECU가 동시에 동적인 영역의 미니슬롯을 사용하려 한다면 어떻게 될까? CAN이 메시지 충돌을 해결하는 것처럼 FlexRay도 메시지 ID가 작은 것에 우선순위를 부여한다. 만약 우선순위가 밀려서 지금의 동적인 영역에서 메시지를 보낼 수 없는 경우, 기회가 주어질 때까지 다시 기다려야 한다.

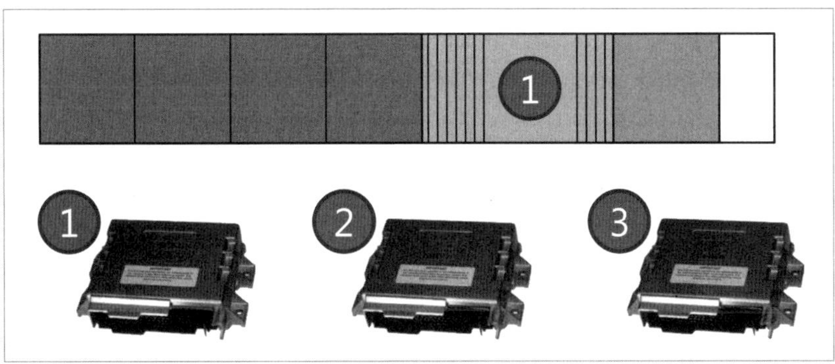

그림 10-10 미니슬롯을 사용한 통신 예제

 ## 웨이크업과 스타트업 프로토콜

FlexRay를 사용하는 노드가 정상 작동하려면 반드시 통신에 사용하는 클록을 동기화해야 한다. 동기화는 크게 웨이크업과 스타트입 두 단계를 수행해야 한다. 웨이크업 단계에서는 네트워크에 참여하는 노드에 전원이 공급되고 운영체제가 가동된다. 스타트업 단계에서 각 노드는 클록을 동기화한 후 정상 작동한다. 웨이크업과 스타트업 중에 웨이크업 노드와 콜드 스타트 노드라는 특별한 역할을 맡는 노드가 있다. 웨이크업 노드는 웨이크업 패턴을 보냄으로써 대기모드에 있는 다른 네트워크$^{sleeping\ cluster}$를 깨운다. 콜드 스타트 노드는 웨이크업 중에 스타트업 패턴을 보낸다.

[10.7.1] 웨이크업 단계

그림 10-11은 웨이크업 단계를 보여준다. 외부 이벤트가 발생하면 클러스터 상의 노드가 깨어난다(웨이크업 이벤트 발생). 깨어난 노드는 운영체제를 가동하고 FlexRay 킨드롤리를 설정힌다. 최초엔 하나의 채널만 깨어나는데, 그 이유는 이미 작동하고 있는 클러스터가 있을 수 있기 때문이다. 따라서 설정 상태에서 노드를 설정하는 호스트는 깨울 채널을 선택한다. 준비 상태가 되면 호

스트는 컨트롤러에 웨이크업 패턴을 보내도록 지시한다. 호스트에서 지시를 받은 컨트롤러가 웨이크업 신호를 보내기 전에 웨이크업 대기^{wakeup list} 상태로 전환한다. 이 상태에서 만약 다른 노드가 웨이크업을 진행하고 있다면 웨이크업 신호를 보내지 않고, 다른 노드가 웨이크업을 진행하지 않고 있다면 웨이크업 신호를 보낸다^{wakeup send}. 다른 노드의 컨트롤러는 웨이크업 패턴을 수신한 다음, 자신의 호스트를 깨운다. 이렇게 새롭게 깨어난 노드 중 하나가 다른 쪽 채널을 깨운다. 따라서 클러스터를 스타트업하려면 적어도 노드 2개가 필요한 셈이다. 첫 번째 콜드 스타트 노드는 정해진 시간만큼 대기하고 나서 스타트업 단계에 들어간다.

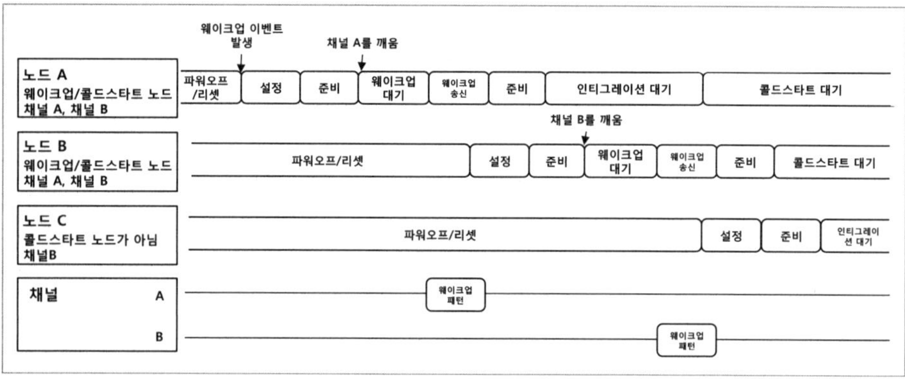

그림 10-11 클러스터 웨이크업 예제

통신 컨트롤러의 상태 전이

그림은 통신 컨트롤러에 전원이 공급되고 나서 상태 전이가 어떻게 일어나는지를 보여준다. 노드에 전원이 공급되면 통신 컨트롤러의 POC(Protocol Operation Control)에 따라서 컨트롤러의 초기설정(configuration)과 호스트에 의한 설정을 수행한다. 전원이 ON됐다고 해도, 제품 고유의 에러가 생기거나 호스트가 검출한 에러 가운데 FREEZE 명령이 CHI(Controller Host Interface)를 통해서 POC에 전달되거나, POC에서 치명적인 에러를 발견했을 때 정지 상태(halt)로 전이한다. 설정이 완료되면 준비 상태(ready)로 바뀐다. 전원 공급 후 준비 상태까지의 상태 전이는 모두

CHI를 사용해서 <u>호스트</u>에서 전달되는 명령으로 진행된다. 말하자면 통신 컨트롤러가 POC를 제어하지 않는다. 이 작업이 완료되고 나면 10.7.1과 10.7.2에서 설명한 웨이크업과 스타트업 단계를 걸쳐 정상 상태(normal active)에 진입한다. 정상 상태에서 에러 카운터가 제한치를 초과한 경우 노멀 패시브로 넘어가고, 노멀 패시브 상태에서 문제가 없다고 판단했을 때 다시 정상 상태로 전이한다. 정상 상태나 노멀 패시브 상태에서 치명적인 에러가 발생했을 때 정지 상태로 전이한다.

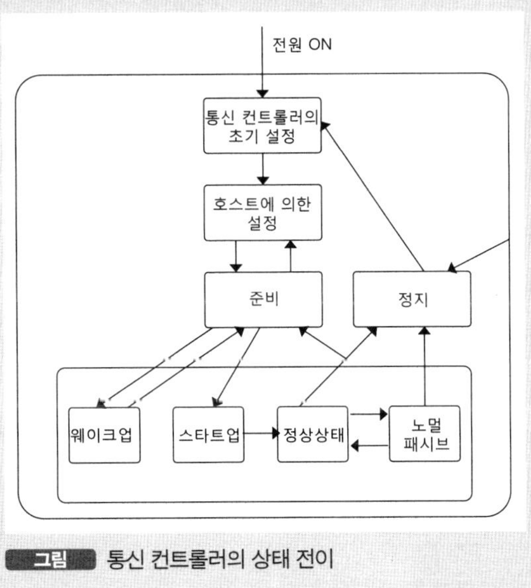

그림 통신 컨트롤러의 상태 전이

[10.7.2] 스타트업 단계

그림 10-12은 스타트업 단계를 보여주는 예제다. 스타트업 단계에서 노드 3개가 서로 다른 역할을 한다. 리딩 콜드 스타트 노드[LCN, leading coldstart node], 팔로잉 콜드 스타트 노드[FCN, following coldstart node], 일반 노드로 나눌 수 있다. 스타트업 단계에서 LCN은 단 하나, FCN은 최소한 한 개, 일반 노드는 여러 개가 존재할 수 있다. 어떤 메시지도 수신하지 않으면 콜드 스타트 노드는 LCN이 되고, 메시지를 수신한 경우 다른 LCN이 이미 있다고 가정하고 FCN이 된다. 그림 10-12에서는 노드 A가 LCN, 노드 B가 FCN, 노드 C는 일반 노드가 된다.

FlexRay 프레임을 수신하지 않으면 노드 A는 충돌회피심볼[CAS, collision avoidance symbol]을 보낸 후 커뮤니케이션 사이클을 시작한다. 이 사이클의 번호는 0이며, 노드 A는 스타트업 프레임을 보낸다. 콜드 스타트로 지정된 다른 노드도 콜드 스타를 시작할 수 있기 때문에 사이클 0에서 사이클 3 동안 노드 A는 감시 상태로 들어가 충돌을 회피한다. 사이클 4에서 노드 B가 스타트업 프레임을 보낸다. 노드 A는 사이클 4와 사이클 5에서 스타트업 프레임을 모두 모아서 클록을 바로잡는다. 클록을 바로잡을 때 문제가 없다면 노드 A는 정상 작동한다.

노드 B는 노드 A에서 연속적으로 2개의 스타트업 프레임을 받을 때까지 대기한다(사이클 0~사이클 1). 두 프레임을 받아서 초기 계획을 수립하는 데에 사용한다. 프레임을 성공적으로 수신했을 때, 다음 2주기 동안 동기화 프레임을 모두 모아서 클록 동기화를 수행한다(사이클 2~사이클 3). 클록 동기화의 초기화 작업이 성공하면, 노드 B는 스타트업 프레임을 보낸다. 3주기가 지나는 동안 에러가 없다면(사이클 4~사이클 6), 노드 B는 정상 작동한다.

노드 C는 두 개의 콜드 스타트 노드(노드 A, B)에서 보내는 프레임을 모두 받을 때까지 대기한다(사이클 4). 초기 계획을 수립하려고 노드 C는 이 프레임을 사

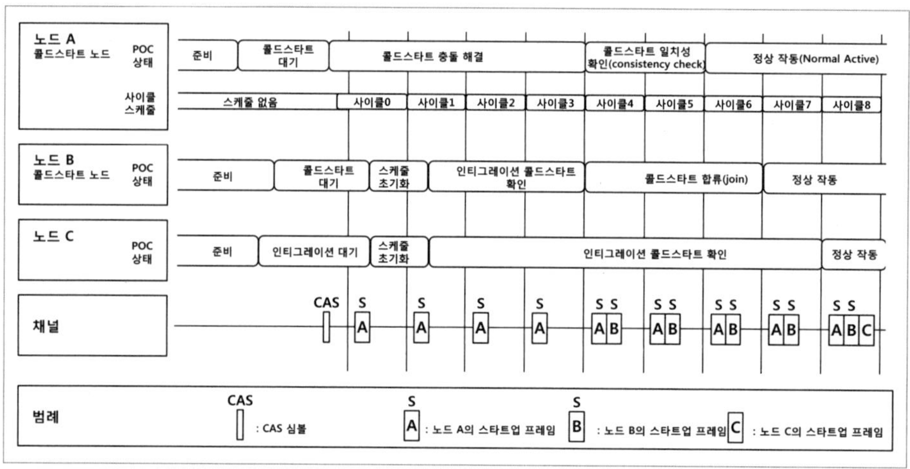

그림 10-12 클러스터 스타트업 예제

용한다. 이후 4주기 동안 동기화 프레임을 모아서 클록 동기화 작업을 수행한다(사이클 4~사이클 7). 이 작업이 성공하면 노드 C도 정상 작동한다.

10 8 토폴러지

FlexRay의 통신 속도는 매우 빠르다. 즉 차량용 네트워크로 많이 사용하는 CAN은 1Mbit/s이지만, FlexRay는 10Mbit/s급이다. 아울러 FlexRay는 통신 고장에 대해서도 내고장성을 지원해야 한다. 네트워크 토폴러지를 구성할 때는 이런 빠른 속도와 통신 고장 상황을 고려해야 한다. FlexRay에서 사용하는 토폴러지는 크게 수동형과 능동형으로 나눌 수 있다. 수동형과 능동형 토폴러지로는 어떤 것이 있는지 살펴보자.

[10.8.1] 수동형 버스 토폴러지

그림 10-13은 버스 2개를 사용하는 수동형 버스 토폴러지^{passive bus topology}를 보여준다. 노드는 양쪽 버스와 모두 연결되거나(노드 A, 노드 C, 노드 E) 하나의 버스에만 연결될 수도 있다(노드 B, 노드 D). 버스 토폴러지에서 노드 간 버스 배선 길이는 최대 24m(IBus)이고, 두 노드의 최소거리는 15mm(ISubDistance)다. 최대 22노드까지 구성할 수 있다.

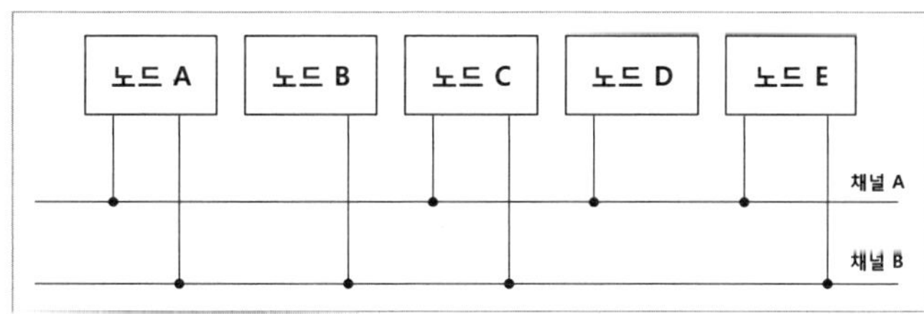

그림 10-13 수동형 버스 토폴러지

[10.8.2] 듀얼 채널 싱글 스타

수동형 버스 토폴러지를 사용하면, 통신 노드 간 거리가 동일하지 않기 때문에 안티 노드들이 생길 수 있다. 이 문제를 해결하기 위해서 노드 사이에 스타를 둬서 노드 간 통신 거리를 동일하게 유지할 수 있다. 이런 토폴러지를 듀얼 채널 싱글 스타 구성이라고 한다. 듀얼 채널 싱글 스타의 논리적인 구조는 수동형 버스 토폴러지와 동일하다. 다만 각 버스 사이에 스타가 있어서 통신을 중재한다. 스타는 메시지의 장애가 발생한 노드를 네트워크에서 분리하거나 약해진 신호를 증폭하는 역할을 한다. 따라서 수동형 버스 토폴러지와 달리 스타가 네트워크에 능동적으로 참여하기 때문에 스타가 있는 구조를 능동형 스타 토폴러지라고 한다. 노드와 스타의 거리는 최대 24m(IActiveStar)다. 스타에 연결되는 노드 수는 버스 드라이버의 수에 의존하기 때문에 최대 연결 노드 수는 별도로 규정돼 있지 않다(그림 10-14 참조).

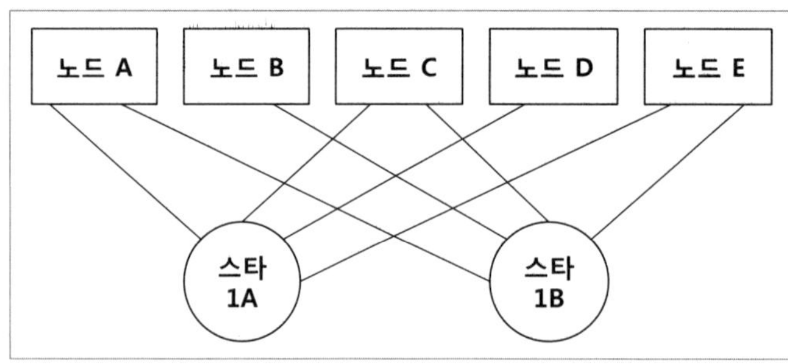

그림 10-14 듀얼 채널 싱글 스타

[10.8.3] 싱글 채널 연속형 스타

그림 10-15는 스타 커플러 2개를 사용해서 만든 싱글 채널 네트워크다. 각 노드는 각 스타 커플러와 점대점으로 연결돼 있고, 첫 번째 스타 커플러Star1A는 두 번째 스타 커플러Star2A와 연결돼 있다. 최대 두 개의 스타를 연속으로 연결할 수 있고, 스타 간 배선 길이는 최대 24m(IStarStar)다.

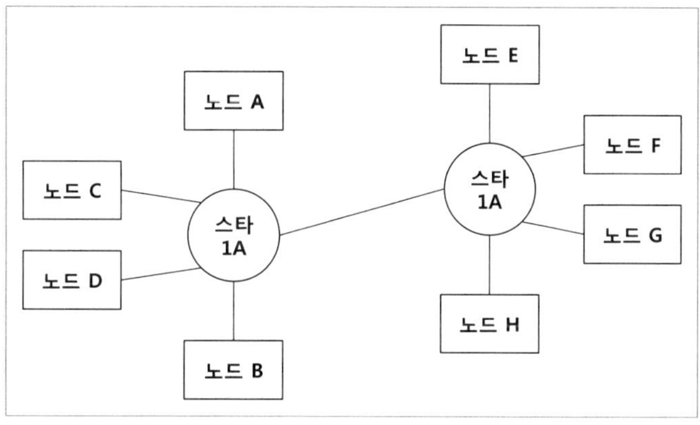

그림 10-15 싱글 채널 연속형 스타

[10.8.4] 듀얼 채널 연속형 스타

싱글 채널 연속형 스타에 리던던트 채널을 추가해 통신 고장에 대한 폴트 톨러 런스를 높일 수 있다. 그림 10-16은 싱글 채널 연속형 스타를 2개 사용해서 만든 듀얼 채널 연속형 스타 구성$^{dual\ channel\ cascaded\ star\ configuration}$을 보여준다. 이외에도 수동형 네트워크와 능동형 네트워크를 결합한 하이브리드 구성도 있다.

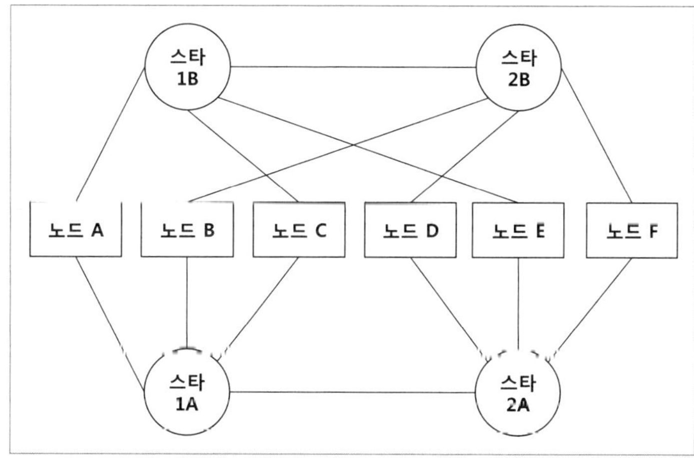

그림 10-16 듀얼 채널 연속형 스타

그림 10-17은 FlexRay 노드 아키텍처를 보여준다. 통신 컨트롤러, 호스트, 전원공급장치로 구성됐으며, 버스 드라이버는 두 개가 있다. FlexRay에서는 2개의 채널을 사용하기 때문에 2개의 버스 드라이버가 된다. 통신 컨트롤러와 버스 드라이버 사이에는 버스 보호자[bus guardian]가 선택적으로 추가될 수 있다. 버스 보호자는, 통신 컨트롤러가 정해진 시간 내에 통신할 수 없어서 채널에 문제를 일으키는 것을 차단해 통신 채널을 보호하는 장치다.

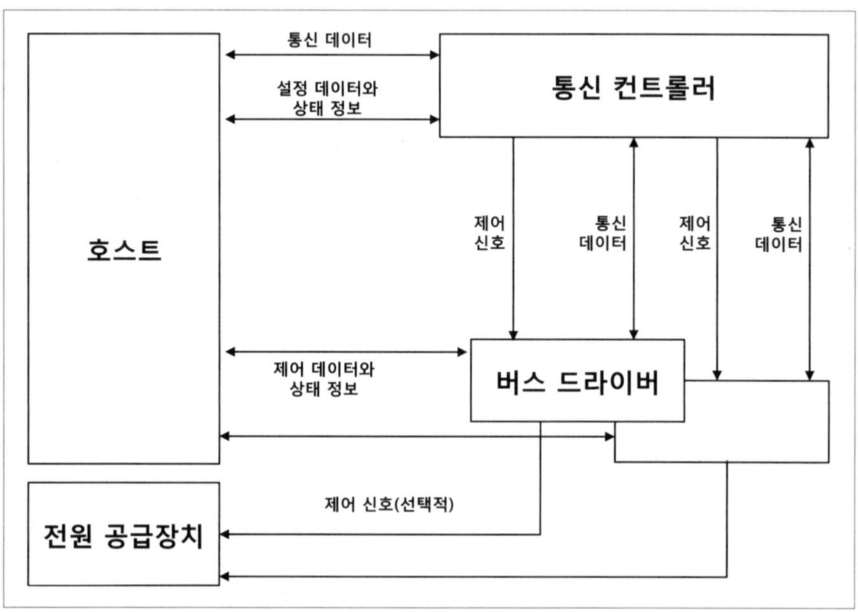

그림 10-17 FlexRay 노드 아키텍처

참고도서와 문헌, 인터넷 자료

■ 참고도서

『자동차 네트워크 시스템』, Sato Michio, 이도희 역, BM성안당, 2010년

『CAN, LIN, Flexray를 활용한 차량용 네트워크』, 도미니크 파레, 강기호 역, 에이콘, 2011년

Automotive Embedded System Handbook, CRC Press, 2008

■ 참고문헌

FlexRay Communications System Protocol Specification Version 2.1 Revision A(국제표준)

■ 인터넷 자료

엑스바이와이어 개요: http://goo.gl/HH6u1

제동장치 개요: http://goo.gl/VoY9M

FlexRay 개요: http://goo.gl/J6z4t

11
CCP

이번 장에서는 표준화된 CCP^{CAN Calibration Network}에 대해 설명한다. CCP 는 자동차 전자 제어장치 소프트웨어를 개발할 때 사용하는 인터페이스로서 캘리브레이션, 측정, 진단도구와 전자제어장치 사이에서 통신하는 데 사용 된다.

11 1 탄생 배경

1996년 CCP가 발표되기 전까지 복잡한 자동차 전자 시스템들을 제어하는 정 교한 소프트웨어를 개발하려는 목적으로 여러 종류의 캘리브레이션, 측정, 진 단 장치와 툴을 이용했지만, ECU와 툴 간 통신을 위한 소프트웨어 인터페이 스의 표준은 없었다.

유럽의 자동차 제조업체인 아우디, BMW, 메르세데스 벤츠, 포르셰, 폴크스바 겐 등은 모든 측정, 캘리브레이션, 진단 장치 간의 자동화, 모듈화, 모듈 간 호 환을 위한 표준을 만들려고 ASAM이라는 전문위원회를 설립했다. 이후에 자 동차 제조업체뿐 아니라, 전자 제어장치 제조업체도 이 전문위원회에 참여하 게 된다.

이렇게 설립된 ASAM은 공용 툴을 이용한 서로 다른 ECU와 소프트웨어를 호 환해서 사용할 수 있도록 CCP라는 소프트웨어 표준 인터페이스를 만들었다. 이렇게 탄생한 CCP는 ASAM이 만든 여러 표준 중 하나다.

CCP는 기본적으로 ECU와 모니터 프로그램(툴)을 연결하기 위한 소프트웨어 인터페이스로서, ASAM의 일원인 'Kleinknecht Automotive GmbH'라는 회사 가 보쉬와 인텔이 개발한 CAN을 기반으로 개발했다. ASAM에서 이것을 표준 으로 채택한 후 수정·보완해 1999년 2월에 현재 널리 사용되는 CCP 버전 2.1을 배포했다.

11 2 특징과 응용분야

CCP 인터페이스의 일반적인 특징은 다음과 같다. 우선 모듈 개발에서 광범위하게 사용되는 플래시 리프로그래밍 기능을 지원하고, 실험실 환경·실제 차 환경에서 온라인 데이터 취득·모듈 캘리브레이션을 할 수 있다.

CCP는 시스템의 통신 속도나 전송 계층의 구성에 제한을 받지 않기 때문에 모듈 개발자가 CCP 표준의 모든 명령어를 지원하는 완전한 CCP 인터페이스를 구현할 것인지, 특정 모니터 프로그램(툴)에서 지원하는 CCP 명령어만 구현할지를 결정해야 한다. ECU에서 CCP 인터페이스를 구현한다면, CCP 인터페이스는 OSI 모델로 구분하면 최상위 7계층에 위치한다. CCP의 물리 계층은 CAN 표준 CAN2.0A와 CAN2.0B를 지원하는 모니터 프로그램(마스터)과 ECU(슬레이브) 간 통신을 정의해야 한다. CCP 인터페이스는 일대일 또는 일대다 통신을 지원하기 때문에 CAN 네트워크에 연결된 단일 ECU 또는 그 이상의 ECU와도 호환해 통신할 수 있다.

CCP는 기본적으로 모니터 프로그램 인터페이스로 사용되며, 기존 RS-232와 유사하게 메모리 읽기/쓰기 기능을 제공한다. 특정 업체의 인터페이스가 아닌 표준화한 인터페이스로서 통신 속도가 느린 기존 모니터링 인터페이스인 UART 인터페이스보다 속도가 빠르기 때문에 모니터 프로그램에서 실시간 데이터 감시가 가능한 인터페이스다.

모니터 프로그램(마스터)은 ECU(슬레이브)로 명령어를 보내는 PC나 툴을 의미한다. ECU는 모니터 프로그램에서 보내온 명령어를 해석하고 처리해서 명령어에 상응하는 응답을 전송하는 ECU 응용 계층ECU Application Layer의 드라이버 소프트웨어를 의미한다. ECU는 모니터 프로그램의 초기화 명령이 없는 상태에서는 CCP 인터페이스를 시작할 수 없다.

CCP 인터페이스는 메모리 읽기/쓰기와 같은 간단한 명령어뿐만 아니라 이벤트나 주기적인 갱신으로 데이터를 자동으로 취득해 처리할 수 있는 기능도 제공한다. 응용 분야는 아래와 같다.

- ECU에서 실시간 메모리 관리(Read/Write)
- ECU에서 실시간 데이터 취득
- ECU 제어 알고리즘 실시간 바로잡기
- 보드 레벨과 실제 차 환경에서 ECU 평가
- 개발자의 설계 변경 평가
- ECU 플래시 리프로그래밍
- 실험실 환경에서 시뮬레이션 평가

11 3 인터페이스 표준과 구조

CCP는 데이터를 캘리브레이션 및 측정하려고 그림 11-1과 같이 마스터-슬레이브 형태로 통신하며, CAN 버스상에서 1개 또는 다수의 디바이스와 연결할 수 있다.

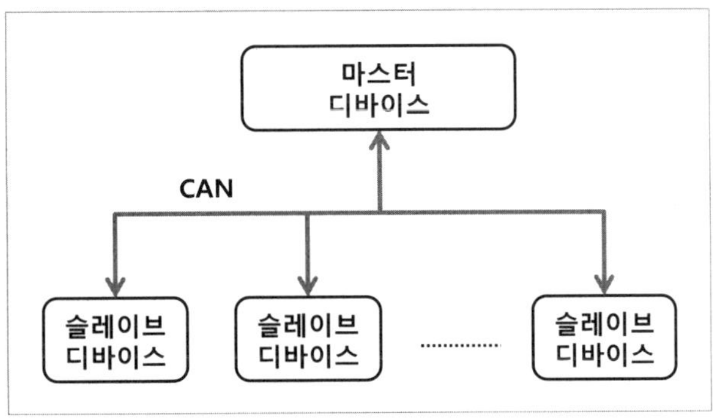

그림 11-1 마스터 – 슬레이브 디바이스의 구조

11.2에서 설명했듯이 CCP 인터페이스의 마스터는 CAN 버스상에서 슬레이브로 명령어를 보내는 캘리브레이션, 진단, 모니터 프로그램이나 데이터 측정 프로그램을 의미한다. 슬레이브는 모니터 프로그램에서 보내온 명령어를 수신해 처리하고 응답하는 ECU의 드라이버를 의미한다. 마스터와 슬레이브 간 논리적 통신 연결은 마스터의 초기화 과정을 거치면서 이뤄지며, 명령어에 의해 연결이 해제되거나 다른 슬레이브가 선택되기 전까지 유지된다. 마스터-슬레이브 간 통신이 활성화된 후 마스터에서 슬레이브로 혹은 슬레이브에서 마스터로 데이터 전송은 마스터의 제어에 의해서만 이뤄진다.

마스터와 슬레이브 간 통신을 위한 메시지 지시자^{CAN ID}로는 마스터 설정에 사용되는 슬레이브 데이터베이스 파일(ASAP2 Format Description File)에 정의된 메시지 지시자를 사용하고, 이 메시지 지시자를 사용해서 CRO^{Command Receive Object}와 DTO^{Data Transmission Object}를 주고받을 수 있다. CAN 버스상에서 메시지 간 충돌을 피하려면 CRO의 우선순위가 DTO보다 높아야 한다.

ASAP2 형식 설명 파일(A2L)

슬레이브 데이터베이스 설명 파일로 마스터에서 슬레이브 정보를 설정할 수 있도록 구성된 설명파일이다. ASAM에서는 3단계의 인터페이스를 제안하고 있으며, 아래 그림과 같은 구조다.

※ ASAM의 3단계 인터페이스

다양한 소프트웨어와 하드웨어의 데이터 호환에 대한 요구사항을 기반으로 ASAM에서는 3단계의 인터페이스를 아래와 같이 정의했으며, 단체명을 ASAP에서 ASAM으로 변경하면서 단계별 인터페이스 이름도 아래와 같이 변경했다.

- ASAP1 → ASAM-MCD-1(ASAM-Measurement, Calibration and Diagnosis-1)
- ASAP2 → ASAM-MCD-2(ASAM-Measurement, Calibration and Diagnosis-2)
- ASAP3 → ASAM-MCD-3(ASAM-Measurement, Calibration and Diagnosis-3)

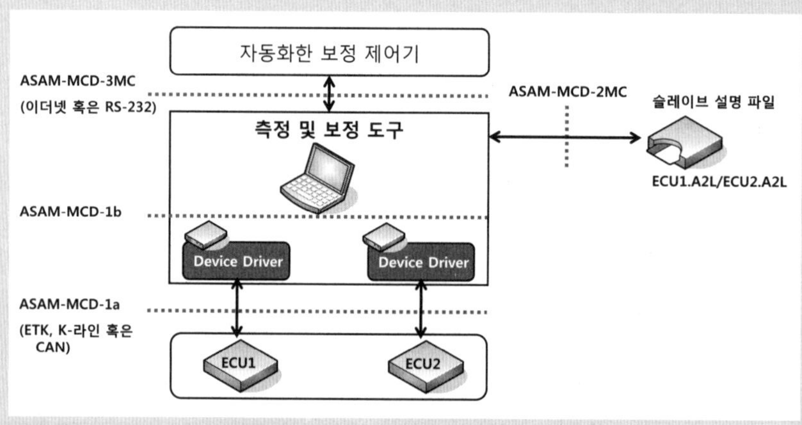

그림 ASAM의 3단계 인터페이스

단계별 인터페이스의 세부 구성에 대해서 살펴 보면 다음과 같다.

- ASAM-MCD-1a: 제어 장치에 대한 직접적인 하드웨어 인터페이스(시리얼 통신을 이용하는 CAN, K-라인 등과 병렬 통신을 이용하는 ETK가 있다.)
- ASAM-MCD-1b: 모니터 프로그램(툴)과 PC에 장착된 하드웨어 간 소프트웨어 인터페이스(디바이스 드라이버 인터페이스)

- ASAM-MCD-2: 슬레이브의 캘리브레이션 변수와 측정 신호를 기술하는 데 사용되는 데이디베이스 파일과 인터페이스(데이터베이스 파일은 주소 정보와 데이터 구조만 포함하며 변수값은 연결된 헥사(Hex) 파일에 저장된다.)
- ASAM-MCD-3: 캘리브레이션 시스템의 원격 제어를 위한 표준 데이터 통신 프로토콜로 이더넷 또는 RS-232를 이용한 인터페이스(테스트 벤치 컴퓨터는 마스터로 작동해 ASAM-MCD-3MC 인터페이스를 통해 제어 장치 캘리브레이션 변수를 자동으로 최적화할 수 있다.)

인터페이스에서 사용되는 바이트 순서(LSB or MSB)는 슬레이브 데이터베이스 파일에서 선언한다. 하지만 예외적으로 "TEST", "CONNECT", "DISCONNECT" 명령어에 사용하는 슬레이브 이름Station Address은 항상 LSB 순서여야 한다. 마스터는 두 개의 메시지 지시자를 명령어 전송/응답 수신에 각각 한 개씩 사용하지만 주기적으로 데이터를 측징하려면 추가적인 메시지 지시자도 사용할 수 있다.

CAN 버스에서 마스터와 슬레이브 사이의 통신 흐름은 그림 11-2와 같이 명령과 응답 메시지를 주고받거나, 계속해서 응답 메시지만 수신하는 형태다. 다시 말해서 슬레이브에서 CCP 드라이버는 마스터에서 수신한 CRO를 처리해 적절한 CRMCommand Return Message이라고 불리는 DTO를 반환하는 명령어 처리 프로세서와, 특정 이벤트나 주기적으로 DAQ 목록Data Acquisition list의 정보를 마스터에 전송하는 데이터 측정 프로세서DAQ Processor 두 부분으로 구성돼 있다. CRO와 DTO에 대해서는 인터페이스 구조에서 설명한다.

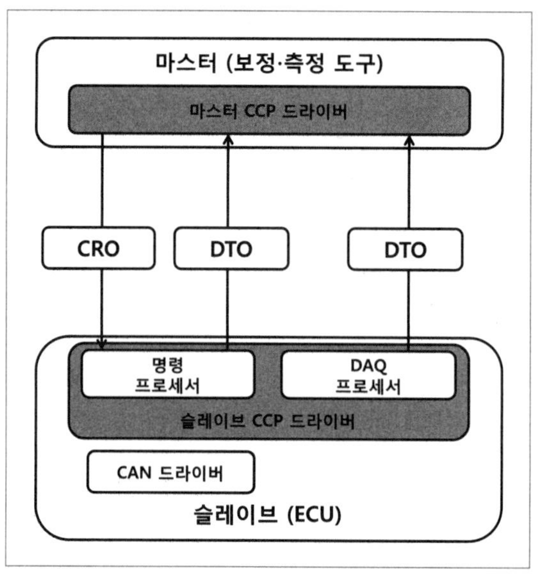

그림 11-2 마스터-슬레이브 통신 흐름도

[11.3.1] 인터페이스 메시지 구조

CCP 메시지의 흐름은 다음 그림 11-3처럼 마스터에서 단일 CAN 메시지 명령어인 CRO를 전송하고, 이것을 수신한 슬레이브가 단일 CAN 메시지인 DTO로 응답하는 구조다.

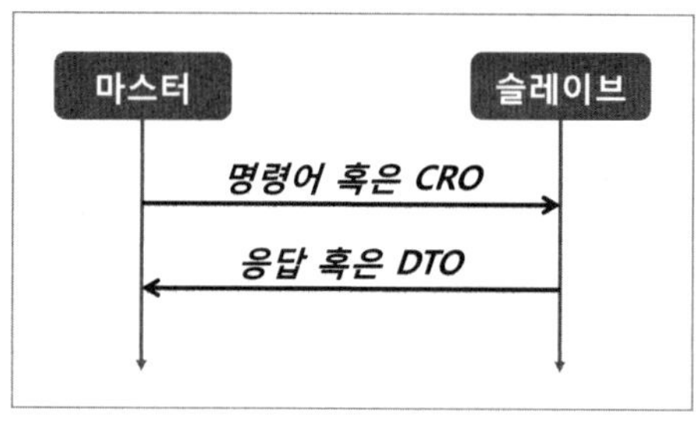

그림 11-3 일반적인 CCP 통신

CCP 인터페이스에서 사용하는 메시지, 데이터는 8바이트 메시지 객체[Message Object]로 구성돼 있다. 각 메시지 구조에 대해 살펴보자.

[11.3.2] CRO 메시지

아래 그림 11-4와 같이 마스터에서 슬레이브로 정보를 보내는 데 사용하는
명령어는 슬레이브 입장에서 명령어를 받기 때문에 CRO라고 한다. CRO는 명
령어에서 필요로 하는 정보를 매개변수로 갖고 있으며, CRO를 수신한 슬레이
브의 CCP 드라이버는 CRO 안의 명령어를 해석·처리해 내부 기능을 동작시
키거나 데이터를 취득해 마스터에게 전송한다.

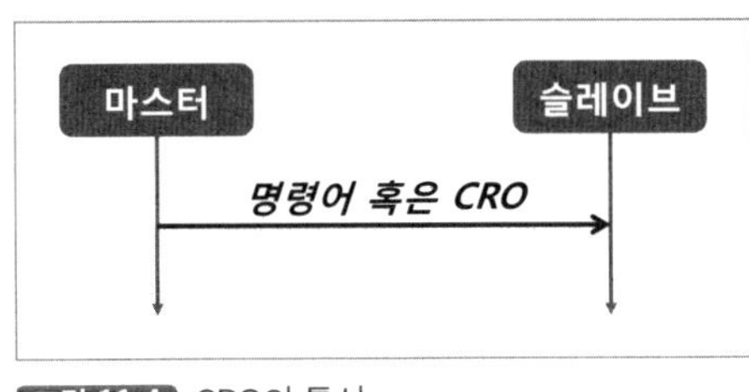

그림 11-4 CRO의 통신

CRO는 마스터에서 슬레이브로 전송되는 제어 명령으로 표 11-1과 같은 바이
트 구조를 가지며, CCP 표준에서 정의한 명령어와 마스터에서 발행한 명령어
의 현재 카운팅 값과 명령어를 처리하는 데 필요한 매개변수(데이터)로 구성돼
있다. CRO는 항상 패킷 크기가 8바이트여야 하며, 명령어 처리에 사용되지 않
는 바이트는 슬레이브에서 처리하지 않는다.

표 11-1 CRO 메시지 구조

바이트 0	바이트 1	바이트 2	바이트 3	바이트 4	바이트 5	바이트 6	바이트 7
CMD	CTR	DATA	DATA	DATA	DATA	DATA	DATA

- CMD: CCP 명령어
- CTR: 명령어 카운터^{Command Number Counter}
- DATA: 명령어 매개변수

[11.3.3] DTO 메시지

아래 그림 11-5와 같이 슬레이브에서 마스터로 명령에 대한 응답을 전송하는
데 사용하는 지시자는 CRO에서 사용하는 지시자가 아닌 다른 메시지 지시자
다. 이 메시지는 슬레이브 입장에서 데이터를 전송하기 때문에 DTO라고 한다.

DTO 메시지 종류를 정리하면 아래와 같다.

- CRM
- 이벤트 메시지
- DAQ 메시지

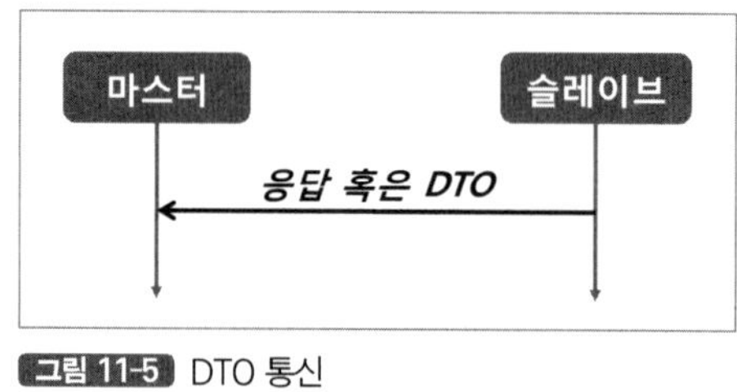

그림 11-5 DTO 통신

이제 DTO에 해당하는 세 가지 메시지에 대해 자세히 알아보자.

[11.3.4] CRM

CRM은 슬레이브가 CRO 명령어를 해석하고 명령어에 대한 처리를 마친 후
전송하는 메시지다. CRM은 CRO 대한 단순한 인식 응답 메시지이거나 CRO
에서 요청한 데이터를 포함한 메시지로 나뉜다. 그림 11-6과 같이 슬레이브
는 즉각적인 응답을 마스터에 전송한다.

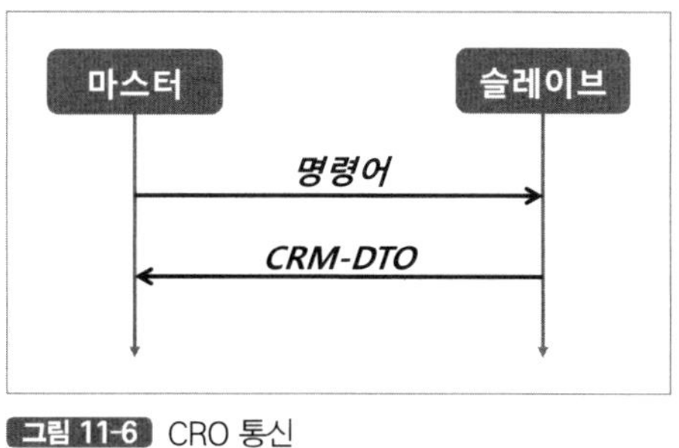

그림 11-6 CRO 통신

[11.3.5] 이벤트 메시지

이벤트 메시지는 슬레이브에서 수신한 마지막 CRO 이후에 발생한 슬레이브 오류와 슬레이브 내부 상태를 마스터에게 보고하기 위해 그림 11-7과 같이 전송하는 메시지다. 전송 가능한 오류 코드는 CCP 표준 오류 코드표에 정의돼 있으며, 다음 11.5절에서 설명한다.

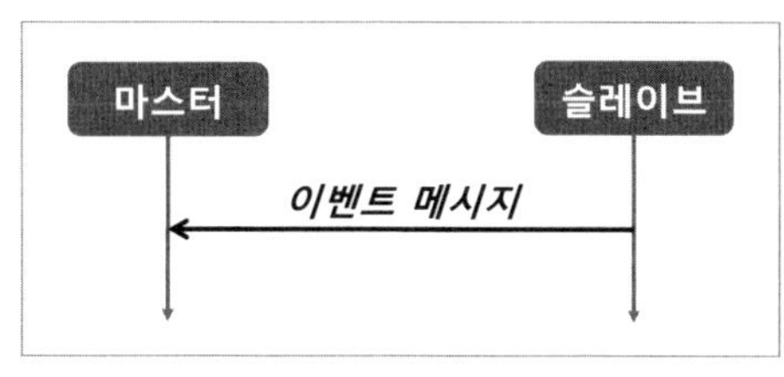

그림 11-7 이벤트 메시지 통신

슬레이브에서 마스터로 전송되는 DTO 가운데 CRM과 이벤트 메시지는 표 11-2와 같은 구조로 구성됐다. 첫 번째 바이트(Byte 0)는 패킷 지시자[PID]이며, CRM은 0xFF를, 이벤트 메시지는 0xfe 값을 사용한다. 두 번째 바이트(Byte 1)는 오류 코드로서 CRM이 정상 상태 응답일 경우에 0x00을 반환한다. 하지만 마스터가 전송한 CRO 명령어를 해석할 수 없거나 접근할 수 없는 주소에 대한 업로드를 요청하는 동작 등에 대해서는 CCP 표준에서 정의한 오류코드를 삽입한다. 그리고 세 번째 바이트(Byte 2)는 마스터에서 전송한 CRO에 포함됐던 명령어 카운팅 값을 삽입하고, 나머지 바이트는 마스터에서 요구한 데이터를 삽입하거나 비워둔 상태로 전송한다.

표 11-2 CRM과 이벤트 메시지 구조

바이트 0	바이트 1	바이트 2	바이트 3	바이트 4	바이트 5	바이트 6	바이트 7
PID	ERR	CTR	DATA	DATA	DATA	DATA	DATA

- PID: 패킷 지시자로서 CRM(0xFF), 이벤트 메시지(0xFE)
- ERR: 오류 코드(정상 응답: 0x00)
- CTR: 명령어 카운터
- DATA: 요청된 데이터

[11.3.6] DAQ 메시지

DAQ는 측정된 데이터를 마스터에게 연속적으로 전송하는 메시지다. 마스터는 초기화 명령을 사용해 슬레이브가 전송해야 하는 측정 데이터를 초기화해야 한다. 또한 측정 데이터가 슬레이브 내부 이벤트를 근거로 전송돼야 하는

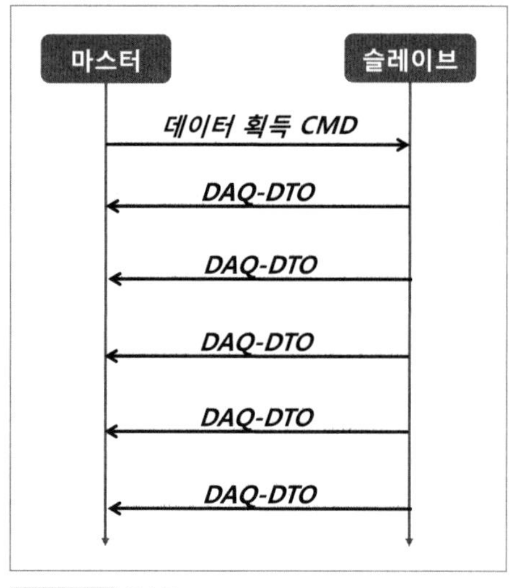

그림 11-8 DAQ

지, 주기적으로 전송돼야 하는지도 결정해 줘야 한다. 초기화를 끝낸 슬레이브는 특정 이벤트나 주기적으로 전송할 메시지를 정리해 그림 11-8과 같이 전송한다.

DAQ는 CRM이나 이벤트 메시지와 다르게 표 11-3과 같은 구조며, 패킷 지시자는 ODT 값$^{Object Description Table Value}$이다.

표 11-3 DAQ의 메시지 구조

바이트 0	바이트 1	바이트 2	바이트 3	바이트 4	바이트 5	바이트 6	바이트 7
PID	DATA	DATA	DATA	DATA	DATA	DATA	DATA

- PID: ODT 번호(0x00~0xFD)
- DATA: 전송 데이터

ODT

ODT는 측정 데이터의 위치를 구성하기 위한 테이블이다. 하나의 ODT는 측정한 데이터에 대해 한 개의 CAN 메시지의 내용을 표현한다. 그림과 같이 각 ODT는 측정 데이터를 저장할 수 있는 7개의 어드레스 포인터(테이블의 크기가 7바이트다)를 가지며, 측정된 데이터를 지시하기 위해 유일한 패킷 지시자를 ODT에 할당한다. 패킷 지시자로 구분된 ODT는 측정 데이터를 7바이트까지 저장할 수 있으며, 측정이 요청된 데이터 사이즈가 한 ODT 저장 크기보다 크다면 여러 ODT를 사용할 수 있다.

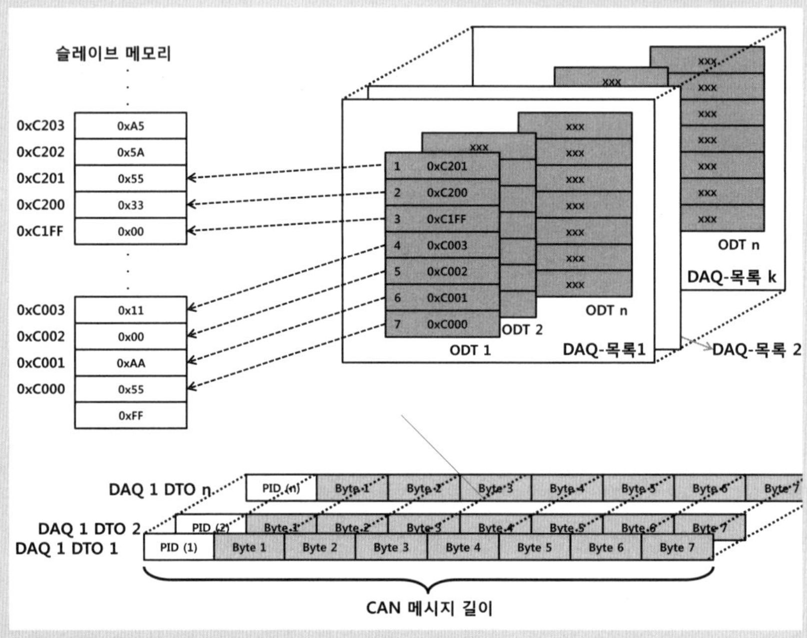

그림 ODT와 DAQ 목록 구조

■ DAQ 목록

DAQ 목록은 특정 이벤트나 주기적 시간에 대한 다중 ODT의 목록이다. DAQ 패킷 지시자는 0x00~0xFD까지 할당할 수 있으므로 DAQ 목록 1개당 ODT 1개를 지정한다면 최대 254개의 DAQ 목록을 사용할 수 있다. DAQ 목록을 1개만 사용하면 254개의 ODT를 사용할 수 있다.

[11.4.1] 명령어

표 11-4는 CRO에서 사용하는 CCP 인터페이스 명령어다. 슬레이브에서 CCP 드라이버를 구현하면서 데이터 캘리브레이션 기능을 사용하지 않는다면, 표 11-4에 기술된 SELECT_CAL_PAGE 및 GET_ACTIVE_CAL_PAGE 같은 캘리브레이션 관련 명령어를 구현할 필요가 없다. 아울러 나머지 기능에 대한 구현 여부는 선택적이다.

표 11-4 CCP 명령

	명령어	코드	타임아웃(ms)	설명	비고
1	CONNECT	0x01	25	선택된 슬레이브와 통신 프로토콜을 구축하는 명령	
2	GET_CCP_VERSION	0x1B	25	슬레이브에서 제공되는 CCP 버전을 마스터로 송신하는 명령. EXCHANGE_ID 명령 이전에 수행함	
3	EXCHANGE_ID	0x17	25	마스터-슬레이브 간 슬레이브 이름(Device ID) 정보를 교환하는 명령	
4	GET_SEED	0x12	25	슬레이브 보호 코드에 접근할 수 있는 키 값을 요구하는 명령	선택적
5	UNLOCK	0x13	25	슬레이브 보호 코드 접근을 위한 락 해제 명령	선택적
6	SET_MTA	0x02	25	메모리의 데이터 전송과 수신에 사용되는 기반 주소, 즉 메모리의 전송 주소(MTA, Memory Transfer Address)를 설정하는 명령	
7	DNLOAD	0x03	25	MTA부터 시작해 CRO에서 정의된 크기만큼의 데이터를 슬레이브로 전송하는 명령	
8	DNLOAD_6	0x23	25	MTA부터 시작해 CRO에서 정의된 6바이트 데이터를 슬레이브로 전송하는 명령	신대지
9	UPLOAD	0x04	25	MTA부터 시작해 CRO에 정의된 크기만큼의 데이터를 마스터로 전송하는 명령 MTA 주소는 슬레이브에 의해 데이터 크기만큼 자동 증가	

(이어짐)

	명령어	코드	타임아웃(ms)	설명	비고
10	SHORT_UP	0x0F	25	MTA부터 시작해 CRO에 정의된 크기만큼의 데이터를 마스터로 전송하는 명령 MTA 주소는 슬레이브에 의해 변경되지 않음	선택적
11	SELECT_CAL_PAGE	0x11	25	MTA0 포인터가 슬레이브에서 현재 활성화된 페이지를 지시하도록 하는 명령	선택적
12	GET_DAQ_SIZE	0x14	25	DAQ 목록의 크기를 마스터로 송신하고 현재 DAQ 목록을 초기화하는 명령	
13	SET_DAQ_PTR	0x15	25	DAQ 목록의 ODT 엔트리 포인터를 초기화하는 명령	
14	WRITE_DAQ	0x16	25	DAQ 목록에 한 개의 ODT 엔트리를 쓰는 명령. DAQ 크기는 1, 2, 4 바이트 단위	
15	START_STOP	0x06	25	지정한 DAQ 목록 전송을 정지하거나 시작하도록 지정하는 명령 지원 모드는 정지(Stop), 시작(Start), 준비(Prepare)가 있음	
16	DISCONNECT	0x07	25	마스터와 슬레이브 간 논리적 연결을 종료하는 명령 DAQ 송신은 중단되지 않음	
17	SET_S_STATUS	0x0C	25	캘리브레이션 세션의 현재 상태 정보를 슬레이브에 전송해 처리를 지시하는 명령	선택적
18	GET_S_STATUS	0x0D	25	슬레이브에서 기억하고 있는 캘리브레이션 세션에 대한 상태 정보를 마스터로 전송하는 명령	선택적
19	BUILD_CHKSUM	0x0E	3,000	MTA부터 정의된 크기까지의 체크섬을 계산해 마스터로 전송하는 명령	선택적
20	CLEAR_MEMORY	0x10	30,000ms	리프로그래밍 전에 플래시 롬을 지우는 명령. 이때 MTA0는 삭제될 메모리 위치를 지시함	선택적
21	PROGRAM	0x18	100ms	CRO에 명시된 데이터 블록만큼 플래시 ROM 또는 EEPROM에 프로그래밍하려고 데이터를 내려받는 명령	선택적

(이어짐)

	명령어	코드	타임아웃(ms)	설명	비고
22	PROGRAM_6	0x22	100	플래시 ROM 또는 EEP ROM에 프로그래밍하려고 6 바이트 데이터를 내려받는 명령	선택적
23	MOVE	0x19	30,000	명시된 데이터 블록만큼 MTA0에서 MTA1로 복사하는 명령	선택적
24	TEST	0x05	25	명시된 슬레이브 이름(Station address)에 해당하는 슬레이브가 CCP 통신이 가능한지를 확인하는 명령	선택적
25	GET_ACTIVE_CAL_PAGE	0x09	25	슬레이브에서 현재 활성화된 캘리브레이션 페이지의 시작 주소를 마스터로 송신하는 명령	선택적
26	START_STOP_ALL	0x08	25	모든 DAQ 목록 전송을 정지하거나 시작하도록 하는 명령 지원 모드는 정지(Stop), 시작(Start)이 있음	선택적
27	DIAG_SEREVICE	0x20	500ms	슬레이브가 요청된 서비스를 수행하고, MTA0를 마스터가 요청한 진단 서비스 회신(diagnostic service return) 정보를 자동으로 업로드하기 위한 위치로 설정하는 명령	선택적
28	ACTION_SERVICE	0x21	5,000ms	슬레이브가 요청된 서비스를 수행하고 자동으로 MTA0을 마스터가 요청한 실행 서비스 회신(action service return) 정보를 업로드하기 위한 위치로 설정하는 명령	선택적

[11.4.2] 명령어 인터페이스의 예

마스터가 전송한 CRO를 슬레이브가 어떻게 해석해 적절한 DTO를 반환하는지 살펴보자. CCP 명령어 가운데 마스터가 특정 변수의 값을 요청하는 명령을 슬레이브에 전송했을 때, 슬레이브가 데이터를 반환하는 SHORT_UP(0x0F) 명령어를 사용해 이 과정을 알아보자. 우선 SHORT_UP 명령어 구조를 살펴보자. 첫 번째 바이트(Byte 0)에 SHORT_UP 명령어 코드(0x0F)가 있다. 두 번째 바이트(Byte 1)에는 명령어 카운터(CTR)가 있다. 세 번째 바이트(Byte 2)에는 요청할 데이터의 사이즈에 대한 정보, 네 번째 바이트(Byte 3)는 32비트보다 큰 주소를 사용할 경우에 대한 사용 여부, 마지막으로 다섯 번째 바이트(Byte 4)부터는 요청한 데이터의 주소가 있다. 이것을 정리하면 표 11-5와 같다.

표 11-5 SHORT_UP 명령의 CRO 구조

바이트	설명
0	명령어(CMD) 코드(SHORT_UP : 0x0F)
1	명령어 카운터(CTR)
2	데이터 사이즈(바이트 단위)
3	주소 확장 여부
4:7	데이터 위치 주소

예를 들어 주소를 확장하지 않고(Address Extension = 0x00) 4바이트 크기를 사용하는 ulGlobalVariable 변수(주소: 0xAFE0123C)의 주소를 81번째(Hex : 0x51) CRO에 실어서 데이터를 요청한다고 하자. 이때는 마스터가 요청할 데이터의 시작 주소와 사이즈를 표 11-6과 같은 CRO에 실어 슬레이브에 전송한다.

표 11-6 SHORT_UP 명령의 CRO 예(MSB First)

바이트 0	바이트 1	바이트 2	바이트 3	바이트 4	바이트 5	바이트 6	바이트 7
0x0F	0x51	0x04	0x00	0xAF	0xE0	0x12	0x3C

SHORT_UP 명령어가 담긴 CRO를 수신한 슬레이브는 CRO를 해석해 마스터가 원하는 ulGlobalVariable 변수의 값을 읽어서 표 11-7의 DTO에 실어서 반환한다. DTO를 살펴보면, 첫 번째 바이트(Byte 0)는 CRM-DTO을 의미하는 패킷 지시자(0xFF)를 저장하고, 두 번째 바이트(Byte 1)에 오류코드(정상 상태, Normal Status: 0x00)를 담는다. 세 번째 바이트(Byte 2)는 수신한 CRO의 명령어 카운터를 네 번째 바이트(Byte 3)부터는 요청한 데이터 값을 저장한다.

표 11-7 SHORT_UP 명령의 DTO 구조

바이트	설명
0	패킷 지시자(0xFF)
1	명령어 반환 코드(0x00)
2	명령어 카운터(CTR)
3:7	요청한 데이터(단위: 바이트)

만약 수신한 CRO에서 요청한 주소 0xAFE0123C에 있는 변수 ulGlobalVariable
의 4바이트 값이 0xAA55BB66이었다면 표 11-8과 같은 DTO를 전송한다.

표 11-8 SHORT_UP 명령의 DTO 예(MSB First)

바이트 0	바이트 1	바이트 2	바이트 3	바이트 4	바이트 5	바이트 6	바이트 7
0xFF	0x00	0x51	0xAA	0x55	0xBB	0x66	--

11 5 오류 처리

슬레이브의 상태는 DTO 오류코드[ERR Byte]에 반영돼 마스터에게 전달되며, 그
림 11-9는 오류 종류에 대한 슬레이브의 상태전이를 나타낸다(콜드 스타트와 웜
스타트에 대해서는 뒤에 나오는 박스를 읽어보자).

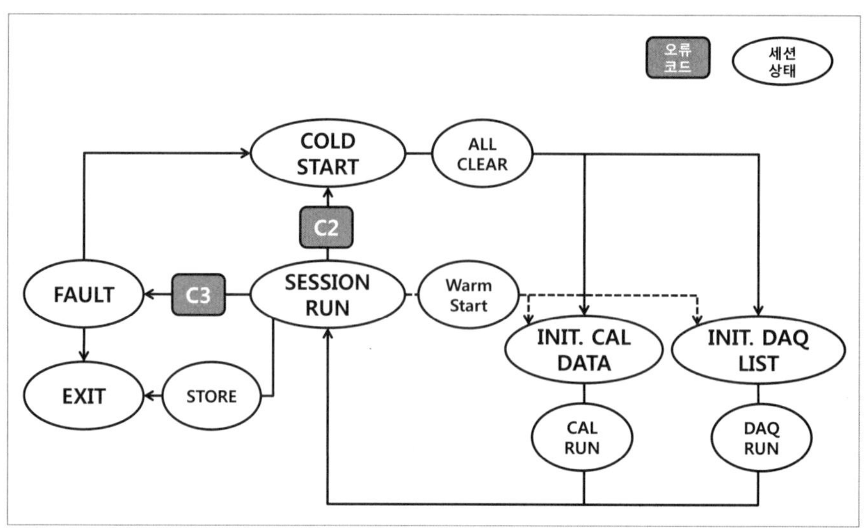

그림 11-9 CCP 오류 처리도

오류 종류는 C0부터 C3까지 있다. 오류 C0은 경고로서 이 오류에 대해 슬레이브는 어떠한 반응도 하지 않는다. 마스터는 C1 오류가 발생하면 CCP 명령어 표에 명기된 타임아웃 시간 동안 대기하고 나서 2회 더 재전송을 시도한다 (표 11-10). 오류 C2는 일시적 셧다운이나 플래시 리프로그래밍이 실패했을 때로, 다시 논리적 연결을 설정해 통신을 재개할 수 있다. 하지만 알 수 없는 명령어, 명령어 구문 에러, 메모리 영역 범위를 벗어나 읽거나 쓰려고 했을 때 C3 오류가 발생한다. 마스터는 C3 오류가 발생하면 통신 연결을 종료한다. 자세한 오류코드와 종류는 표 11-9를 참조하자.

표 11-9 오류코드

코드	오류종류	상태전이	설명
0x00	–	–	정상인식 / 정상상태
0x01	C0	–	DAQ 프로세서 과부하(콜백 태스크에서 처리)
0x10	C1	NONE (대기)	CMD 프로세서 바쁨
0x11	C1	NONE (대기)	DAQ 프로세서 바쁨
0x12	C1	NONE (대기)	슬레이브 내부 타임아웃

(이어짐)

코드	오류종류	상태전이	설명
0x18	C1	NONE	Seed Key 요청(GET_SEED)
0x19	C1	NONE	현재 세션상태 요청(GET_S_STATUS)
0x20	C2	COLD START	콜드 스타트 요청(메모리 접근 오류)
0x21	C2	CAL. INIT	캘리브레이션 데이터 초기화
0x22	C2	DAQ INIT	DAQ 목록 초기화
0x23	C2	COLD START	코드 업데이트 요청(리프로그램 오류)
0x30	C3	FAULT	알 수 없는 명령어(Unknown Command)
0x31	C3	FAULT	명령어 구문 오류(Command Syntax Error)
0x32	C3	FAULT	매개변수 범위 초과(Parameter Out of Range)
0x33	C3	FAULT	메모리 영역 접근 취소(Access Denied)
0x34	C3	FAULT	과부하(Overload)
0x35	C3	FAULT	보호 영역 접근 금지(Access Locked)
0x36	C3	FAULT	자원, 기능 비활성

표 11-10은 슬레이브가 전송한 오류코드에 대한 마스터의 동작이다.

표 11-10 오류에 대한 마스터 동작

종류	동작	재시도 횟수	설명
타임아웃	재시도(Retry)	2	메시지 전송하지 않음
C0	–	–	경고
C1	대기(ACKor timeout)	2	BUSY 상태
C2	재초기화(Reinitialize)	1	COLD START
C3	종료(Terminate)	–	EXIT

콜드 스타트와 웜 스타트

1. 콜드 스타트

시스템 정지 이전 동작에 대한 어떠한 처리 과정 없이 시스템 초기 상태에서 스타트업하는 동작이다(CCP에서는 논리적 연결을 위해 CONNET 명령어를 다시 발행하는 동작).

2. 웜 스타트

시스템 셧다운을 하고 나서 재개 동작을 시작할 때 시스템에서 동작하고 있던 애플리케이션은 데이터를 손실하지 않고 셧다운이 발생한 시점에서 다시 스타트업한다.

[11.6.1] 초기화

범용적인 모니터 프로그램(마스터)은 그림 11-10과 같은 순서로 초기화[Cold Start]를 진행한다. 모니터 프로그램은 ECU(슬레이브)의 슬레이브 이름[Station Address]을 사용해서 CONNECT 명령어를 ECU에 전송한다. 만약 ECU의 슬레이브 이름이 모니터 프로그램이 전송한 슬레이브 이름과 일치한다면 ACK 신호가 적재된 CRM-DTO를 반환한다. 다음 단계로 모니터 프로그램은 GET_CCP_VERSION 명령어를 발행해 현재 ECU의 CCP 버전 정보를 요청하고, ECU는 구현된 CCP 드라이버의 CCP 버전 정보를 전송한다(V2.0 또는 V2.1). 버전 확인이 완료된 후 모니터 프로그램은 세션을 구성하려고 EXCHANGE_ID 명령어를 발행한다. 명령어를 수신한 ECU는 슬레이브 ID 이름[Station ID Name]의 길이를 반환하고 MTA0[Message Transfer Address 0]에 스테이션 ID 이름의 주소를 설정한다. 초기화 마지막 단계로 모니터 프로그램은 스테이션 ID의 전체 이름[Full name]

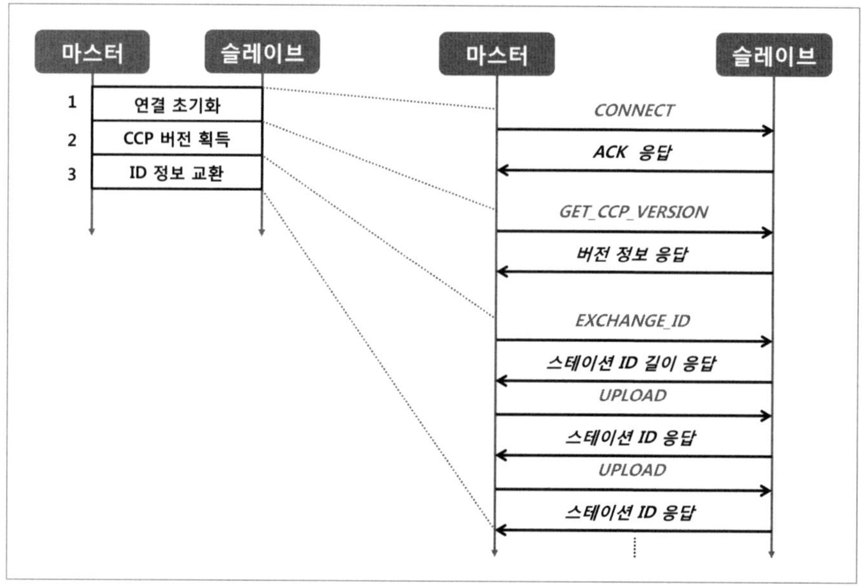

그림 11-10 통신 초기화 순서

을 EXCHANGE_ID 명령의 반환 값으로 수신한 스테이션 ID 이름 크기만큼 UPLOAD 명령어를 통해 요청하고 ECU는 DTO를 전송해 초기 연결 과정을 마친다.

[11.6.2] DAQ 초기화 및 데이터 측정

범용 모니터 프로그램(마스터)이 데이터 측정 기능을 지원한다면, 먼저 ECU(슬레이브) 데이터베이스 파일(A2L 파일)을 기반으로 설정된 모니터 프로그램은 ECU에 각 DAQ 목록의 크기를 요청한다(이 예에서는 DAQ 목록이 2개라고 가정한다). 모니터 프로그램이 측정을 요청하기에 충분한 DAQ 목록의 개수와 크기를 가진 것으로 판단하면, SET_DAQ_PTR 명령어를 이용해 어떤 DAQ 목록에 어떤 ODT 엘리먼트가 기록돼야 하는지 선택한다. 다음 단계는 WRITE_DAQ 명령을 발행해 ECU가 측정할 데이터의 메모리 주소를 선택된

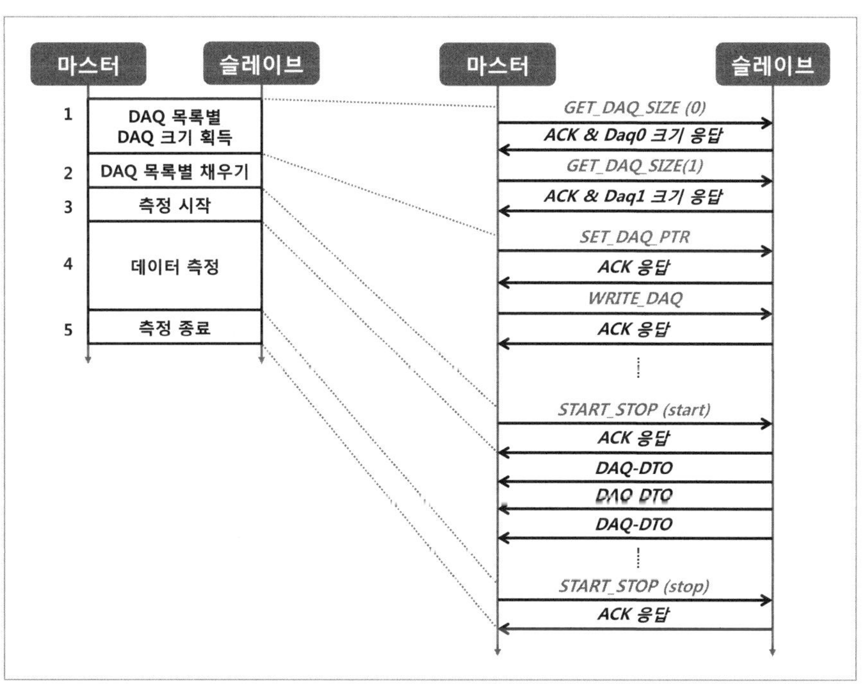

그림 11-11 데이터 측정 순서

엘리먼트에 할당할 수 있도록 해 측정을 위한 준비를 마친다. 전송 준비를 완료한 ECU는 START_STOP 명령어의 시작 모드를 수신한 후 전송을 시작한다. ECU는 모니터 프로그램에서 START_STOP 명령의 정지 모드가 발행되기 전까지 그림 11-11의 4번 영역과 같이 데이터를 주기적 또는 이벤트마다 전송한다.

[11.6.3] 캘리브레이션 초기화

범용 모니터 프로그램(마스터)은 ECU(슬레이브)의 작업^{Working} 및 참조^{Reference} 페이지의 이미지를 A2L 및 HEX 파일을 사용해 범용 모니터 프로그램이 설치되니 PC의 하드 디스크에 저장해 슬레이브의 작업 페이지와 참조 페이지를 확인한다. 범용 모니터 프로그램은 작업 페이지와 참조 페이지를 캘리브레이션이 진행중인 상황에서도 자유롭게 전환할 수 있지만, 그림 11-12와 같이 캘리브레이션 작업은 모니터 프로그램과 ECU의 작업 페이지에서만 가능하다. 캘리브레이션이 완료된 후 작업 페이지의 정보를 참조 페이지로 옮기는 작업은 STORE 비트를 활성화하거나 MOVE 명령어를 발행해 복사할 수 있다.

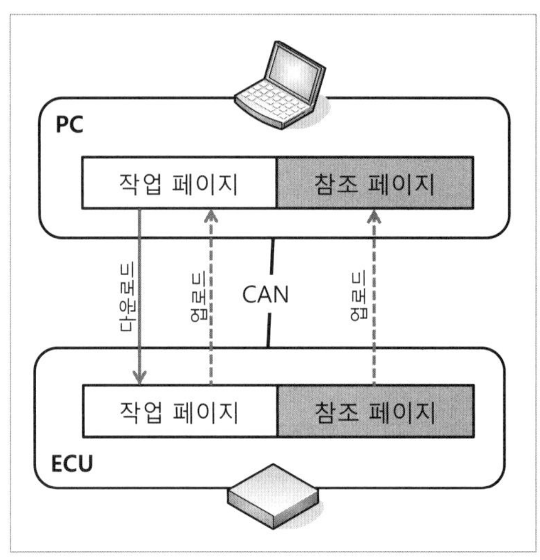

그림 11-12 캘리브레이션 작업영역

범용 모니터 프로그램(마스터)이 데이터 캘리브레이션 기능을 지원한다면, 먼
저 ECU(슬레이브) 데이터베이스 파일(A2L 파일)을 기반으로 설정된 모니터 프로
그램은 ECU에 현재 세션 상태 정보를 요청한다. 이어서 만약 캘리브레이션이
활성화 상태라면 비활성화 상태로 전환을 요청한다. 그리고 캘리브레이션을
요청할 작업 페이지와 참조 페이지를 ECU의 어느 메모리에 할당할지를 SET_
MTA 명령어를 이용해 선택한다. 다음 단계는 BUILD_CHECKSUM 명령을 발
행해 PC와 ECU가 각각 보유하고 있는 작업 페이지와 참조 페이지의 데이터
정보가 일치하는지 확인한다. 만약 일치하지 않는다면 범용 모니터 프로그램
은 페이지 정보를 내려받을 수 있는 기능을 지원해야 한다. 데이터 정보가 일
치하는 것으로 모니터링 프로그램이 판단하면 SELECT_CAL_PAGE 명령으로
작업 페이지와 참조 페이지 중 한 페이지를 선택해 캘리브레이션 준비를 마친
다. 캘리브레이션 준비가 완료되면 그림 11-13의 5번과 같이 SET_S_STATUS

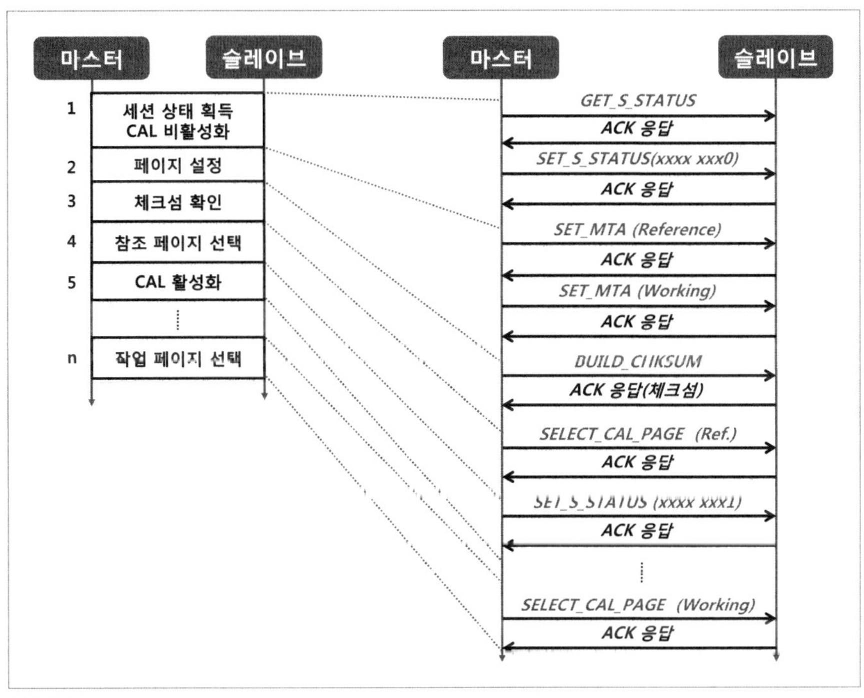

그림 11-13 캘리브레이션 순서

명령을 발행해 캘리브레이션 기능을 활성화한다.

[11.6.4] 드라이버 구현의 예

ECU의 CCP 드라이버를 구현할 경우, CAN 메시지를 수신할 수 있고 CAN을 통해 CCP의 정보를 전송할 수 있는 물리 계층 CAN 드라이버를 먼저 구현해야 한다. 구현된 CAN 드라이버는 CCP 드라이버와 인터페이스가 가능해야 하며, 수신한 CAN 메시지의 메시지 지시자를 이용해 CCP용 CAN 정보와 일반 애플리케이션용 CAN 정보를 구분해 각 드라이버에 정보를 전달해야 한다. 그림 11-14는 CCP 드라이버가 CAN 메시지 수신에 필요한 기능을 묘사한 것이다.

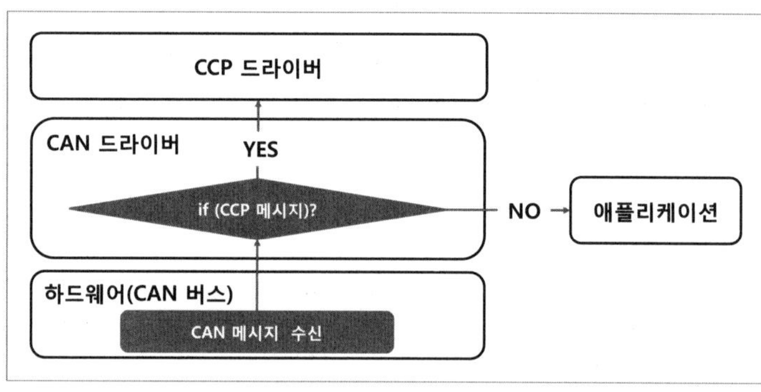

그림 11-14 CCP 드라이버 수신단

CCP 드라이버의 송신단도 수신단과 마찬가지로 CAN 드라이버와 인터페이스가 가능해야 하며, CCP 드라이버에서 CCP CAN 메시지를 전송하려면 CAN 드라이버의 메시지 전송 API를 호출해야 한다. 그리고 CAN 드라이버는 CCP CAN 메시지가 성공적으로 전송을 완료했다는 정보를 CCP 드라이버에 알려줘야 한다. 그래서 전송 완료 정보를 수신한 CCP 드라이버가 CAN 전송 API를 호출해 다른 CCP CAN 메시지를 전송할 수 있어야 한다. 그림 11-15는 CCP 드라이버 송신단이다.

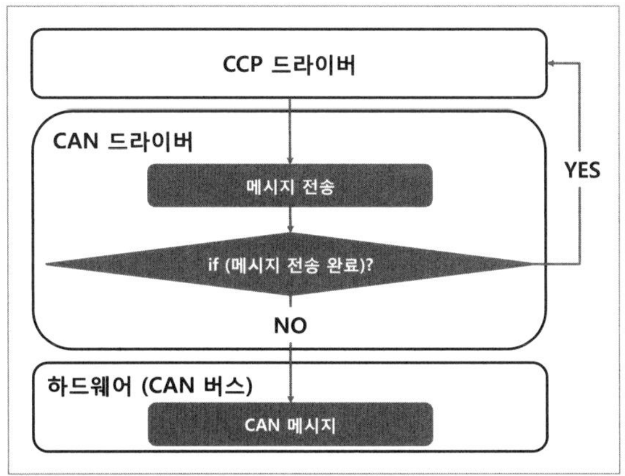

그림 11-15 CCP 드라이버 송신단

ECU CCP 드라이버 송신단과 수신단의 송수신 방식은 스케줄러에서 모든 동작을 관리하는 콜링 방식과 일정 작업량을 하드웨어에서 처리하는 인터럽트 방식으로 구현힐 수 있으며, 시스템 부하를 고려해 구현해야 한다.

참고도서와 문헌, 인터넷 자료

■ 참고문헌

Can Calibration Protocol V.2.1 Specification, H. Kleinknecht, ASAP, February, 1999(국제표준)

INCA Getting Start V6.2, ETAS GmbH, 2008

Introduction To CAN Calibration Protocol V.2.0, Kim Lemon, Vector CANtech Inc., February, 2003

KWP2000

이 장에서는 자동차의 고장진단에 사용되는 프로토콜인 KWP2000에 대해 알아본다.

12 1 KWP 2000 등장 배경

OBD^{On-Board Diagnostics}는 차량의 상태를 차량 스스로 진단하고 결과를 통보하는 기능을 총칭하는 용어다(OBD의 탄생 배경은 1장 참조). 초기 OBD 버전은 자동차에 문제가 생겼을 때 그 상황을 고장 램프^{MIL, Malfunction Indication Lamp}로 알려 주는 수준이었다. 현재는 OBD II가 표준화돼 사용되고 있다.

대시 보드의 고장등에 불이 들어온 경우, 운전자는 차량을 정비소에 입고해 정비 받아야 한다. 제어기에서 진단한 고장 내용을 정비소 직원이 확인하려면, 정비소에서 사용하는 장비와 차량에 탑재된 제어기 간에 통신을 해야 한다. 이때 차량 제어기와 정비소의 장비는 통신 프로토콜 KWP2000^{Keyword Protocol 2000}로 통신한다.

OBD 역사

배기가스 제어 시스템 장착의 의무화를 시작으로 CARB에서는 차량에서 배출되는 배기가스를 규제했다. 이때부터가 OBD의 시작이라고 볼 수 있다. OBD의 간략한 역사는 표 A와 같다.

표 A OBD 역사

연도	주요 사건
1960년대 말	CARB(캘리포니아 대기 자원국)는 LA 지역의 심각한 대기 문제의 대응책으로 1966년 차량 모델부터 배기가스 제어 시스템 장착을 의무화했다.
1969년	폴크스바겐에서 스캔 기능의 온보드 컴퓨터 시스템을 최초로 소개했다.
1975년	연료 주입 시스템에 실시간 제어 시스템이 필요했던 닛산은 표준이 정해지지 않는 상태에서 무엇을 감시하고 어떻게 보고할지에 대한 단순한 OBD를 상용차(DATSUN 280Z)에 구현했다.

연도	주요 사건
1980년	GM은 차량 조립 공정에서 ECM(Engine Control Module) 검증용의 인터페이스와 프로토콜인 ALDL(Assembly Line Diagnostic Link)을 구현했다. 이는 GM 내부적인 표준으로 OBD-I이라 불렸지만, 기술표준은 정하지 못했다. 매우 적은 차량 검증용으로 오직 GM 공장 내에서 사용된 ALDL은 160 버드 레이트 속도로 PWM 신호를 사용했다. 이와는 별도로 캐딜락 모델에는 고장 코드, 액추에이터 테스트, 센서 데이터를 제공하는 OBD를 장착했다.
1986년	GM은 반이중 통신방식(Half-Duplex)의 UART 신호를 사용하고 속도를 8192 버드 레이트로 한 단계 진화시킨 ALDL 프로토콜을 발표했다.
1987년	CARB에서 1988년부터 생산되고 캘리포니아에서 판매되는 모든 차량에 OBD-I이라 불리는 OBD 기능 포함을 의무화했다. 하지만 커넥터 형태나 데이터 프로토콜은 표준으로 정하지 못했다.
1988년	SAE는 표준화한 진단통신 신호방식과 커넥터 표준안을 제시했다.
1991년	CARB는 캘리포니아에서 팔리는 모든 차량에 기본적인 OBD 기능을 장착하는 법률을 제정했다. OBD-I로 불리는 이때의 OBD는 프로토콜뿐만 아니라 커넥터, 커넥터 위치가 표준으로 규정되지 않았다.
1994년	미국 전역에서 추진된 배출 테스트 프로그램이 동기가 돼 CARB는 1996년 이후 캘리포니아에서 판매되는 모든 차량에 장착해야 하는 OBD-II 표준을 발표했다. 이 표준은 SAE에서 제안한 DTC(Diagnostic Trouble Code) 코드와 커넥터 표준안을 포함하고 있다.
1996년	OBD-II는 미국에서 팔리는 모든 차량에 의무적으로 적용하도록 법제화했다.
2001년	유럽연합(EU)는 유럽연합 내에서 팔리는 모든 M1(승객 8명 이하, 차량 무게 2,500Kg 이하) 가솔린 차량에 OBD-II를 개선한 EOBD(European OBD) 장착을 의무화했다(디젤 차량은 2004년 이후 적용됐다).
2008년	미국에서 팔리는 모든 차량에 ISO15765-4(Diagnostic on CAN part4) 표준 구현을 의무화했다. EPAO(Environmental Protection Administration Office)는 2008년 7월 1일까지 중국에서 생산된 경차에 OBD 기능 구현을 의무화했다.
2010년	미국에서 팔리는 지정된 상업용 엔진에 대해 HDOBD(Heavy Duty OBD) 구현을 의무화했다.

OBD의 인터페이스는 표 B의 과정을 통해 발전했다. 초기 OBD-I의 시초가 된 GM의 ALDL은 커넥터 핀 아웃과 통신 속도(160, 8192 baud-rate) 등 약간의 차이를 보이는 여러 버전이 있었다.

표 B OBD 인터페이스 역사

버전	설명
OBD-I	OBD-I을 법률화한 의도는 자동차 생산업체가 신뢰성 있는 배기 제어 시스템(Emission Control System) 개발을 촉진하게 하기 위해서였다. 하지만 OBD-I은 표준화되지 않은 진단 정보의 전달, 구현의 기술적 어려움 때문에 궁극적으로 실패했다.
OBD-1.5	1994년과 1995년 사이 GM의 몇몇 자동차에 적용한 OBD-1.5는 OBD-II가 표준화되기 전에 OBD-II 일부분을 구현 적용했다. 커넥터는 총 16핀으로 구성됐으며, 핀 모양은 본문의 그림 12-1과 같다. OBD-1.5(ALDL)의 9번 핀은 데이터 라인, 4번과 5번 핀은 그라운드(GND), 16번 핀은 배터리 전원으로 사용한다. OBD-1.5 표준에 기반을 둬 생성된 코드를 취득하려면 추가 검증장비가 필요했다. PCM(Power-Train Control Module), CCM(Chassis Control Module), 에어백 시스템, 타이어 압력 경고등 진단 데이터 전송용이 있다.
OBD-II	OBD-II는 진단 능력과 표준화 면에서 OBD-I을 개선했다. OBD-II 표준은 진단 커넥터, 핀 모양, 프로토콜 신호, 메시지 포맷을 명확하게 기술했다. 기존에 별도로 검증장비에 전원을 인가했던 방식과는 다르게 커넥터의 특정 핀을 통해 자동차 배터리의 전원을 공급받는 방식으로 표준화했다. OBD-II 표준은 DTC 코드 리스트를 추가로 표준화했다. 이 표준화 결과로 검증장비에서 자동차의 종류에 관계 없이 ECU로 진단정보를 요청할 수 있게 됐다. 참고로 DTC 코드는 아래와 같이 5개의 캐릭터로 구성됐다.

DTC 코드의 5개 캐릭터

1	2	3	4	5
시스템 명칭	DTC 종류	서브 시스템	결함 명	
P	1	1	0	1

1) 시스템 명칭
   P: 파워트레인
   B: 보디
   C: 섀시
   U: 미지정

2) DTC 종류
   0: 표준 명세
   1: 제조자 정의 명세

3) 서브 시스템
   1: 연료 혹은 공기/연료
   2: 연료제어 - 인젝터
   3: 시동 혹은 실화
   4: 배기 제어
   5: 엔진/차량 속도
   6: 마이크로프로세서
   7: 변속기
   8: 변속기
   9: SAE 지정
   0: SAE 지정

4) 결함 명

자동차 정비소에서 사용하는 진단장비와 차량이 통신히기 위한 통신 포트를 흔히 DLC라 한다. 이 커넥터는 SAE J-1962 표준으로 정해져 있다. 커넥터는 총 16개의 핀(2x8)으로 구성돼 있으며, 운전석 왼편을 살펴보면 이 커넥터를 확인할 수 있다(그림 12-1 참조).

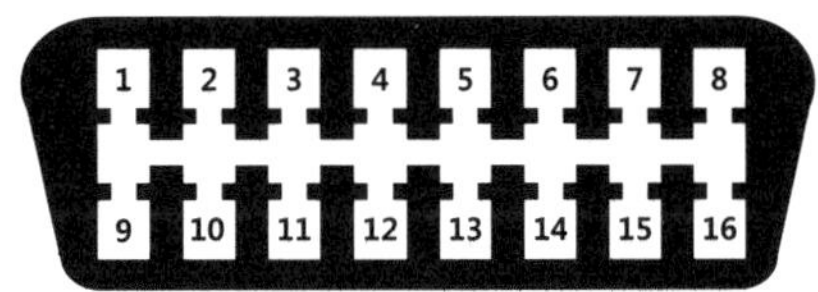

그림 12-1 DLC 커넥터 위치 및 DLC 핀 구조(우)

DLC 핀의 자세한 구성은 표 12-1과 같다.

표 12-1 DLC 핀 구성

핀 번호	설명	핀 번호	설명
1	GM SAE-J2411 싱글 와이어 CAN	9	-
2	버스 포지티브(BUS Positive) (SAE-J1850, GM, 포드)	10	버스 네거티브(BUS Negative) (SAE-J1850, 포드)
3	-	11	-
4	배터리 접지(새시)	12	
5	신호 접지	13	-
6	CAN-H (ISO 15765-4, SAE-J2284)	14	CAN-L (ISO 15765-4, SAE-J2284)
7	K 라인(ISO 9141-2, ISO 14230-4)	15	L 라인 (ISO 9141-2, ISO 14230-4)
8	-	16	배터리 전압

DLC를 사용해 차량용 제어기와 통신하는 방법은 VPW-PWM(SAE-J1850), CAN(ISO 15765), K-라인 또는 L-라인(ISO 14230) 방식으로 나눌 수 있다. 북미 지역에서는 2008년 차량부터 CAN 방식을 사용하도록 규정하고 있다. 뒤에서 다시 설명하겠지만 OBD-II를 구현할 때 OSI 계층을 기준으로 물리 계층과 데이터링크 계층은 CAN을, 애플리케이션 계층은 KWP2000(ISO 14230)을 사용해 구현한다.

OBD-II 인터페이스에서 승인한 통신 프로토콜 방식은 5가지가 있다. 대부분 차량은 한 가지 통신방식을 적용해 OBD 환경을 구축하지만, 검증 장비는 DLC 핀의 신호선을 감지해 진단 데이터를 취득해야 하므로 모든 통신방식을 지원해야 한다. 주로 이용하는 프로토콜은 표 12-1의 DLC 핀 구성에서 보듯이 3개 정도다. 지금부터는 각 통신 프로토콜 표준에 대해 간단히 설명한다.

[12.2.1] SAE-J1850

이 프로토콜은 SAE에서 제시한 표준으로 아래와 같이 2가지로 구분할 수 있다. 다중 마스터 통신 방식을 사용하기 때문에 메시지 충돌을 방지할 목적으로 CSMA/NDA 버스 컨트롤 방식을 사용한다.

- SAE-J1850PWM^{Pulse Width Modulation}

  포드에서 진단 통신 프로토콜 표준으로 사용했던 프로토콜로, 다중 마스터 통신을 지원하는 인터페이스 표준이다. 메시지는 DLC 라인 2개를 통해 차동 신호로 전송하며 비트 '1'은 5V로, 비트 '0'은 0V로 표현한다.

  - DLC 핀: 2(Bus +), 10(Bus -)

  - 메시지 길이: 12바이트(CRC포함)

  - 전송 속도: 41.6Kbps

- SAE-J1850VPW^{Variable Pulse Width}

GM에서 진단통신 프로토콜 표준으로 사용했던 프로토콜로 다중 마스터 통신을 지원하는 인터페이스 표준이다. VPW 프로토콜은 1개 라인만 사용하며 버스는 기본적으로 Low 상태다. 3.5V를 기준으로 비트 '1'은 7V로 표현한다.

- DLC 핀: 2(Bus +)

- 메시지 길이: 12바이트(CRC 포함)

- 전송 속도: 10.4Kbps, 41.6Kbps

PWM과 VPW는 거의 유사하지만 사용 데이터 라인의 개수에서 차이가 난다. 가장 큰 차이점은 데이터 인코딩에서 찾을 수 있다. PWM은 한 비트를 표현할 목적으로 '1'을 의미하는 신호를 High인지 Low인지로 표현하는 데 반해, VPW는 신호 변화 후 정해진 시간만큼 High 또는 Low일 때 '1'을 표현하다.

[12.2.2] ISO 15765(SAE-J2234, Diagnostic on CAN)

다른 OBD 프로토콜과는 다르게 자동차 산업 외에서도 사용하는 프로토콜이다. 여러 통신 방식을 사용하더라도 1996년 이후 미국에서 팔리는 모든 차량에 의무적으로 적용한 OBD-II를, 2008년 이후 생산되고 판매되는 모든 차량에 CAN 방식만을 사용하게 의무화한 프로토콜이다. CAN 통신에 대한 상세한 내용은 CAN 장을 참조하기 바란다.

- DLC 핀: 6(CAN-H), 14(CAN-L)
- 전송 속도: 250Kbps, 500Kbps

[12.2.3] ISO 14230(ISO 9141)

멀티 마스터 통신 프로토콜로 RS-232와 비슷한 비동기 직렬 통신 방식이다. 하지만 신호 레벨과 신호 전송방식에서 RS-232와 차이가 난다. 검증 장비가 버스에 연결되면 노드 추가로 인식해 통신한다.

- ISO 9141

  이 프로토콜은 주로 미국의 크라이슬러와 유럽, 일본에서 사용했다.

  - DLC 핀: 7(K 라인), 15(L 라인, 선택적)
  - 메시지 길이: 12바이트(CRC 포함)

- ISO 14230(KWP2000)

  KWP2000으로도 불리는 이 프로토콜은 기본적인 네트워크 모델인 OSI 7계층을 기초로 해서 개발됐다. ISO 14230의 물리 층은 ISO 9141-2와 동일하다.

  - DLC 핀: 7(K 라인), 15(L 라인, 선택적 웨이크업)
  - 전송 속도: 10.4Kbps
  - 메시지 길이: ≥255바이트

12.3 KWP2000의 구조

OSI 모델 표준 7 계층 중 KWP 2000 표준에서 정의한 Part 4개 중 물리 층, 데이터 링크 층, 애플리케이션 층이라는 3개 층을 표 12-2와 같이 정의한다.

표 12-2 OSI 계층으로 바라본 KWP 2000 구조

계층	OSI 모델	설명	KWP 2000 표준 관련 하위 계층
7	애플리케이션	작동중인 사용자 프로그램	서비스 정의
			구현
6	프리젠테이션	데이터 포맷 규정	없음
5	세션	메시지 데이터 순차 처리 기술	
4	전송	메시지와 패킷 간 변환 작업 (재전송, 오류 복구)	
3	네트워크	데이터 전송 방법 (라우팅, 어드레싱)	
2	데이터 링크	데이터 비트 정렬과 패킷 조직 (체크섬, 프레이밍)	통신
1	물리	신호 해석 물리적 특징 기술	물리 계층

[12.3.1] KWP 2000 – 파트 1

이 파트는 진단 서비스 물리 계층을 설명한다. ISO 9141-2를 기반으로 생성됐지만 ISO 9141에서 허용되지 않았던 12V, 24V 전원을 허용한다. 이 문서에서는 진단, 테스트, 유지보수를 목적으로 하는 한 라인[K Line only] 통신만을 규정하고 있다.

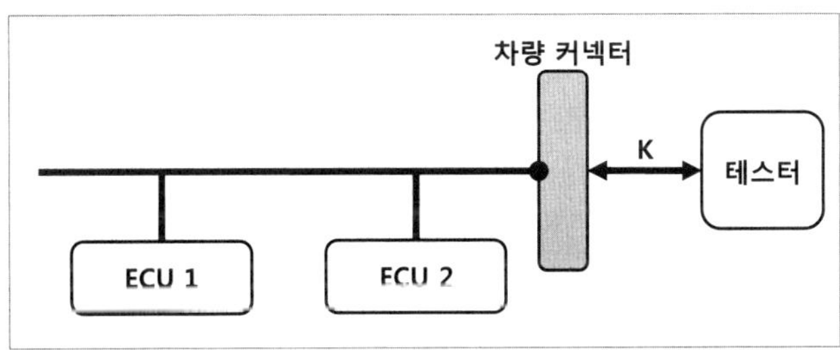

그림 12-2 KWP2000 시스템 토폴러지

신호의 비트 인코딩은 NRZ 방식을 사용해 24V 시스템에서 50%(12V)를 기준으로 상위 레벨은 로직 '1'로, 하위 레벨은 로직 '0'으로 간주한다. 그리고 신호 공백을 30(7.2V)~70%(16.8V)로 규정하고 있어 이 범위 내의 신호는 '1' 또는 '0' 어떤 값으로 판단할지 알 수 없다. 말하자면 허용 범위는 로직 '1'은 70(16.8V)~100(24V)로 로직 '0'은 0(0V)~30%(7.2V)다.

이 파트는 테스터와 커넥터 간의 K 라인 연결만을 정의한다. 아울러 그림 12-2와 같이 다중통신 버스 구조를 지원하는 시스템 토폴러지 구성에 필요한 버스 관리, 버스 중재는 KWP 2000 표준에서 정의하지 않는다. 버스 관리에 관한 책임은 제조사에 맡기고 있다는 뜻이다.

[12.3.2] KWP 2000 - 파트 2

이 파트는 직렬 데이터로 연결된 자동차 ECU의 진단 기능을 조정할 수 있도록 테스터 장비에 허용된 진단 서비스(전자연료 주입, 자동 기어박스, ABS)를 규정한다. 그리고 에러 처리와 통신 관리, 세션 관리에 필요한 통신 서비스, 진단 서비스 구현에 필요한 규정을 정의한다. 하지만 진단 서비스 구현에 관한 사항은 정의하지 않았다.

이 파트에서 규정하고 있는 메시지 구조는 그림 12-3과 같이 헤더, 데이터, 체크섬 영역으로 나뉜다. 헤더, 체크섬의 용도와 구조에 대해 이 파트에서 정의하고, 데이터 영역에 대해서는 ISO 14230 파트 3에서 정의하고 있다. 메시지 구조에 대해 간략하게 살펴보자. 타깃에는 이 메시지를 받는 ECU를, 소스는 메시지를 전송하는 테스터의 ID를 저장한다. 길이에는 뒤에 오는 데이터의 길이를, SID에는 KWP2000에서 사용하는 서비스 ID를(서비스 ID는 파트 3를 참조한다), 데이터에는 SID와 관련된 데이터가 저장되며, 마지막으로 헤더와 데이터 바이트에 대한 체크섬이 저장된다.

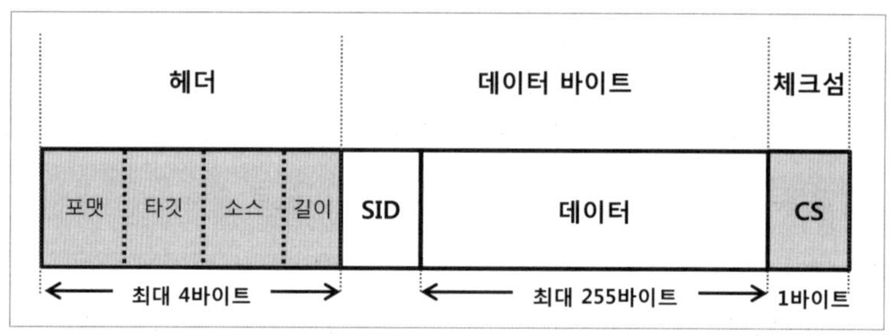

그림 12-3 KWP2000 메시지 구조

그림 12-4와 같이 정상 동작 시의 타이밍에 대해서도 정의하고 있다. 진단 테스터 장비와 ECU는 데이터 링크 층 표준에서 설명한 통신 프로토콜과 초기화 방식을 지원해야 한다고 명확하게 기술하고 있다.

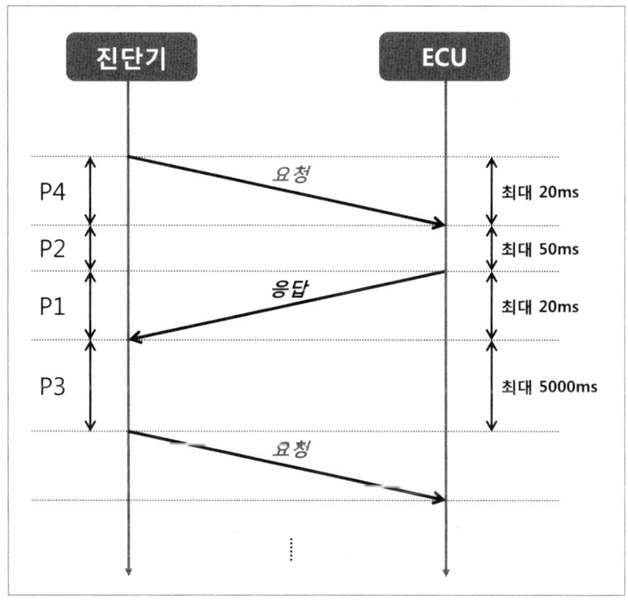

그림 12-4 정상동작 시 타이밍

[12.3.3] KWP 2000 – 파트 3(구현)

파트 3에서는 파트 2에서 정의한 메시지를 사용해 제공해야 하는 서비스를 정의하고 있다. 테스터와 ECU가 교환하는 메시지의 종류는 크게 요청 메시지^{Request message}(표 12-3), 정상 응답 메시지^{Positive response message}(표 12-4), 오류 응답 메시지^{Negative response message}(표 12-5)로 나뉜다.

종류	매개변수 이름	*)	16진수 값	기호
헤더 바이트	포맷 바이트 타깃 바이트 소스 바이트 길이 바이트	M C1) C1) C2)	xx xx xx xx	FMT TGT SRC LEN
〈Serviceld〉	〈Service Name〉 Request Service Identifier	M	xx	SN
〈ParameterType〉 : 〈ParameterType〉	〈List of parameters〉 = (　〈Parameter Name〉 　: 　〈Parameter Name〉)	C3)	xx = (xx : xx)	PN
CS	Checksum Byte	M	xx	CS

표 12-4 정상 응답 메시지

종류	매개변수 이름	*)	16진수 값	기호
헤더 바이트	포맷 바이트 타깃 바이트 소스 바이트 길이 바이트	M C1) C1) C2)	xx xx xx xx	FMT TGT SRC LEN
〈Serviceld〉	〈Service Name〉 Positive Response Service Identifier	M	xx	SNPR
〈ParameterType〉 : 〈ParameterType〉	〈List of parameters〉 = (　〈Parameter Name〉 　: 　〈Parameter Name〉)	C3)	xx = (xx : xx)	PN
CS	Checksum Byte	M	xx	CS

표 12-5 오류 응답 메시지

종류	매개변수 이름	*)	16진수 값	기호
헤더 바이트	포맷 바이트 타깃 바이트 소스 바이트 길이 바이트	M C1) C1) C2)	xx xx xx xx	FMT TGT SRC LEN
〈ServiceId〉	NegativeResponse Service Identifier	M	xx	NACK
〈ServiceId〉	〈Service Name〉Request Service Identifier	M	xx	SN
〈ParameterType〉	responseCode=〔 KWP2000ResponseCode, manufacturerSpecific 〕	M	xx=〔 00-7F, 80-FF 〕	RC
CS	Checksum Byte	M	xx	CS

*) = 규약

C1) 조건 1: 파드 2에서 정의한 포맷 바이트에 따라서 타깃, 소스 헤더 바이트가 달라진다. 메시지에 따라서 타깃과 소스가 있거나 없을 수노 있나.

C2) 조건 2: 파트 2에서 정의하고 있는 포맷 바이트에 따라서 길이 헤더 바이트가 달라진다.

C3) 조건 3: 개별 메시지에 따라서 이 매개변수는 필수(M, mandatory)나 선택(U, optional)일 수 있다.

표 12-3에서 표 12-5까지 정의하는 ServiceId는 KWP2000에서 제공하는 서비스를 나타낸다. ServiceId에 사용할 수 있는 값은 표 12-6과 같다. 맨 왼쪽 열은 진단 서비스 이름을 뜻한다. 중간 열은 서비스 요청에 사용하는 16진수 값을, 맨 오른쪽 열은 요청에 대한 정상 응답을 나타내는 16진수 값이다. 첫 번째 행인 startDiagnosticSession은 진단 통신 세션을 시작하는 서비스를 뜻한다. 서비스 요청 16진수 ID는 0x10이다. 이 요청을 정상적으로 수행했을 때 돌려주는 정상 응답 메시지 16진수 ID는 0x50이 된다.

진단 서비스 이름	KWP2000 구현	
	요청 16진수 값	응답 16진수 값
startDiagnosticSession	10	50
ecuReset	11	51
readFreezeFrameData	12	52
readDiagnosticTroubleCodes	13	53
clearDiagnosticInformation	14	54
readStatusOfDiagnosticTroubleCodes	17	57
readDiagnosticTroubleCodesByStatus	18	58
readEcuIdentification	1A	5A
stopDiagnosticSession	20	60
readDataByLocalIdentifier	21	61
readDataByCommonIdentifier	22	62
readMemoryByAddress	23	63
setDataRates	26	66
securityAccess	27	67
DynamicallyDefineLocalIdentifier	2C	6C
writeDataByCommonIdentifier	2E	6E
inputOutputControlByCommonIdentifier	2F	6F
inputOutputControlByLocalIdentifier	30	70
startRoutineByLocalIdentifier	31	71
stopRoutineByLocalIdentifier	32	72
requestRoutineResultsByLocalIdentifier	33	73
requestDownload	34	74
requestUpload	35	75
transferData	36	76
requestTransferExit	37	77
startRoutineByAddress	38	78
stopRoutineByAddress	39	79
requestRoutineResultsByAddress	3A	7A
writeDataByLocalIdentifier	3B	7B
writeMemoryByAddress	3D	7D

(이어짐)

진단 서비스 이름	KWP2000 구현	
	요청 16진수 값	응답 16진수 값
testerPresent	3E	7E
escCode (Not part of Diagnostic Services Specification; KWP 2000 only)	80	C0

KWP2000의 메시지 흐름이 어떻게 되는지 살펴보자. 일반적으로 메시지 흐름은 표 12-7과 같은 형태로 정리한다. 표 12-7의 맨 왼쪽 열은 내부 메시지 타이밍Inter-message timing을 나타낸다. 내부 메시지 타이밍은 KWP2000 파트 2에서 정의하고 있다. 메시지는 연관된 내부 메시지 타이밍 내에서 시작한다. 두 번째 열은 클라이언트(테스터)가 서버(ECU)에 전달하는 모든 요청을 나타내며, 마지막 열은 서버가 클라이언트에 보내는 모든 메시지를 나타낸다. 표 12-7은 P3일 때 클라이언트가 서버에게 Request[…]를 보내면, P2일 때 서버가 클라이언트에게 PositiveResponse[…]를 전송하는 상황을 보여준다.

표 12-7 메시지 흐름

시간	클라이언트(테스터)	서버(ECU)
P3	〈Service name〉Request[…]	
P2		〈Service name〉 Positive Response[…]

12 4 KWP 2000 구현 방법

KWP 2000을 규정한 ISO 14230은 총 4개의 장으로 구성됐다. 파트 1은 물리 계층, 파트 2는 데이터 링크 계층, 파트 3은 구현, 파트 4는 배출과 관련된 시스템에서 요구사항을 설명하고 있다. CAN을 기반으로 설명하기 때문에 스펙의 1장과 2장은 참조할 필요가 없으며, 구현에 해당하는 파트 3과 파트 4(CARB 구현 시)를 실제 업무에서 참조해 구현하면 된다.

[12.4.1] 소프트웨어 구조

KWP2000을 사용해 OBD II에 대응하는 진단 소프트웨어를 개발할 때 흔히 그림 12-5와 같은 형태로 소프트웨어 구조를 잡는다. CAN 드라이버는 CAN 네트워크를 사용해서 진단기와 통신을 한다. 전송 계층은 CAN 드라이버가 수신한 데이터를 KWP2000의 서비스가 사용할 수 있는 데이터로 가공하거나 다시 진단기로 전송할 수 있는 데이터로 가공하는 역할을 한다. KWP2000 서비스(OBD II 관련 로직)는 전송 계층에서 수신한 데이터를 가공해 KWP2000 서비스를 수행한다.

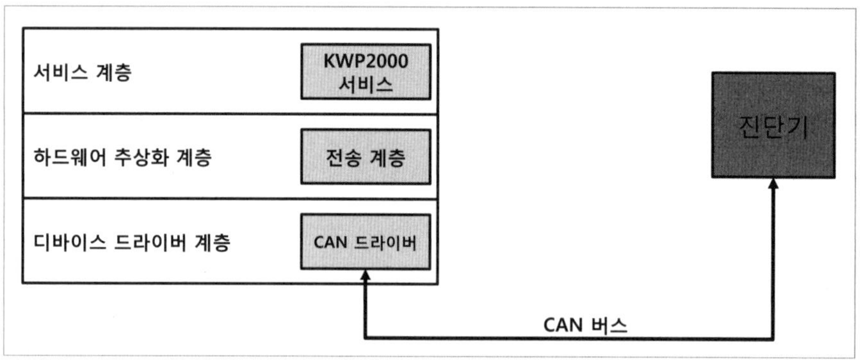

그림 12-5 KWP2000 소프트웨어 구조

[12.4.2] CAN 드라이버

CAN 드라이버는 일반적인 CAN 드라이버와 동일하다. 다만 KWP2000에 사용하는 CAN 드라이버는, KWP2000에 할당된 CAN 메시지를 필터링해 전송 계층에 보내 주는 로직이 추가된다는 점에서 일반적인 드라이버와 다르다. 말하자면 네트워크 설계 시 KWP2000에 사용할 CAN 메시지 ID를 할당하고, 구현 시 KWP2000용 CAN 메시지를 필터링하는 기능을 추가한 뒤 전송 계층에서 이 데이터를 가져가도록 버퍼에 필터링한 CAN 데이터를 저장하는 형태로 개발한다.

클라이언트(진단기) 기준으로 봤을 때 송신용(TX)으로 두 개의 CAN 메시지를, 수신용(RX)으로 한 개의 CAN 메시지를 할당한다. 연결 시에 사용하는 송신용 메시지 이외에 사용자가 추가적으로 요청 메시지를 할당할 수 있도록 송신용 으로 두 개의 CAN 메시지를 사용한다. 수신용으로 하나의 메시지만을 사용해 사용자가 정의한 요청도 처리한다.

[12.4.3] 전송 계층

OBD에서 사용하는 고장진단 데이터는 차량용 데이터 관점에서 봤을 때 대용 량이다. 고장진단 통신에 사용하는 CAN은 최대 8바이트를 사용해 통신하기 때문에 KWP2000에 사용하기에 데이터 리소스가 부족하다. 따라서 대용량의 고장진단 데이터는 여러 개의 CAN 메시지를 사용해 전송한다. 전송 계층은 OBDII 로직과 CAN 드라이버 사이에서, 수신된 다수의 CAN 메시지를 합쳐 하 나의 고장진단 데이터를 만든다(그림 12-5).

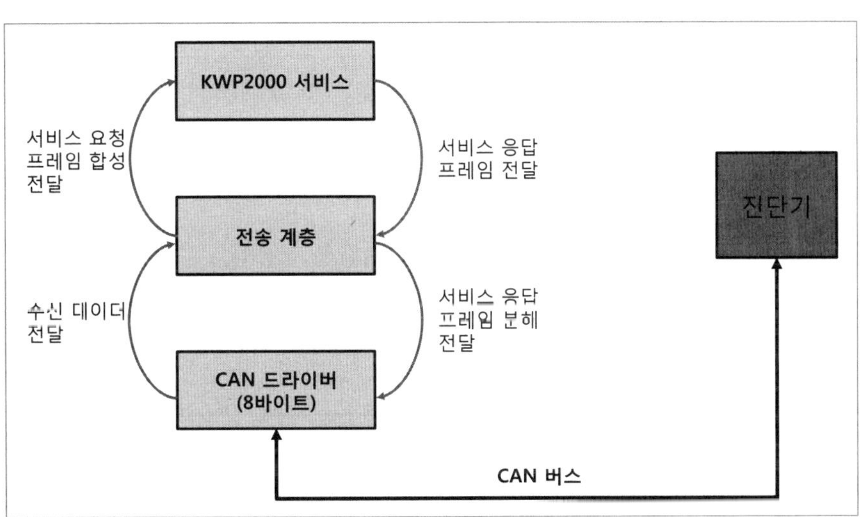

그림 12-6 서비스 데이터와 전송 계층, CAN 드라이버 사이의 관계

전송 계층에서 합성하거나 분해하는 데이터 구조를 프레임별로 구분하면 표 12-8과 같다.

표 12-8 전송 계층 데이터 구조

프레임 구분	바이트 1		바이트 2	바이트 3	바이트 4-7	바이트 8
싱글 프레임	0x00	SF_DL	DATA 1	DATA 2	…	DATA 7
퍼스트 프레임	0x10	FF_DL		DATA 1	…	DATA6
연속 프레임	0x20	SN	DATA 1	DATA 2	…	DATA7
흐름 제어	0x30	FS	BS	STmin	–	

- SF_DL: 싱글 프레임 데이터 길이
- FF_DL: 퍼스트 프레임 데이터 길이
- SN: 시퀀스 번호
- FS: 프레임 상태
- BS: 블록 크기
- STMin: 최소 분리 시간

CAN 메시지 하나를 사용해서 데이터를 보낼 수도 있다. 이 경우는 싱글 프레임으로써 CAN 메시지를 전송한다. 싱글 프레임으로 데이터를 전송할 수 없는 경우에는 다수의 CAN 메시지를 사용해야 한다. 그림 12-6은 여러 개의 CAN 메시지를 사용해 데이터를 전송하는 경우를 나타냈다. 다수의 CAN 메시지를 전송하는 경우 클라이언트는 우선 퍼스트 프레임을 전송한다. 수신 측에서는 퍼스트 프레임을 받은 후 이에 대한 응답으로 흐름 제어 프레임을 전송한다. 클라이언트는 흐름 제어 프레임을 수신한 후, 데이터를 담고 있는 연속 프레임을 보낸다. 한 번에 보낼 수 있는 최대 연속 프레임^{Consecutive frame}을 수신한 후 다시 서버는 흐름 제어 프레임을 클라이언트에게 보낸다. 모든 데이터를 전송하지 않은 경우, 다시 연속 프레임에 데이터를 실어서 보낸다. 모든 데이터를 보낼 때까지 이 과정을 반복한다.

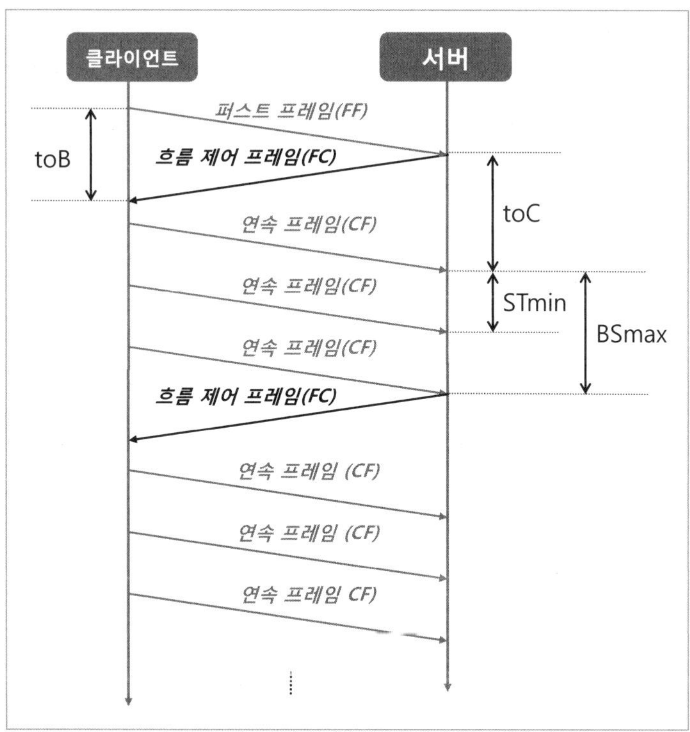

그림 12-7 다수의 CAN 메시지를 사용해서 데이터를 전송하는 경우

그림 12-7에 나타낸 클라이언트와 서버 간에 프레임을 주고받는 타이밍은 표 12-9와 같다.

표 12-9 전송 계층의 타이밍 파라미터

매개변수	설명	값
toB	전송 후 흐름 제어 프레임을 받기까지의 최대 시간	100ms
toC	전송 후 연속 프레임을 받기까지의 최대 시간	100ms
STmin	연속적인 연속 프레임을 보낼 때 두 연속 프레임 사이의 최소 시간	10ms
BSmax	최대 블록 크기	8개

[12.4.4] KWP2000 서비스(OBD II 관련 로직)

OBD II 관련 로직은 파트 3에서 정의하고 있는 서비스를 전송 계층에서 보낸 데이터를 사용해 처리한다. OBD II 관련 로직은 개발을 담당하는 자동차 제조업체나 협력업체에 따라 달라진다.

▌ 참고도서와 문헌, 인터넷 자료

■ 참고도서

Advanced Automotive Fault Diagnosis 2nd Edition, Tom Denton, 2006

Automotive Software Engineering, Jorg Schauffele 외 1명, SAE International, 2005

■ 참고문헌

Keyword Protocol 2000(국제 표준)

스마트카 Smart Car 소프트웨어 엔지니어링
자동차 임베디드 소프트웨어 개발 프로세스와 기술 입문

초판 인쇄 | 2013년 3월 22일
3쇄 발행 | 2022년 6월 8일

지은이 | 신 승 환 · 정 민 우 · 조 선 영 · 김 연 호

펴낸이 | 권 성 준
편집장 | 황 영 주
편 집 | 조 유 나
디자인 | 윤 서 빈

에이콘출판주식회사
서울특별시 양천구 국회대로 287 (목동)
전화 02-2653-7600, 팩스 02-2653-0433
www.acornpub.co.kr / editor@acornpub.co.kr

Copyright ⓒ 에이콘출판주식회사, 2022, Printed in Korea.
ISBN 978-89-6077-416-2
ISBN 978-89-6077-091-1 (세트)
http://www.acornpub.co.kr/book/smartcar

이 도서의 국립중앙도서관 출판시도서목록(CIP)은 e-CIP홈페이지(http://www.nl.go.kr/ecip)와
국가자료공동목록시스템(http://www.nl.go.kr/kolisnet)에서 이용하실 수 있습니다. (CIP제어번호 : CIP2013001677)

책값은 뒤표지에 있습니다.